江苏高校品牌专业建设工程资助项目（PPZY2015A046）
江苏高校优势学科建设工程资助项目（PAPD）
国家重点研发计划专项资助项目（2016YFC0600901）
国家自然科学基金面上项目（51574224）

固体矿床开采

主　编　李桂臣　张　农　刘爱华
副主编　唐丽燕　阚甲广　赵一鸣　韩昌良　邹家强

中国矿业大学出版社
China University of Mining and Technology Press

内 容 提 要

本教材系统介绍了固体矿床开采的基础知识,涉及固体矿床开采的基本概念、分类标准、原理方法与技术工艺等内容,重点介绍了煤炭矿床开采、金属矿床开采、非金属固体矿床(砂、硫、盐等)开采、海洋固体矿产资源开采等,展望了极地与月球矿产资源开采前景,指出了固体采矿技术与方法未来发展趋势。本书适合矿业类主体专业学生使用,也可作为有关技术人员的参考用书。

图书在版编目(C I P)数据

固体矿床开采/李桂臣,张农,刘爱华主编.—徐州:
中国矿业大学出版社,2018.12
ISBN 978 - 7 - 5646 - 4316 - 4

Ⅰ.①固… Ⅱ.①李… ②张… ③刘… Ⅲ.①矿山
开采 Ⅳ.①TD8

中国版本图书馆 CIP 数据核字(2018)第297521号

书 名	固体矿床开采
主 编	李桂臣 张 农 刘爱华
责任编辑	王美柱
出版发行	中国矿业大学出版社有限责任公司
	(江苏省徐州市解放南路 邮编 221008)
营销热线	(0516)83884103 83885105
出版服务	(0516)83995789 83884920
网 址	http://www.cumtp.com E-mail:cumtpvip@cumtp.com
印 刷	江苏淮阴新华印务有限公司
开 本	787×1092 1/16 **印张** 14.5 **字数** 371 千字
版次印次	2018 年 12 月第 1 版 2018 年 12 月第 1 次印刷
定 价	35.00 元

(图书出现印装质量问题,本社负责调换)

前　言

　　矿物资源是自然资源的重要组成部分,是人类社会赖以生存和发展的重要物质基础。自现代工业、现代农业出现以来,矿物资源更是社会取得繁荣,国家得以富强的重要决定因素,矿产资源的开发利用能力和技术水平很大程度上能反映出一个国家整体科技实力和经济发展水平。

　　《固体矿床开采》教材主要介绍了固体矿床开采的基本概念、分类标准、原理方法与技术工艺等内容,重点对煤炭矿床、金属矿床、非金属矿床(砂、硫、盐等)、海洋固体矿床的资源类型、矿井开拓方式、开采方法及工艺等进行了详细介绍,同时,大胆展望了极地与月球矿产资源开采的前景,指出了未来固体采矿技术和方法的发展趋势和走向,基于绿色采矿理念,阐述了矿床开采对于环境的影响和破坏,并提出了部分可借鉴的解决方案和技术举措。

　　该书旨在使学生全面学习了解固体矿床开采的现有理论及技术,并在此基础上进一步了解固体采矿技术与方法未来发展趋势,在信息高速发展的今天,立足现在,着眼未来,培养符合新时代要求的采矿科学技术与管理人才,努力提高我国矿产资源开采综合技术与水平。

　　本书内容共7章,由李桂臣、张农和刘爱华任主编,唐丽燕、阚甲广、赵一鸣、韩昌良和邹家强任副主编。具体编写分工如下:第1章、第3章由李桂臣和张农编写;第2章由赵一鸣和韩昌良编写;第4章由刘爱华、阚甲广编写,第5章、第6章、第7章由刘爱华、唐丽燕和邹家强编写。全书由李桂臣、张农和刘爱华统稿,其他编者进行了全书汇编工作。

　　本书在编写过程中得到了中国矿业大学和华南农业大学有关老师的大力关心与支持,并提供了宝贵的建议,在此谨向他们致谢。

　　本书编写时参考了众多专家和学者的文献资料,部分文献未在文后参考文献中一一列出,在此向所有文献及资料作者表示谢意和敬意。

　　本书编写过程中,梁巨理、王喜、孙长伦、杜乐乐、何锦涛、张苏辉等参与了大量文字校对及图表绘制工作,在此表示谢意。

　　由于编者水平所限,书中难免存在缺点和不足,敬请读者指正。

编　者

2018 年 10 月

目 录

第一章 固体矿床开采的基本概念 ··· 1

第一节 矿床的成因 ··· 1

第二节 固体矿床的分类标准 ··· 7

第三节 矿床及其相关属性的基本概念 ································· 12

第四节 矿床的储量及其分布 ··· 18

复习思考题 ··· 21

第二章 煤炭矿床开采 ··· 22

第一节 煤炭资源类型及其分布情况 ··································· 22

第二节 煤炭开采的基本概念 ··· 25

第三节 煤炭开采方法及其工艺 ··· 29

第四节 井田开拓的基本概念与方式 ··································· 57

第五节 露天煤矿开采 ·· 72

第六节 煤炭开采对环境的影响及其治理方法 ························· 82

复习思考题 ··· 84

第三章 金属矿床开采 ··· 85

第一节 金属矿床基本概念 ··· 85

第二节 金属矿床的地下开采方法及其工艺 ··························· 98

第三节 金属矿床地下开拓方式 ·· 145

第四节 露天金属矿床开采 ·· 155

第五节 金属矿床开采对环境的影响及其治理方法 ···················· 164

复习思考题 ·· 167

第四章 非金属固体矿床开采 ·· 168

第一节 非金属矿床资源及其开采基本概念 ·························· 168

第二节 非金属矿床的典型开采方法与工艺 ·························· 176

第三节 非金属矿床开采的环境综合利用 ···························· 184

复习思考题 ·· 188

第五章　海洋固体矿产资源开采技术概论 ·············· 189

第一节　概述 ·············· 189

第二节　海洋固体矿床开采理论与技术工艺 ·············· 195

第三节　海洋固体矿床开采系统的基本构成 ·············· 201

第四节　几种常见的海洋固体矿床开采方法及基本构成 ·············· 202

第五节　可燃冰的开采 ·············· 204

复习思考题 ·············· 208

第六章　极地与月球矿产资源开采展望 ·············· 209

第一节　概述 ·············· 209

第二节　极地矿产资源 ·············· 209

第三节　月球矿产资源 ·············· 210

第四节　极地与月球资源的开发与利用前景 ·············· 211

复习思考题 ·············· 213

第七章　固体矿产采矿技术与方法未来发展趋势 ·············· 214

第一节　矿产资源供需关系的平衡与再利用 ·············· 214

第二节　矿山开采可持续化发展 ·············· 215

第三节　安全化、现代化、智能化矿山建设 ·············· 216

复习思考题 ·············· 223

参考文献 ·············· 224

第一章　固体矿床开采的基本概念

第一节　矿床的成因

矿床是通过各种地质作用将分散于上地幔和地壳中的有用物质和成矿元素集中而形成的地质体。简而言之，如果有用组分集中到可被人们开采、利用，这种地质体便是"矿"，否则就是一般的"岩"。矿床的形成是个概率极低的自然过程。例如，根据计算结果，目前世界上保有的探明金属储量，只相当于大陆地壳中金属总量的十亿分之几至百万分之几。因此，只有在特定地质、物理化学条件下，成矿元素才得以集中成矿。

一、影响矿床形成的主要因素

影响矿床形成的因素主要有以下几个方面：

（一）元素在地壳及上地幔中的分布量

矿床是地壳的一个组成部分。成矿物质主要来自地壳和上地幔。因此，了解元素在地壳及上地幔中的分布量，对研究矿床的成因和分布规律具有重要意义。在矿床学的研究中，首先遇到的一些重要问题是，为什么有些元素能形成巨大的矿床（如铁、煤），有些只形成小规模的矿床（如金、汞）；有的则不能形成独立的矿床而呈分散的形式分散于其他矿床中（如镓、锗等）；有的元素成矿概率大，有的则相反；有的元素在矿石中含量高，可达百分之几到几十，而有些却很低，只有 10^{-6}。造成上述差异的原因很多，但其中最重要的是这些元素在地壳甚至地球中的分布数量或"丰度"。因此，应首先了解元素在地壳及上地幔中的分布规律。

表征元素分布的几个基本概念：

（1）元素丰度值：元素在地壳及上地幔和地球中的平均分布量。

（2）克拉克值：某种元素在地壳中的平均含量，也就是说，一种元素只有一个克拉克值，如 Au 的克拉克值为 4×10^{-9}，Fe 的克拉克值为 6%。

（3）浓度克拉克值：某种元素在某一地质体中的平均含量与该元素克拉克值的比值，用 N 表示。$N > 1$ 时，该元素相对富集；$N < 1$ 时，该元素相对分散。

（4）浓度系数：元素在地壳中集中到能成为矿床的程度，工业品位与该元素的克拉克值之比。

元素在地壳（或岩石圈）中的平均含量与矿床形成之间有一定的内在联系。首先，元素分布量会影响各类元素成矿概率的高低，一般情况是克拉克值高的元素容易形成矿床，因而世界上探明的矿床储量也较多，如 Fe、Mn、Al 等。但这种关系并非绝对的，例如 Rb 在地壳中的丰度远高于 Pb 和 Cu，但 Pb 和 Cu 矿床探明储量远大于 Rb，这是由于 Rb 的地球化学性质接近 K，使其容易分散于含 K 的岩石中构成类质同象置换。其次，元素分布量会影响到工业品位要求的高低,克拉克值越高的元素,通常其最低工业品位要求也较高。另外,元素分布量还影响到形成矿床时元素所需富集倍数的大小,一般情况下,元素的平均含量越高,则构成矿床所需富集的倍数越小,成矿可能性越大。

此外,元素分布量还影响到矿床规模划分的标准,元素的平均含量越高,往往构成大型矿床时对其储量的要求也较高,形成独立矿床的过程也越复杂,如克拉克值高的元素 Al、Mn、Fe、P 通过沉积作用即可成矿,而克拉克值低的元素 Au、W、Be、Sn、Li、B 等通常需要长期反复的地质过程,在更特殊的条件下才能形成矿床。

元素分布量只是影响成矿与否的因素之一,而不是主导因素,仅在一定条件下,对矿床形成过程和条件产生间接影响。影响矿床形成的直接原因是元素本身的地球化学性质和成矿的地质、物理化学条件。

(二)元素本身的地球化学性质

元素富集成矿的可能性,并不完全取决于元素在地壳(或岩石圈)中的含量,还决定于元素的地球化学性质。如 Au 的克拉克值相当低,仅为 4×10^{-9},但其有较强的聚集能力,因而在地球中有大型金矿床产出;又如一些稀有和分散金属,它们的克拉克值在相当程度上超过了一些常见金属,但它们却很少聚集形成矿床,甚至不能形成独立矿床,如 Ga、Pb、Sb 的克拉克值分别为 0.001 8%、0.001 2%和 0.000 06%,但 Pb 和 Sb 均能形成规模巨大的独立矿床,而 Ga 是典型的分散元素,极少能形成独立矿床。

在一定的地质和物理化学条件下,不同类型的元素可以出现不同的地球化学行为,而地球化学性质相近的元素,可以呈现出相似的地球化学行为,并在同一矿床中出现,即不同成矿元素的共生或伴生现象。地壳中,特别是矿床中,元素间常呈有规律的共生关系。研究地质作用中元素共生的基本规律,对于了解各类元素组合的迁移富集和矿床的形成具有重要意义。

(三)成矿体系的物理化学条件

这是影响成矿过程中元素迁移富集行为的外在因素,如温度、压力、各种组分的浓度(或活度)、pH、Eh 以及生物和生物化学作用等。

由于成矿过程总是发生在一定的地质环境中,地质环境必定会对成矿过程产生重大影响。这种影响往往是通过成矿体系物理化学特征的改变显示出来。

二、成矿作用及其类型

元素在地壳和上地幔中的含量不是固定不变的,它们总是处在不断的运动状态中。运动的结果,或者是导致元素的分散,或者是导致元素的集中。元素的这种运动转移现象或过程,称为元素的迁移。由于这种作用,致使地壳各部分的元素丰度是很不一致的,有的高于克拉克值,有的低于克拉克值。

维尔纳茨基提出"浓度克拉克值"的概念。某元素的"浓度克拉克值"为其在某一地质体(矿床、岩体或矿物等)中的平均含量与克拉克值的比值。它表示某种元素在一定的矿床、岩体或矿物内浓集的程度。当浓度克拉克值大于 1 时,即意味着该元素在某地质体中比在地壳中相对集中;小于 1 时,则意味着分散。例如,锰的克拉克值为 0.13%,在软锰矿中锰的浓度克拉克值为 632,而在含锰 50%的硬锰矿中锰的浓度克拉克值为 500。因而,浓度克拉克值在研究元素的集散或在找矿实践中都是有意义的。

　　元素在地壳中集中到能成为矿床的程度,可用浓度系数来表示。所谓浓度系数,即是工业品位与该元素的克拉克值之比。例如,铁的克拉克值为 6%,工业品位为 30%,则浓度系数为 5,说明地壳中的铁含量必须富集 5 倍以上时,才能成为矿床。又如铜的克拉克值为 0.006 3%,工业品位为 0.5%,必须富集 80 倍才能成为矿床。一些元素的浓度系数列于表 1-1。

表 1-1 元素浓度系数表

元素	克拉克值/%	工业品位/%	浓度系数	元素	克拉克值/%	工业品位/%	浓度系数
Al	8.3	25	3	Pb	1.2×10^{-3}	1	833
Fe	6	30	5	Be	1.3×10^{-4}	0.4	3.76
Ti	0.64	10	18	As	2.2×10^{-4}	2	9 090
Mn	0.13	20	154	B	7.6×10^{-4}	5	6 578
Cr	0.011	10	909	Mo	1.3×10^{-4}	0.06	461
V	0.014	0.5	36	Sb	6×10^{-5}	1.5	25 000
Cu	0.006 3	0.5	79	Bi	4×10^{-7}	0.5	1 250 000
Ni	0.008 9	0.3	34	Ag	8×10^{-6}	0.02	2 500
Li	0.002 1	0.5	238	Hg	8×10^{-6}	0.08	10 000
Zn	0.009 4	2	213	Au	4×10^{-7}	0.001	2 500
Sn	0.7×10^{-4}	0.2	1 176	Pt	5×10^{-8}	0.000 15	30
Co	0.002 5	0.03	12				

　　成矿作用是指在地球的演化过程中,分散在地壳和上地幔中的化学元素,在一定的地质环境中相对集中而形成矿床的作用。成矿作用是地质作用的一部分。因此,矿床的形成作用和地质作用一样,按作用的性质和能量来源,可以分为内生成矿作用、外生成矿作用和变质成矿作用,相应地形成内生矿床、外生矿床和变质矿床。

　　（1）内生成矿作用

　　主要指由地球内部热能导致矿床形成的各种地质作用。地球内部热能包括放射性元素蜕变能,地幔及岩浆物质的热能,在地球重力场中物质调整过程中所释放出的位能,以及表生物质转入地壳内部后释放出来的能等。除与到达地表的火山活动有关的成矿作用外,内生成矿作用均是在地壳内部,是在较高的压力(深度)、温度及不同地质构造条件下形成的。内生成矿作用包括岩浆成矿作用和热液成矿作用两大类。

　　（2）外生成矿作用

　　指发生于地壳表层,主要在太阳能的影响下,在岩石圈、水圈、大气圈和生物圈的相互作用过程中导致矿床形成的各种作用。除太阳能外,也有部分生物能、化学能、火山地区地球内部热能提供的能源。外生成矿作用可进一步分为风化成矿作用和沉积成矿作用两大类。

　　（3）变质成矿作用

　　指由内生成矿作用和外生成矿作用形成的岩石和矿床,在其形成后如果地质环境发生改变,特别在区域变质作用时,因温度和压力的增高,会使原来的矿物成分、化学成分、结构构造、物理性质等发生不同程度的变化,或重新组合富集成为新的矿床,或使原矿床消失(如某些盐类矿床)。从本质上看,变质成矿作用属内生成矿的一种不同形式。

此外,许多矿床的形成通常是长期成矿地质作用的结果,许多矿床甚至是经过多种成矿作用、多次成矿作用叠加而成的。因此,有人提出叠生成矿作用的概念,这是一种复合的成矿作用,在自然界是经常发生的,即在先期形成的矿床或含矿建造的基础上,又有后期成矿作用的叠加。这样,不但对原来矿床或含矿建造有所改造,而且常有新的成矿物质的加入。如内蒙古白云鄂博稀土-铁矿床,据贵阳地化所研究,在中元古代(约 15×10^8 a 前)的沉积型的含稀土的贫铁矿床基础之上,叠加了与海西期(约 3×10^8 a 前)花岗岩有关的稀土-铌矿化。20 世纪 60 年代以来流行的"层控矿床",很大程度上认为是叠生成矿作用的产物。一般认为是在层状含矿建造(矿源层)之上,有后期内生作用的影响,使成矿物质发生活化转移,并在附近的适宜构造条件下富集成为矿床,例如层控铜矿床、汞锑矿床和铅锌矿床等。

三、成矿作用的主要方式

不同成矿作用的方式是不一样的,它们常常表现出许多不同的特点。

(一) 内生成矿作用的方式

内生矿床的形成,最主要的是依赖于熔浆的作用和含矿气水溶液的作用。按其成矿的方式可分为:

(1) 含矿熔浆的分异和结晶作用

当地下熔浆从起源部位侵入到地壳的特定位置,由于温度和压力的降低而发生分异,其中所含的有用组分随着分异作用的进行而逐渐聚集起来。在此过程中,重力作用和动力作用是两个重要的因素。当重力作用占优势时,金属矿物往往由于其密度较硅酸盐矿物大,而在分异过程中逐渐向下聚集,构成底部矿体。若在矿床形成时动力作用发挥重大影响,且由于含矿物质结晶温度较硅酸盐矿物低,在分异结晶过程中成矿物质常聚集于残浆之中,在受到外部应力或自身内压力的影响下,这部分含矿的残浆将被挤入已冷凝的岩体的碎裂部位(通常在岩体的边部和上部),构成贯入矿体。

(2) 含矿溶液的充填作用

当含矿气的水溶液在化学性质不活泼的围岩中流动时,因物理-化学条件的改变,其中的成矿物质沉淀在岩石的裂隙或空隙中,这种作用称之为充填作用。引起充填作用的因素有:溶液中矿化剂的散失、温度和压力的降低、溶液自身酸碱度的变化等。充填作用的实质是,含矿溶液与围岩之间一般不发生化学反应和物质的交换。由充填作用形成的矿体,具有以下特征:

矿体的形状取决于被充填的裂隙的形状,一般呈各种形式脉状体。矿体与围岩的接触界线清晰,多为突变而平整的接触关系。

矿石常具特殊的构造,如对称带状构造、核状构造、晶洞和晶簇构造、环状构造、角砾状构造等。矿物具有单向发育生长的特点,晶体一端一般发育完整。

充填脉体中的矿物晶体,由脉壁(洞壁)向脉中心先后依次生长。晶体常平行排列生长并且垂直或近乎垂直于脉壁,其发育的结晶面一般指向供应溶液的方向。因此,靠近脉壁的晶体是早生成的,脉中心(晶洞内晶簇)是最晚生成的晶体。

(3) 含矿溶液的交代作用

所谓交代作用,系指早期形成的岩石或矿床在气化-热液作用下,为达到新的化学平衡而发生的一系列旧物质为新物质所取代的作用,因此也称置换作用。例如,当含矿溶液在运移过程中,与其周围介质(围岩)发生反应,在反应过程中围岩原有的成分发生溶解、排除,代之以新的矿物成分,此反应过程即称为交代作用。在交代作用过程中,岩石始终保持固体状态,并且保持体积不变。

交代作用是一种普遍的、极为重要的成矿方式,它比充填作用成矿要复杂得多。按交代特征可以分为扩散交代作用和渗滤交代作用两类。扩散交代作用发生时,组分的移动系通过停滞的粒间溶液,以分子或离子扩散的方式缓慢地进行。换言之,组分的代出和代入并非依靠溶液的流动,而是由于组分的浓度差(浓度梯度)所引起的扩散过程进行的。扩散时组分总是从高浓度向低浓度方向进行,因此,浓度梯度便成为扩散的必要条件。扩散交代作用的效应半径为数十米。

渗滤交代作用的特征是,组分的代出和代入系借助于流经岩石裂隙的流动溶液进行的,即通过溶液的渗滤完成的。渗滤交代作用的效应半径较大,一般可达数百米。

由扩散交代或渗滤交代作用形成的矿床,通称为交代矿床。识别这类矿床的标志主要为:交代作用形成的矿体多呈不规则状,矿体和围岩的界线不清,而呈渐变过渡关系。矿体中常保存有未被完全交代的呈岛状残余的围岩碎块。有时,这些残余体往往仍保留原围岩的构造方位。矿体和矿石中常保存被交代岩石的结构和构造,如层理、片理、片麻理、斑晶以及化石等。有些大的构造外貌,如褶皱、角砾构造等有时也能保存下来。交代作用形成的矿物晶体,由于向各方向生长能力均匀,晶体各向发育完整。有些新矿物常呈现出被交代矿物的假象。矿石中发现不同类型的矿石结构和构造。

根据交代矿床上述特征,一般易于和充填作用形成的矿床区别开来。不过,在自然界的成矿作用过程中,充填作用和交代作用经常是相互伴随的。严格地说,一个矿床的形成没有单纯的交代,也不会有单纯的充填。即使在明显的充填作用过程中,溶液和围岩之间的化学反应也是存在的,因此只能说,当以充填作用为主时交代作用表现微弱,反之亦然。

(二)外生成矿作用的方式

形成外生矿床的物质有岩石或矿物碎屑、胶体物质、易溶盐类和有机物质等。对于难溶的、沉重的微粒,多呈悬浮状或半悬浮状被地表水作机械搬运;另一部分则呈真溶液或胶体溶液状态进行搬运。然而,不管以何种方式进行搬运迁移,物质的沉淀却并非同时,而是依一定的顺序依次沉淀(积)下来,这种按一定顺序沉积物质的作用,称为沉积分异作用。

沉积分异作用,按其性质可分为机械沉积分异、化学沉积分异和生物沉积分异作用。

(1)机械沉积分异作用

当砂、砾石、重金属矿物等碎屑物质被水流挟带离开原地之后,由于流速的逐渐降低,其携带物质的能力也随之减小,最后则按微粒的大小、形状、密度和耐磨性等不同而依次沉积下来。一般来说,颗粒大和密度大的矿物或碎屑物质将首先沉积,颗粒小的和密度小的后沉积。碎屑的形状往往也会影响下沉速度,例如,一个球形体要比同等重量的薄而平的片状体具有较小的比面积,这样,前者就将比后者更早些沉积下来。因此,我们经常可以看到颗粒大的轻矿物与密度大而颗粒小的矿物共存,大片状的云母与细粒泥质沉积物共存。

(2)化学沉积分异作用

当物质以真溶液状态进行迁移时,通常按照沉积物的溶解度大小依次沉淀。这种以溶解度大小不同而顺序沉淀的作用,称为化学沉积分异作用。

在化学沉积矿床中,首先沉淀最难溶的物质,最易溶物质只是在最有利于沉淀作用的特殊条件下才能沉淀下来。氢离子浓度是一定的化学元素及其化合物的沉淀的指标,氧化还原电位也具有很大的意义,因为环境中活泼氧的平均含量,往往决定了成矿物质以何种化合物的形式发生沉淀。

（3）生物沉积分异作用

生物具有强烈的生命活动,通过生物活动所造成的物质分异现象非常普遍而且重要。例如,它会使在盆地的某一地段,多种化合物的堆积作用大大增强,生物的生长和堆积可造成C、N、P、K等元素的集中;植物躯体经泥炭化和煤炭化形成煤层,以低等生物为主的有机堆积可形成腐泥煤、油页岩和石油;硅藻的大量繁殖可形成硅藻土矿床等。

近年来还查明,生物有机质还积极参与了某些金属的富集过程。有机质在许多稀有、分散、放射性元素的表生地球化学循环或迁移富集过程中起着重要的、有时是决定性的作用。例如,铀常与煤、褐煤和页岩中的有机质共生,锗与煤共生,钒与沥青质页岩和石油共生等。生物分异常受气候和地理环境的控制。例如,温湿气候带的沼泽盆地是成煤的有利环境;温暖气候带的浅海最适于珊瑚的生长;大洋寒流与热流的汇合处,常发生生物磷块岩的堆积。

（三）变质成矿作用的方式

本质上看,变质成矿作用是内生成矿作用的一种,但这里所指的变质成矿作用不包括岩浆岩的自变质作用和岩浆气的水溶液的交代作用,也不包括沉积物在成岩阶段和表生阶段的各种后生变化,而主要是指由于地球内力影响,使固态的岩石或矿石不经过熔融阶段而直接发生矿物成分和结构构造改变的各种作用。

变质成矿作用就是在特定的地质和物理化学条件下成矿物质的迁移和富集过程。在地下深处,由于温度和压力的增高,成矿物质具有较大的活动性。在变质过程中,原来矿物或岩石中所含的结晶水、粒间水和层间水也可形成变质的岩浆气水溶液;在深变质作用条件下,岩石的部分熔融产生一些类似岩浆的熔融体。从数量上来说,虽然它们在整个成矿过程中只占次要地位,但它们对促使成矿物质的迁移和富集都有相当重要的意义。在深变质条件下,由于构造变动常伴随有岩浆活动以及与之有关的热液活动,也可能参加变质成矿作用,带入新物质致使矿石质量产生变化。

变质成矿作用,按其产生的地质环境不同,可分为接触变质成矿作用、区域变质成矿作用和混合岩化成矿作用三类。

综上可见,矿床的形成方式是不同的。内生成矿方式和外生成矿方式的区别也是显然的。但应该指出,上述不同的成矿方式,有的既可在内生成矿作用中出现,亦可在外生成矿作用中出现。举例来说,在内生成矿作用的充填和交代过程中,矿质的沉淀也表现出不同的顺序,这实质上是矿质在溶液中的溶解度问题,也就是化学分异的表现;在外生成矿过程中,特别在成岩后期,也常可发生充填和交代作用。因此,在一个矿床的形成过程中,成矿方式是交叉重叠出现的,而且有些矿床的形成既有内生成矿作用,也有外生成矿作用,即是通过多种复杂的作用形成的。

四、矿床的工业类型和成因类型

分类是认识自然的必然结果和要求。根据围岩与矿体的空间关系,可将矿床分为同生矿床、后生矿床、叠生矿床;根据矿床的工业价值可进行工业分类,即矿床的工业类型（作为某些矿产的重要来源,在工业上起重要作用的矿床类型,称为矿床的工业类型),如铁矿床成因可达十几种,工业价值较大的有沉积变质型、海相沉积型、岩浆分结型、接触交代(矽卡岩)型,这些就是铁矿床的工业类型。另外,根据矿体的形态-产状,可将矿床分为形态规则矿床和形态不规则矿床两大类,前者分为矿层、矿脉,后者分为柱状、浸染状矿床,形态-产状分类对采矿人员最有用,地质人员在勘探矿床时也必须考虑矿体的形态和产状。

这里重点介绍矿床的成因分类。矿床成因分类反映了人类对矿床成因和成矿作用过程的认识程度,也是人类对矿床研究成果的高度概括。正确的成因分类便于准确描述矿床特征,了解成矿作用本质;便于分析矿床成因及时空分布规律,对指导生产实践具有重要意义。

20 世纪初以来,产生过深远影响的矿床成因分类主要有林格伦的成矿作用物理化学作用分类(分为机械作用形成的矿床和化学作用富集形成的矿床),德国的斯奈德洪根据成岩作用及成矿作用间的密切关系为基础提出的矿床共生组合分类方案(分为岩浆、沉积、变质矿床三大类)以及矿床的成因分类。

第二节　固体矿床的分类标准

对于固体矿床的分类,一般采用国家标准《固体矿产资源/储量分类》(GB/T 17766—1999),本标准规定了我国固体矿产资源/储量分类的适用范围、定义、分类、类型、编码等。本标准适用于固体矿产资源勘查、开发各阶段编制设计、部署工作、计算储量(资源量)、编写报告;也适用于固体矿产资源/储量评估、登记、统计,制订规划、计划,制定固体矿产资源政策,编制矿产勘查规范、规定、指南;也可作为矿业权转让、矿产勘查开发筹资融资等活动中评价、计算矿产资源/储量的依据。

一、该标准采用的定义

固体矿产资源:在地壳内或地表由地质作用形成具有经济意义的固体自然富集物,根据产出形式、数量和质量可以预期最终开采是技术上可行、经济上合理的。其位置、数量、品位、质量、地质特征是根据特定的地质依据和地质知识计算和估算的。按照地质可靠程度,可分为查明矿产资源和潜在矿产资源。查明矿产资源:是指经勘查工作已发现的固体矿产资源的总和。依据其地质可靠程度和可行性评价所获得的不同结果可分为:储量、基础储量和资源量两类。潜在矿产资源:是指根据地质依据和物化探异常预测而未经查证的那部分固体矿产资源。

矿产勘查工作分为预查、普查、详查、勘探四个阶段。

(1)预查:依据区域地质和(或)物化探异常研究结果、初步野外观测、极少量工程验证结果、与地质特征相似的已知矿床类比、预测,提出可供普查的矿化潜力较大地区。有足够依据时可估算出预测的资源量,属于潜在矿产资源。

(2)普查:是对可供普查的矿化潜力较大地区、物化探异常区,采用露头检查、地质填图、数量有限的取样工程及物化探方法,大致查明普查区内地质、构造概况;大致掌握矿体(层)的形态、产状、质量特征;大致了解矿床开采技术条件;矿产的加工选冶性能已进行了类比研究。最终应提出是否有进一步详查的价值,或圈定出详查区范围。

(3)详查:是对普查圈出的详查区通过大比例尺地质填图及各种勘查方法和手段,比普查阶段密的系统取样,基本查明地质、构造、主要矿体形态、产状、大小和矿石质量,基本确定矿体的连续性,基本查明矿床开采技术条件,对矿石的加工选冶性能进行类比或实验室流程试验研究,做出是否具有工业价值的评价。必要时,圈出勘探范围并可供预可行性研究、矿山总体规划和作矿山项目建议书使用。对直接提供开发利用的矿区,其加工选冶性能试验程度,应达到可供矿山建设设计的要求。

(4) 勘探:是对已知具有工业价值的矿床或经详查圈出的勘探区,通过加密各种采样工程,其间距足以肯定矿体(层)的连续性,详细查明矿床地质特征,确定矿体的形态、产状、大小、空间位置和矿石质量特征,详细查明矿体开采技术条件,对矿产的加工选冶性能进行实验室流程试验或实验室扩大连续试验,必要时应进行半工业试验,为可行性研究或矿山建设设计提供依据。

地质可靠程度反映了矿产勘查阶段工作成果的不同精度。分为探明的、控制的、推断的和预测的四种。

(1) 预测的:是指对具有矿化潜力较大地区经过预查得出的结果。在有足够的数据并能与地质特征相似的已知矿床类比时,才能估算出预测的资源量。

(2) 推断的:是指对普查区按照普查的精度大致查明矿产的地质特征以及矿体(矿点)的展布特征、品位、质量,也包括那些由地质可靠程度较高的基础储量或资源量外推的部分。由于信息有限,不确定因素多,矿体(点)的连续性是推断的,矿产资源数量的估算所依据的数据有限,可信度较低。

(3) 控制的:是指对矿区的一定范围依照详查的精度基本查明了矿床的主要地质特征、矿体的形态、产状、规模、矿石质量、品位及开采技术条件,矿体的连续性基本确定,矿产资源数量估算所依据的数据较多,可信度较高。

(4) 探明的:是指在矿区的勘探范围依照勘探的精度详细查明了矿床的地质特征、矿体的形态、产状、规模、矿石质量、品位及开采技术条件,矿体的连续性已经确定,矿产资源数量估算所依据的数据详尽,可信度高。

可行性评价分为概略研究、预可行性研究、可行性研究三个阶段。

(1) 概略研究:是指对矿床开发经济意义的概略评价。所采用的矿石品位、矿体厚度、埋藏深度等指标通常是我国矿山几十年来的经验数据,采矿成本是根据同类矿山生产估计的。其目的是为了由此确定投资机会。由于概略研究一般缺乏准确参数和评价所必需的详细资料,所估算的资源量只具内蕴经济意义。

(2) 预可行性研究:是指对矿床开发经济意义的初步评价。其结果可以为该矿床是否进行勘探或可行性研究提供决策依据。进行这类研究,通常应有详查或勘探后采用参考工业指标求得的矿产资源/储量数,实验室规模的加工选冶试验资料,以及通过价目表或类似矿山开采对比所获数据估算的成本。预可行性研究内容与可行性研究相同,但详细程度次之。当投资者为选择拟建项目而进行预可行性研究时,应选择适合当时市场价格的指标及各项参数,且论证项目尽可能齐全。

(3) 可行性研究:是指对矿床开发经济意义的详细评价,其结果可以详细评价拟建项目的技术经济可靠性,可作为投资决策的依据。所采用的成本数据精确度高,通常依据勘探所获的储量数及相应的加工选冶性能试验结果,其成本和设备报价所需各项参数是当时的市场价格,并充分考虑了地质、工程、环境、法律和政府的经济政策等各种因素的影响,具有很强的时效性。

经济意义：对地质可靠程度不同的查明矿产资源，经过不同阶段的可行性评价，按照评价当时经济上的合理性可以划分为经济的、边界经济的、次边界经济的、内蕴经济的。

（1）经济的：其数量和质量是依据符合市场价格确定的生产指标计算的。在可行性研究或预可行性研究当时的市场条件下开采，技术上可行，经济上合理，环境等其他条件允许，即每年开采矿产品的平均价值能足以满足投资回报的要求。或在政府补贴和其他扶持措施条件下，开发是可能的。

（2）边际经济的：在可行性研究或预可行性研究当时，其开采是不经济的，但接近于盈亏边界，只有在将来由于技术、经济、环境等条件的改善或政府给予其他扶持的条件下可变成经济的。

（3）次边际经济的：在可行性研究或预可行性研究当时，开采是不经济的或技术上不可行，需大幅度提高矿产品价格或技术进步，使成本降低后方能变为经济的。

（4）内蕴经济的：仅通过概略研究做了相应的投资机会评价，未做预可行性研究或可行性研究。由于不确定因素多，无法区分其是经济的、边际经济的，还是次边际经济的。

经济意义未定的：仅指预查后预测的资源量，属于潜在矿产资源，无法确定其经济意义。

二、分类及编码

分类依据：矿产资源经过矿产勘查所获得的不同地质可靠程度和经相应的可行性评价所获不同的经济意义，是固体矿产资源/储量分类的主要依据。据此，固体矿产资源/储量可分为储量、基础储量、资源量三大类十六种类型。

储量：是指基础储量中的经济可采部分。在预可行性研究、可行性研究或编制年度采掘计划当时，经过了对经济、开采、选冶、环境、法律、市场、社会和政府等诸因素的研究及相应修改，结果表明在当时是经济可采或已经开采的部分。用扣除了设计、采矿损失的可实际开采数量表述，依据地质可靠程度和可行性评价阶段不同，又可分为可采储量和预可采储量。

基础储量：是查明矿产资源的一部分。它能满足现行采矿和生产所需的指标要求（包括品位、质量、厚度、开采技术条件等），是经详查、勘探所获控制的、探明的并通过可行性研究、预可行性研究认为属于经济的、边际经济的部分，用未扣除设计、采矿损失的数量表述。

资源量：是指查明矿产资源的一部分和潜在矿产资源。包括经可行性研究或预可行性研究证实为次边际经济的矿产资源以及经过勘查而未进行可行性研究或预可行性研究的内蕴经济的矿产资源；以及经过预查后预测的矿产资源。

编码：采用（EFG）三维编码，E、F、G 分别代表经济轴、可行性轴、地质轴（见图 1-1）。编码的第 1 位数表示经济意义：1 代表经济的，2M 代表边际经济的，2S 代表次边际经济的，3代表内蕴经济的；第 2 位数表示可行性评价阶段：1 代表可行性研究，2 代表预可行性研究，3代表概略研究；第 3 位数表示地质可靠程度：1 代表探明的，2 代表控制的，3 代表推断的，4代表预测的。变成可采储量的那部分基础储量，在其编码后加英文字母"b"以示区别于可采储量。

类型及编码：依据地质可靠程度和经济意义可进一步将储量、基础储量、资源量分为 16种类型（见表 1-2）。

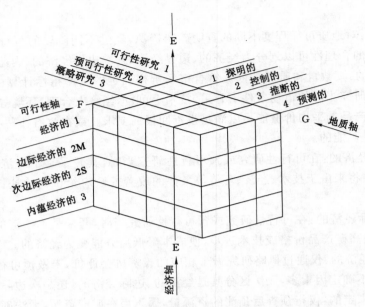

图 1-1　固体矿产资源/储量分类框架图

表 1-2
固体矿产资源/储量分类表

经济意义 ＼分类类型＼地质可靠程度	查明矿产资源			潜在矿产资源
	探明的	控制的	推断的	预测的
经济的	可采储量(111)			
	基础储量(111b)			
	预采储量(121)	预可采储量(122)		
	基础储量(121b)	基础储量(122b)		
边际经济的	基础储量(2M11)			
	基础储量(2M21)	基础储量(2M22)		
次边际经济的	资源量(2S21)			
	资源量(2S21)	资源量(2S22)		
内蕴经济的	资源量(331)	资源量(332)	资源量(333)	资源量(334)?

　　说明:表中所用编码(111～334),第 1 位数表示经济意义:1＝经济的,2M＝边际经济的,2S＝次边际经济的,3＝内蕴经济的,?＝经济意义未定的;第 2 位数表示可行性评价阶段:1＝可行性研究,2＝预可行性研究,3＝概略研究;第 3 位数表示地质可靠程度:1＝探明的,2＝控制的,3＝推断的,4＝预测的。b＝未扣除设计、采矿损失的基础储量。

　　储量:有 3 种类型。

　　(1) 可采储量(111):探明的经济基础储量的可采部分。是指在已按勘探阶段要求加密工程的地段,在三维空间上详细圈定了矿体,肯定了矿体的连续性,详细查明了矿床地质特征、矿石质量和开采技术条件,并有相应的矿石加工选治试验成果,已进行了可行性研究,包括对开采、选治、经济、市场、法律、环境、社会和政府因素的研究及相应的修改,证实其在计算的当时开采是经济的。计算的可采储量及可行性评价结果,可信度高。

（2）预可采储量（121）：探明的经济基础储量的可采部分。是指在已达到勘探阶段加密工程的地段，在三维空间上详细圈定了矿体，肯定了矿体连续性，详细查明了矿床地质特征、矿石质量和开采技术条件，并有相应的矿石加工选冶试验成果，但只进行了预可行性研究，表明当时开采是经济的。计算的可采储量可信度高，可行性评价结果的可信度一般。

（3）预可采储量（122）：控制的经济基础储量的可采部分。是指在已达到详查阶段工作程度要求的地段，基本上圈定了矿体三维形态，能够较有把握地确定矿体连续性的地段，基本查明了矿床地质特征、矿石质量、开采技术条件，提供了矿石加工选冶性能条件试验的成果。对于工艺流程成熟的易选矿石，也可利用同类型矿产的试验成果。预可行性研究结果表明开采是经济的，计算的可采储量可信度较高，可行性评价结果的可信度一般。

基础储量：有 6 种类型。

（1）探明的（可研）经济基础储量（111b）：它所达到的勘查阶段、地质可靠程度、可行件评价阶段及经济意义的分类同上可采储量所述，与其唯一的差别在于本类型是用未扣除设计、采矿损失的数量表述。

（2）探明的（预可研）经济基础储量（121b）：它所达到的勘查阶段、地质可靠程度、可行性评价阶段及经济意义的分类同预可采储量（121）所述，与其唯一的差别在于本类型是用未扣除设计、采矿损失的数量表述。

（3）控制的经济基础储量（122b）：它所达到的勘查阶段、地质可靠程度、可行性评价阶段及经济意义的分类同预可采储量（122），与其唯一的差别在于本类型是用未扣除设计、采矿损失的数量表述。

（4）探明的（可研）边际经济基础储量（2M11）：是指在达到勘探阶段工作程度要求的地段，详细查明了矿床地质特征、矿石质量、开采技术条件，圈定了矿体的三维形态，肯定了矿体连续性，有相应的加工选冶试验成果。可行性研究结果表明，在确定当时，开采是不经济的，但接近盈亏边界，只有当技术、经济等条件改善后才可变成经济的。这部分基础储量可以是覆盖全勘探区的，也可以是勘探区中的一部分，在可采储量周围或在其间分布。计算的基础储量和可行性评价结果的可信度高。

（5）探明的（预可研）边际经济基础储量（2M21）：是指在达到勘探阶段工作程度要求的地段，详细查明了矿床地质特征、矿石质量、开采技术条件，圈定了矿体的三维形态，肯定了矿体连续性，有相应的加工选冶试验成果。预可行性研究结果表明，在确定当时，开采是不经济的，但接近盈亏边界，待将来技术经济条件改善后可变成经济的。其分布特征同 2M11，计算的基础储量的可信度高，可行性评价结果的可信度一般。

（6）控制的边际经济基础储量（2M22）：是指在达到详查阶段工作程度的地段，基本查明了矿床地质特征、矿石质量、开采技术条件，基本圈定了矿体的三维形态，预可行性研究结果表明，在确定当时，开采是不经济的，但接近盈亏边界，待将来技术经济条件改善后可变成经济的。其分布特征类似于 2M11，计算的基础储量可信度较高，可行性评价结果的可信度一般。

第三节　矿床及其相关属性的基本概念

一、矿床及其属性

矿床,是指地壳中由地质作用形成的,其质和量符合当前的经济技术条件,而能被开发和利用的地质体。矿床具有三种属性。

(1)地质属性:矿床是一种特殊的综合地质体,是在地质历史上经过特定的地质成矿作用而形成的,以后,它又经过种种地质变化而被保存下来,即矿床是地质作用演化的产物,因此,矿床的根本属性是地质的,地质属性是它的根本属性。——"理论矿床学"

(2)经济属性:矿床具有一定的质和量,是在一定的经济技术条件下能被开发和利用的地质体,而不是一般的地质体。矿床学本来就有经济地质学与应用地质学的别称或/和内涵,与矿产勘查和矿业有着天然的联系。只是在 20 世纪 60~80 年代,由于人们过分热衷矿床成因研究和争论,才淡化和削弱了它的"应用"的特色。——"应用矿床学"

(3)环境(生态环境)属性:矿床中既有有用组分,又有对人类和其他动物有害的物质。当矿床自然暴露、接近地表或被开采时,一些有害物质渗入土壤、空气和水体中,污染环境,对各类生物造成直接或间接损害,因此矿床又有环境(生态环境)属性,即矿床的存在和开发对周围生态环境的影响程度。——"环境矿床学"

在过去的矿床学研究中,注意运用地质理论和方法研究矿床的形成环境、制约因素、作用过程和分布规律,又依据矿业市场需求和矿山开发经济技术条件来评价矿床质量和经济效益,也就是注意依据矿床的地质和经济的双重属性来研究矿床。进入 21 世纪后,在保护地球生态环境的大前提下,又需要根据矿床环境属性来研究矿床在自然状态下和开采条件下对生态环境的影响,为保护和改善矿山环境提供地质科学依据,以最终达到矿业开发与环境保护相互促进、协调发展的目的。

总之,这三种属性是相互关联、互相制约的,地质属性是基本,经济技术属性是界定矿与非矿的主要标志,而环境属性则要求在尽量保护环境的条件下开发矿产资源。

二、矿田、成矿区、成矿带的概念

矿田:指地壳上某一成矿显著地段,存在着在地质构造、物质成分和成因上具有显著联系的两个以上矿床或矿点,面积一般为几十至百余平方千米。

成矿区:也称成矿省,在地壳中某种或某些矿产大量集中的地区,面积可达数千至数万平方千米。如胶东金矿成矿区、安徽铜陵铜金成矿区等。

成矿带:全球性的成矿地带,面积几十万至几百万平方千米,如环太平洋成矿带、古地中海-喜马拉雅成矿带、长江中下游成矿带。

三、有关矿体的基本概念

矿床由两个基本部分(地质体)组成,这就是矿体和围岩。一个矿床可由单一矿体构成,也可由多个矿体组成。

（一）矿体与围岩

矿体为矿石在三维空间的堆积体，通常构成独立的地质体。它占有一定的空间，具有一定的形态、产状和规模。矿体是构成矿床的基本单位，是矿山中被开采和利用的对象。

围岩有两重含义，一是指侵入体周围的岩石，二是指矿体周围的岩石，矿床学中主要指后者。矿体四周常为无实际价值的岩石所包围，这些围绕矿体产出的岩石，称为矿体围岩，简称围岩。矿体和围岩的界线可以是清晰的，如脉状矿体；但也可以是界线不清而呈逐渐过渡的，如由细脉浸染状矿石组成的斑岩型矿体。对于后者，则需根据化学分析结果，即根据矿石的边界品位加以圈定，凡未达到边界品位者，即为围岩。

根据矿体和围岩形成时间的关系，可把矿床分为同生矿床和后生矿床。

（1）同生矿床，是指矿体和围岩在同一地质作用下，同时或基本同时形成的矿床。例如，在表生沉积作用过程中形成的沉积矿床，岩浆结晶分异过程中形成的岩浆分结矿床等。

（2）后生矿床，系指矿体与围岩分别在不同的地质作用过程中形成的，且矿体的形成时间明显晚于围岩的矿床。例如，穿切岩浆岩、沉积岩、变质岩的含黑钨矿石英脉是这些围岩形成后，在另一地质作用下，含矿热液沿断裂、裂隙充填结晶而成，故属于后生矿床。热液沿裂隙充填、交代形成的矿床均为后生矿床。

除同生矿床和后生矿床外，自然界还存在另一类矿床，它们是在早期形成的矿床或矿体上，又受到了后期成矿作用的叠加，此类矿床称为叠生矿床。叠生矿床可以是不同地质时期成矿作用的叠加，也可以是不同成因矿化的叠加。我国内蒙古白云鄂博铁-稀土矿床被普遍认为是典型的叠生矿床，中元古代沉积作用形成了含稀土的贫铁矿床在海西期叠加了岩浆热液型富铌稀土矿化，最终形成储量居世界之首的超大型稀土矿床。

在研究矿床时，还常常涉及成矿母岩（简称母岩）和矿源层的概念。给矿床形成提供主要成矿物质的岩石称为成矿母岩，或简称母岩。如充填于裂隙中的含黑钨矿石英脉，是由花岗岩侵位冷凝时析出的含钨气的水热液运移至裂隙结晶而成的，所以花岗岩便是含钨石英脉矿床的母岩。又如纯橄榄岩结晶分异过程中形成了铬铁矿矿床，斜长-辉长岩分异晚期形成了钒钛磁铁矿矿床，橄榄岩和斜长-辉长岩分别是铬铁矿和钒钛磁铁矿矿床的母岩。在一些矿床中，矿体的围岩即是母岩，如由岩浆结晶分异作用形成的超镁铁质岩中的铬铁矿矿床，这种富镁质超镁铁质岩石就是铬铁矿矿床的成矿母岩。

根据近代矿床学的研究，不少矿床是受地层控制的，而这些地层中往往相对富集了某些成矿组分，但还未达到工业要求。如炭质页岩中的 Cu、Pb、Zn 含量可分别达到 $20 \times 10^{-6} \sim 30 \times 10^{-6}$，$20 \times 10^{-6} \sim 400 \times 10^{-6}$ 和 $100 \times 10^{-6} \sim 1\,000 \times 10^{-6}$，较一般同类岩石高数十至数百倍。其他还有含铜的页岩、含铅锌的白云岩等。当后来有热液在这些岩层中活动时，可使成矿组分发生活化和转移，并在附近有利的岩层和裂隙构造中富集成矿。这些能为后期热液活动提供成矿物质的岩层，称之为矿源层。它与成矿母岩具有相似的意义。

习惯上，母岩常指能提供成矿物质的岩浆岩，矿源层是指提供成矿物质的沉积岩层。

（二）矿体的形态和产状

正确认识矿体的形态和产状，对矿床研究、找矿、勘探、评价和开采工作，均有重要的指导意义。

（1）矿体的形态

矿体形态系指矿体在空间的产出样式和形状。根据矿体在空间三个方向延伸情况的不

同,可把矿体划分成不同的几何类型:

① 等轴型矿体:是指在空间的三个方向上,矿体的延伸状况大体相同,如矿巢、矿囊、矿袋等。此类矿体一般规模较小,直径几米至几十米。

② 柱状型矿体:指在空间一个方向延长(主要指垂直方向),其余两向不发育或缩短的矿体。如矿柱、矿筒、矿管等。这类柱(筒、管)体的横断面直径一般几米至几十米。已知的最大直径(金伯利岩筒)达百米以上,延深达 1 km 以上。

③ 板状型矿体:指在空间两个方向延伸大,第三个方向不发育的矿体,如矿脉、矿层等。

矿脉是产在各种岩石裂隙中的板状矿体,属典型的后生矿床。按矿脉与围岩的产状关系,又可分为层状矿脉和切割矿脉两种。前者指与层状岩石的层理产状相一致的矿脉,是顺层充填和交代作用的产物;后者指产在岩体中的或穿切层状岩石层理的矿脉。矿脉的规模不等,大者可延长千米以上,一般在几十米至几百米。厚度通常只有几十厘米至几米,少数达十几米至几十米。延深一般几十米至几百米,少数可达千米以上。

矿层一般是指沉积形成的板状矿体,矿体与岩层是在相同的地质作用下同时形成的,因此两者产状一致,多属同生矿床。也有人将产于超镁铁质-镁铁质杂岩体中的层状铬铁矿矿体称为矿层。矿层的厚度较为稳定,走向延伸较大,可达几千米到数十千米,沿倾向延深可与走向长度相仿,厚度常达数米至数百米。

④ 过渡型矿体:自然界许多矿体的形状,实际上介于等轴状与板状之间,或介于板状与柱状之间,而不属于上述三种类型的任一类型,从而构成三种主要几何形态之间的过渡类型,如透镜状、扁豆状矿体等。

⑤ 复杂型矿体:一些矿体产出的形态异常复杂或极不规则,在空间上变化多样,成群出现。这类矿体的形态与构造裂隙形态的关系极为密切。一般来说,断裂或裂隙的形态即矿体的形态,如网格状矿体、鞍状矿体、梯状矿体、马尾丝状矿体、羽毛状矿体等。

(2)矿体的产状

矿体产状,系指矿体在空间上产出的空间位置和地质环境。其完整含义包括以下内容:

① 矿体的空间位置。形态较规则的板状矿体的产状,一般根据其走向、倾向和倾角确定。但对凸镜状、扁豆状以及柱状矿体等一些产状较复杂的矿体而言,除测量走向、倾向和倾角外,还需补充测定其侧伏角和倾伏角。侧伏角系指矿体的最大延伸方向(即矿体轴)与走向线之间的夹角;倾伏角则指矿体的最大延伸方向与其水平投影线之间的夹角。而倾角是矿体最大倾斜线与其在水平面上投影线之间的夹角。确定这类矿体的侧伏角和倾伏角对矿床的勘探和开采都有重要的指导意义。

② 矿体的埋藏深度。指矿体是出露于地表,抑或隐伏于地下,以及矿体埋藏深度如何等。如矿体大部分出露地表,或由于产出浅经剥离后可以开采的,称为露天矿。而完全隐伏的称为隐伏矿,也称盲矿体。

③ 矿体与围岩层理、片理关系。矿体是沿层理、片理整合产出,抑或穿切层理、片理。

矿体与火成岩的空间关系。指矿体产于岩体内,还是产在接触带或位于侵入体的围岩之中。

矿体与地质构造空间关系。指矿体产于何种构造单元中的何种部位,与何种构造类型密切相关。

影响矿体形态和产状的地质因素很多,其中矿床的成因、围岩性质以及构造条件具有决定性的意义。

四、有关矿石的基本概念

（一）矿物、岩石和矿石

通常认为，几乎所有构成我们星球的原子，早在地球形成时便已存在了。原子又以各种形式相互结合。在自然界出现的元素，只有很少几种呈游离状态，大多数系结合于各种化合物之内。

元素在各种地质作用的影响下，通过结晶作用、升华作用、化学（反应）作用等途径可形成矿物。迄今为止，自然界已发现的矿物在 3 000～3 300 种。

在地壳中，以硅酸盐、碳酸盐、氧化物等造岩矿物分布最为广泛，其中硅酸盐类矿物和石英占大多数（占地壳总重量的 82.6%），而在工业上具有重要意义的矿物（造矿矿物），其所占的比重甚低。

矿物以集合体形式出现者，即构成为岩石。岩石可以由单一矿物或两种以上不同的矿物集合体组成。

如果岩石中含有经济上有价值、技术上可利用的元素、化合物或矿物，即称为矿石。换言之，矿石是从矿体中开采出来的，从中可以提取一种或多种有用组分（元素、化合物或矿物）的天然矿物集合体。矿石也称原矿、粗矿或毛矿。

可见，虽然矿石与岩石都是由地质作用形成的天然矿物集合体，但矿石中含有在一定技术经济条件下可被提取和利用的有用组分。简言之，矿石即是一种可利用的特殊岩石。

（二）矿石的矿物组成和元素组成

（1）矿石矿物与脉石矿物

矿石通常由矿石矿物和暂时无用的脉石矿物组成。矿石矿物，亦称有用矿物，系指可以被利用的金属或非金属矿物。如铜矿石中的黄铜矿、斑铜矿，石棉矿石中的石棉等。脉石矿物则指那些虽与矿石矿物相伴，但不被利用或在当前技术经济条件下暂时不能被利用的矿物。如铜矿石中的石英、绢云母等，石棉矿石中的白云石等。不过，矿石矿物和脉石矿物的划分只有相对意义而无绝对界线，尤其随着人类对新矿物原料的要求不断增长和采、选、冶技术的提高，一些目前尚无利用价值的脉石矿物，将来有可能变为矿石矿物。

应强调的是，并不是所有金属矿物都是矿石矿物，同样，并不是所有非金属矿物都是脉石矿物。

根据矿石中矿石矿物与脉石矿物的相对含量，可将矿石分为块状矿石（矿石中矿石矿物含量大于 80%）和浸染状矿石（矿石中矿石矿物含量小于 80%）。

（2）夹石与脉石

在一个矿体内，物质成分的分布有时是极不均匀的。在局部地段，有用组分含量可增高构成富矿段；而另一局部地段，可以骤然降低而达不到工业要求。矿体内这些达不到工业要求而不被利用的部分，一般称为夹石。当夹石的厚度超出允许的范围，就得从矿体中剔除。

一般将矿床中与矿石相伴生的无用固体物质称为脉石，包括脉石矿物、夹石、围岩的碎块等。它们通常在开采和选矿过程中被废弃掉。矿体中围岩碎块和夹石的含量过多，就相对降低了矿石的品位，一般称其为矿石贫化。

（3）共生组分与伴生组分

前已述及,矿石是从中可以提取有用组分的矿物集合体。除主要有用组分外,矿石中共生组分和伴生组分也是重要的研究内容。

共生组分系指矿石(或矿床)中与主要有用组分成因上相关、空间上共存、品位上达标、可供单独处理的组分。这些组分虽具经济价值,但在一定的经济技术条件下工业意义小于主要有用组分。如湖南沃溪矿床钨锑矿体中,金品位可达 8.27×10^{-6},是一种重要的共生组分。

空间上,共生组分与主要有用组分既可共生于同一矿体中(即"同体共生"),也常表现为两者彼此分离,甚至各自独立圈定矿体(即"异体共生")。

伴生组分,是指矿石(或矿床)中虽与主要有用组分相伴,但不具有独立工业价值的元素、化合物或矿物,其存在与否和含量的多寡常影响着矿石质量。据对矿石质量的影响,伴生组分可分为伴生有益组分和伴生有害组分。

伴生有益组分指矿石中除有用组分外,可以回收的伴生组分,或能改变产品性能的伴生组分。如铜矿石中的 Au、Ag,镍矿石中的 Co、Se、Te,铁矿石中的 V、Ti、Mn、Co 等组分。伴生有害组分则指矿石中对有用组分的选矿、冶炼、加工有危害的某些组分。如铁矿石中的 S、P、As、Pb、Zn,金矿石中的 As 等。

综合评价伴生有益组分,可以提高矿床的工业价值,有时还可以适当降低对主要组分的要求。因此,查明伴生有益组分的含量及赋存状态有重要的现实意义。矿石中有害组分的存在,对矿石质量有很大的影响。例如,铁矿石中含硫高,会降低金属抗张强度,使钢在高温下变脆;含磷高又会使钢在冷却时变脆等,因此需要限制有害组分的含量。可见,伴生有益组分和有害组分也是衡量矿石质量和利用性能的重要标志。

根据矿石中所含有用组分的情况,可把矿石分为简单矿石和复杂矿石两类。前者指从中仅能提取一种有用组分,后者则指从中可以同时提取数种有用组分。

(三)矿石的结构和构造

矿石构造,是指矿石中矿物集合体的特点,包括集合体的形态、大小以及集合体之间的相互关系。矿石构造类型主要决定各类矿物集合体的形成环境,是确定矿床成矿阶段的重要标志。矿石构造类型的形迹规模较大,通常都可通过肉眼在矿石研究中辨认,部分构造类型需在矿体露头上观察确定,少量显微类型则需通过显微镜确定。矿石构造类型甚为复杂多样,其中最主要和最常见的有块状构造、浸染状构造、斑点状构造、条带状构造、脉状构造、角砾状构造、梳状构造、环带状构造、晶簇状构造、鲕状构造、胶状构造、揉皱构造等。

矿石结构,系指矿石中矿物颗粒的形状、大小和相互关系。矿石结构类型主要决定于矿物颗粒的形成条件,它是研究矿物生成顺序的重要标志。矿石结构现象有大型和小型之分,大型结构用肉眼即可分辨,小型结构通常在显微镜下观察研究。矿石结构类型甚为多样,有由熔体和溶液中结晶形成的结构;由固溶体分离作用形成的结构;由再结晶作用形成的结构;由沉积作用形成的结构;由压力作用形成的结构等。最常见的矿石结构有等粒自形结构、不等粒结构、纤维状结构、环带状结构、叶片状结构、乳滴状结构、胶状结构、破碎结构、骸晶结构、草莓状结构等。

矿石结构和矿石构造统称为矿石组构。矿石组构研究对认识矿床形成的物理化学环境,阐明矿床形成作用和形成过程具有重要意义,主要为论证矿床成因提供重要信息。矿石组构研究还可了解矿床形成后的次生变化特点,矿石矿物的分布、粒度、形态等资料可为矿石工业评价、技术加工工艺选择等提供重要数据资料。

（四）矿石的质和量

（1）矿石品位及其表示方法

矿石中有用组分需要达到一定的丰富程度时,才能被人们所利用。因此,有用组分必须集中,这种集中的最低要求,就是工业对矿石品位的最低要求。所谓矿石品位,系指矿石中所含有的有用组分的单位含量。因矿种不同,矿石品位的表示方法也不同。大多数金属矿石,如铁、铜、铅、锌等矿石,是以其中金属元素含量的质量分数表示;有些金属矿石的品位则以其中氧化物的质量分数表示,如 WO_3、V_2O_5 等;大多数非金属矿物原料的品位以其中有用矿物或化合物的质量分数表示,如钾盐、明矾石等;原生贵金属矿石的品位一般以 g/t（10^{-6}）表示;原生金刚石矿石的品位以克拉(ct)/t(1 克拉＝0.2 g)或 mg/t 表示;砂矿品位一般以 g/m³ 或 kg/m³ 表示;金刚石砂矿常用克拉/m³ 或 mg/m³ 表示。

矿石品位是衡量矿石质量好坏的主要标志。在矿床或矿体中,矿石品位常不均匀,甚至变化较大,通常要划分区段,按科学而又严格的方法系统取样,分析化验,才能得知矿段或整个矿体、矿床的平均品位。

（2）边界品位与最低工业品位

在找矿勘探工作中,还常使用边界品位和工业品位两个概念。前者是指在当前经济、技术条件下用来划分矿体与非矿体界限的最低品位。它是在圈定矿体时对单个矿样中有用组分所规定的最低品位数值。如铜矿的边界品位为 0.2%～0.3%,钼矿为 0.02%～0.04%等。后者又称最低工业品位,是指在当前经济、技术条件下能供开采和利用矿段或矿体的最低平均品位。如铜矿的工业品位为 0.4%～0.5%,钼矿 0.04%～0.06%。只有矿段或矿体的平均品位达到工业品位时,才能计算工业储量。工业品位是随着经济技术条件的发展和需求程度而不断变化的。例如,19 世纪到现在,铜矿的工业品位自 10%降到 0.5%,甚至一些大型铜矿床的工业品位可降到 0.3%。另外,不同的矿床类型,其工业品位的标准也是不同的。

一般而言,工业品位主要决定于以下因素:

① 矿床的规模

矿床的规模愈大,工业品位要求愈低。如对钼矿来说,大型矿床的工业品位为 0.06%,而小型矿床则为 0.2%～0.3%。又如大型残余硅酸盐镍矿,工业品位为 0.5%,而小型的则要求为 0.7%～0.8%。

② 矿石综合利用的可能性

如在斑岩型铜矿床中伴生的钼,只要达到万分之几便可综合利用。由于钼等有用元素的存在,扩大了矿床的工业价值,因此对铜的工业品位也可适当降低。

③ 矿石的工艺技术条件

如钛矿石,对不易冶炼的钛铁矿矿石,要求其中的 TiO_2 含量不得低于 8%～10%;而对易冶炼的金红石矿石,则 TiO_2 含量达到 3%～4%时即有工业价值。对于自熔性铁矿石品位要求,也比非自熔性铁矿石品位要求低。如菱铁矿矿石就比磁铁矿矿石的工业品位低,因在冶炼菱铁矿矿石时,可以不加或少加熔剂。

第四节　矿床的储量及其分布

一、矿床的储量

矿床储量，是指经地质研究并利用地质勘探技术手段（如钻探、槽探、井探、坑探等）查明的矿产储藏量，是衡量矿床规模的重要依据。储量是根据矿石的体积、矿石的重量和其平均品位，按特定公式计算求得的。

矿石储量的单位，对于不同矿产往往不同，还有重量单位和体积单位之分。多数矿床以重量计算，通常单位为吨（t），如黑色金属（铁、锰、铬）、一般非金属（磷灰石、钾盐、石棉等）、稀有分散金属（铌、钽、锗等）、一般有色金属（铜、铅、锌等）；稀少的贵金属（金、银等）常以千克（kg）为单位；一般建筑材料、石英砂等非金属矿产通常只计算体积，单位为立方米（m^3）。

各种矿产都要估算矿石储量，而有色金属、贵金属及稀有分散金属还要同时估算金属（或有用组分）储量。

显然，储量与品位之间存在密切关系。一个矿床的储量是随着最低工业品位的变化而变化的。不同矿产的储量表示方法不尽相同。如：黑色金属和非金属矿产主要以矿石量计算；贵金属、有色金属、稀有金属、稀土金属和放射性金属多以金属量计算；WO_3、BO、V_2O_5、Nb_2O_5、Ta_2O_5、Li_2O、Cs_2O、ZrO_2、TiO_2、Cr_2O_3 等主要以化合物量计算矿产储量；而一些特种的非金属则以矿物量表示矿产储量，如金刚石、压电石英、冰洲石、云母、石棉、石墨等。

随着研究程度和开采工作的深入及更多地质资料的获取，往往会使一个具体矿床的矿石储量的估算发生变化。西方国家通常将储量划分为探明的、概略的和可能的三类。以往我国地质勘查部门根据对矿床的勘查研究程度和相应的工业用途，将矿产储量（资源）划分为能利用（表内）储量和暂不能利用（表外）储量两类，A、B、C、D、E、F、G 七级。

1999 年 12 月 1 日起实施的国家标准《固体矿产资源/储量分类》（GB/T 17766—1999）体现了社会主义市场经济的要求，并便于与国际接轨。该"标准"中首先通过地质评价分出了查明矿产资源和潜在矿产资源，然后对发现后的查明矿产资源通过可行性评价分出经济的、边际经济的、次边际经济的和内蕴经济的。综合考虑上述技术和经济的因素将矿产资源分为三大类，即储量、基础储量、资源量，并进一步划分为 16 种类型。其中，储量是指基础储量中的经济可采部分，在预可行性研究、可行性研究或编制年度采掘计划当时，经过了对经济、开采、选冶、环境、法律、市场、社会和政府等诸因素的研究及相应修改，结果表明在当时是经济可采或已经开采的部分，用扣除了设计、采矿损失的可实际开采数量表述。依据地质可靠程度和可行性评价阶段不同，又可分为可采储量（111）和预开采储量（121 和 122）。

二、全国固体矿产资源现状及分布特点

中华人民共和国成立以来，我国矿产勘查工作取得了巨大成就，提供了国民经济所需要的大量矿产资源，基本保证了国民经济建设对矿产资源的需求。

我国现行《矿产资源法实施细则》中的矿产资源分类细目，按矿物所含元素或化石的种类所划分的矿产种类共有 168 个种类。共分为四大类——能源矿产 11 种，金属矿产 59 种，非金属矿产 92 种，水气矿产 6 种。

（1）能源矿产（11 种）——煤、煤成气、石煤、油页岩、石油、天然气、油砂、天然沥青、铀、钍、地热。

（2）金属矿产（59 种）——铁、锰、铬、钒、钛；铜、铅、锌、铝土矿、镍、钴、钨、锡、铋、钼、汞、锑、镁；铂、钯、钌、锇、铱、铑；金、银；铌、钽、铍、锂、锆、锶、铷、铯；镧、铈、镨、钕、钐、铕、钇、钆、铽、镝、钬、铒、铥、镱、镥；钪、锗、镓、铟、铊、铪、铼、镉、硒、碲。

（3）非金属矿产（92 种）——金刚石、石墨、磷、自然硫、硫铁矿、钾盐、硼、水晶（压电水晶、熔炼水晶、光学水晶、工艺水晶）、刚玉、蓝晶石、夕线石、红柱石、硅灰石、钠硝石、滑石、石棉、蓝石棉、云母、长石、石榴子石、叶蜡石、透辉石、透闪石、蛭石、沸石、明矾石、芒硝（含钙芒硝）、石膏（含硬石膏）、重晶石、毒重石、天然碱、方解石、冰洲石、菱镁矿、萤石（普通萤石、光学萤石）、宝石、黄玉、玉石、电气石、玛瑙、颜料矿物（褚石、颜料黄土）、石灰岩（电石用灰岩、制碱用灰岩、化肥用灰岩、熔剂用灰岩、玻璃用灰岩、水泥用灰岩、建筑石料用灰岩、制金用灰岩、饰面用灰岩）、泥灰岩、白垩、含钾岩石、白云岩（冶金用白云岩、化肥用白云岩、玻璃用白云岩、建筑用白云岩）、石英岩（冶金用石英岩、玻璃用石英岩、化肥用石英岩）、砂岩（冶金用砂岩、玻璃用砂岩、水泥配料用砂岩、砖瓦用砂岩、化肥用砂岩、铸型用砂岩、陶瓷用砂岩）、天然石英砂（玻璃用砂、铸型用砂、建筑用砂、水泥配料用砂、水泥标准砂、砖瓦用砂）、脉石英（冶金用脉石英、玻璃用脉石英）、粉石英、天然油石、含钾砂页岩、硅藻土、页岩（陶粒页岩、砖瓦用页岩、水泥配料用页岩）、高岭土、陶瓷土、耐火黏土、凹凸棒石黏土、海泡石黏土、伊利石黏土、累托石黏土、膨润土、铁矾土、其他黏土（铸型用黏土、砖瓦用黏土、陶粒用黏土、水泥配料用黏土、水泥配料用红土、水泥配料用黄土、水泥配料用泥岩、保温材料用黏土）、橄榄岩（化肥用橄榄岩、建筑用橄榄岩）、蛇纹岩（化肥用蛇纹岩、熔剂用蛇纹岩、饰面用蛇纹岩）、玄武岩（铸石用玄武岩、岩棉用玄武岩）、辉绿岩（水泥用辉绿岩、铸石用辉绿岩、饰面用辉绿岩、建筑用辉绿岩）、安山岩（饰面用安山岩、建筑用安山岩、水泥混合材用安山玢岩）、闪长岩（水泥混合材用闪长玢岩、建筑用闪长岩）、花岗岩（建筑用花岗岩、饰面用花岗岩）、麦饭石、珍珠岩、黑曜岩、松脂岩、浮石、粗面岩（水泥用粗面岩、铸石用粗面岩）、霞石正长岩、凝灰岩（玻璃用凝灰岩、水泥用凝灰岩、建筑用凝灰岩）、火山灰、火山渣、大理岩（饰面用大理岩、建筑用大理岩、水泥用大理岩、玻璃用大理岩）、板岩（饰面用板岩、水泥配料用板岩）、片麻岩、角闪岩、泥炭、矿盐（湖盐、岩盐、天然卤水）、镁盐、碘、溴、砷。

（4）水气矿产（6 种）——地下水、矿泉水、二氧化碳气、硫化氢气、氦气、氡气。

金属矿产是国民经济、国民日常生活及国防工业、尖端技术和高科技产业必不可缺少的基础材料和重要的战略物资。根据我国矿产储量统计分类，将金属矿产分为：黑色金属矿产、有色金属矿产、贵重金属矿产、稀有金属矿产、稀土金属矿产等。以下为稀土、铜、铁、铝矿的分布及利用简述。

（1）稀土

我国是稀土大国，稀土的实际产量和世界的消费量几乎相当。稀土金属矿产包括：钪矿、轻稀土矿（镧、铈、镨、钕、钷、钐、铕）、重稀土矿（钆、铽、镝、钬、铒、铥、镱、镥、钇）等。我国稀土矿床在地域分布上具有面广而又相对集中的特点。目前，地质工作者已在全国三分之二以上的省（区）发现上千处矿床、矿点和矿化产地，除内蒙古的白云鄂博、江西赣南、广东粤北、四川凉山为稀土资源集中分布区外，山东、湖南、广西、云南、贵州、福建、浙江、湖北、河南、山西、辽宁、陕西、新疆等省区亦有稀土矿床发现，但是资源量要比矿化集中富集区少得多。全国稀土资源总量的 98％分布在内蒙古、江西、广东、四川、山东等地区,形成北、南、东、西的分布格局,并具有北轻南重的分布特点。我国西部地区是轻稀土资源的最主要分布区,仅内蒙古的白云鄂博矿区地表至地下 200 m 范围内已探明稀土资源量约 10 000 万 t,平均含稀土氧化物(REO)3％～5％,预测全区稀土资源量超过 13 500 万 t;中国南方的风化淋积型稀土矿已探明资源量正式公布的数字为 150 万 t,另有调查资料统计,南方七省区(江西、广东、广西、湖南、云南、福建、浙江)已探明稀土资源量 840 万 t,预测资源远景为 5 000 万 t。另外,我国四川凉山州的冕宁县和德昌县境内已探明稀土资源量约 250 万 t,预测稀土资源远景超过 500 万 t。

信息、生物、新材料、新能源、空间和海洋被当代科学家推为六大新科技群,稀土元素在这六大科技群中都有其施展本领的天地。混合稀土金属以稀土硅铁合金或硅镁钛合金的形式加入铁中促进石墨的球化,从而提高铸铁的可锻强度。产品称稀土球墨铸铁。用于有色金属合金中,稀土金属有色金属合金中也获得广泛应用,例如,有一种稀土镁合金可用于制造喷气式发动机的传动装置、直升机的变速箱、飞机的着陆轮和座舱罩。在镁合金中添加稀土金属的优点是可提高其高温抗蠕变性,改善铸造性能和室温可焊性。有一种铝锆钇合金用作电线,其特点是输出功率高、耐热、耐振动和耐腐蚀。钕铁永磁合金,其磁能积达 300 kJ/m³,比钐钴永磁合金(它在 20 世纪 70 年代取代昂贵的铂钴永磁体市场产生过重大影响)几乎高出一倍。稀土分子筛裂化催化剂是用于石油裂化工艺中性能优良(催化活性大,产品收率高)的催化剂。这种催化剂多数用混合稀土氯化物与相应的钠型分子筛发生阳离子交换反应制成。镧玻璃作为一种具有优良光学性质的玻璃,含氧化镧 La_2O_3 60％,氧化硼 B_2O_3 40％,具有高的折射率、低的色散和良好的化学稳定性。这种光学玻璃是制造高级照相机的镜头和潜望镜的镜头的不可缺少的光学材料。各种稀土荧光粉的用途颇广,如用于黑白电视显像管、X 射线增感屏、雷达显像管、荧光灯、高压水银灯等。激光器稀土在激光器中也应用较多。

(2) 铜

全球铜资源蕴藏最丰富的地区有五个:南美洲的秘鲁和智利境内的安第斯山脉西麓、美国西部的洛杉矶和大坪谷地区、非洲的刚果和赞比亚、哈萨克斯坦共和国、加拿大东部和中部。世界铜资源主要集中在智利、美国、赞比亚、独联体和秘鲁等国。

铜是与人类关系非常密切的有色金属,被广泛地应用于电气、轻工、机械制造、建筑工业、国防工业等领域。铜在电气、电子工业中应用最广,用量最大,占总消费量一半以上。用于各种电缆和导线,电机和变压器的绕阻,开关以及印刷线路板等。在机械和运输车辆制造中,用于制造工业阀门和配件、仪表、滑动轴承、模具、热交换器和水泵等。在化学工业中广泛应用于制造真空器、蒸馏锅、酿造锅等。在国防工业中用以制造子弹、炮弹、枪炮零件等,每生产 100 万发子弹,需用铜 13～14 t。在建筑工业中,用做各种管道、管道配件、装饰器件等。各行业铜消费量占铜总消费量的比例:电子(包括通信)48％;建筑 24％;一般工程12％;交通 7％;其他 9％。

(3) 铁

铁矿资源在地球上分布广泛,储量丰富。铁矿资源分布在地球的各个大洲。铁矿石资源/储量较为丰富的国家有乌克兰、俄罗斯、中国、巴西、澳大利亚、哈萨克斯坦、美国、印度、委内瑞拉、瑞典等国。上述十国铁矿石储量占全球铁矿石总储量的 91.5％。另外,伊朗、加拿大和南非也有较大的铁矿石储量。乌克兰、中国和美国的铁矿石品位较低,平均品位在30％左右,铁矿产品以铁精粉为主;而澳大利亚、巴西、印度、南非铁矿石品位较高,产品以富矿粉及块矿为主。巴西铁矿石基础储量为 330 亿 t,大部分是赤铁矿,铁矿石品位大都在55％～67.5％。其中,加拉加斯矿的平均品位在 66％左右。巴西铁矿化学性能良好,有害杂质元素较少,但冶金物理性能不及澳大利亚和加拿大铁矿。巴西铁矿的剥采比一般高于加拿大,而低于澳大利亚。澳大利亚铁矿基础储量为 450 亿 t,铁矿石品位一般在 56％～62％,目前已经开采的铁矿石多集中于西澳的皮尔巴拉地区。澳大利亚铁矿的物理性能一般优于巴西铁矿,但不及加拿大铁矿,化学性能则不及巴西和加拿大铁矿。澳大利亚的铁矿产品以富矿粉和天然块矿为主,球团矿的数量较少。印度的铁矿石基础储量为 98 亿 t,印度官方称其铁矿石基础储量约 134 亿 t。印度铁矿的品位普遍较高,一般在 50％以上。加拿大铁矿基础储量为 39 亿 t,平均品位偏低,一般在 40％左右,与澳大利亚、巴西的高品位矿石相比相差甚远,但加拿大铁矿石的化学性能好,铁矿石中的有害元素较少,有利于高炉冶炼,同时加拿大铁矿的物理性能也十分优良。

随着含碳量的高低不同,生铁、钢、熟铁的性能大不相同,用途也不同:生铁很脆,一般是浇铸成型,所以又称"铸铁",如铁锅、火炉等,在工业上用来制造机床的床身、蒸汽机和内燃机的汽缸等,它的成本比较低廉、耐磨,但没有延性和展性,不能锻打。熟铁所含杂质少,接近于纯铁,韧性强,可以锻打成型,所以又叫"锻铁",如铁勺、锅铲等。钢的韧性好,机械强度又高,在工业上的用途最广。

（4）铝

目前已探明的世界铝矿储量约为 250 亿 t,但在世界各地分布极不均匀,储量在 10 亿 t以上的国家有几内亚、澳大利亚、巴西、中国、牙买加及印度等,这些国家铝矿储量约占全球铝矿总储量的 73％。

一些铝合金在强度上超过结构钢材,但是纯铝及某些铝合金的强度和硬度极低。在现代生活中,铝已经广泛地应用在建筑行业中。铝是非铁磁性的,多用于电气工业和电子工业。铝是不能自燃的,这对涉及装卸或接触易燃易爆材料的应用来说是重要的。铝无毒性,通常用于制造盛食品和饮料的容器。

复习思考题

（1）试述影响矿床的主要因素有哪些。

（2）试述成矿按作用的性质和能量来源分类类型。

（3）试述成矿作用的主要方式。

（4）简述固体矿床的分类标准。

（5）简述矿床具有的三种属性。

（6）试述矿体的形态与产状类型。

（7）根据我国矿床储量及分布,我们该怎样规划开采矿产资源。

第二章　煤炭矿床开采

第一节　煤炭资源类型及其分布情况

煤的形成和演变过程也就是炭化过程。煤的炭化程度与成煤时间、所处地层的压力和温度有关。煤炭的演变是逐级进行的。时间越长，压力越大，温度越高，则炭化程度越高。按炭化程度从低到高依次为：褐煤、长焰煤、不黏煤、弱黏煤、气煤、肥煤、焦煤、瘦煤、贫煤、无烟煤。如图 2-1 所示。

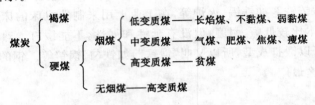

图 2-1　煤炭分类图

一、主要煤炭类型

（1）褐煤

所有煤中最低煤阶的煤，多为块状，褐色或褐黑色，水分含量高且含有腐殖酸，含挥发分40％左右，燃点低，容易着火，燃烧时上火快，火焰大，冒黑烟；发热量明显低于其他煤种，远距离运输经济性差，主要用于就近发电，化学活性高，适合直接液化（煤变油）。

产地：中国内蒙古霍林河及云南小龙潭矿区是典型褐煤产地。

（2）长焰煤

炭化程度最低的烟煤，由褐煤演变而来，燃烧时火焰长，适用于各种锅炉。主要用于发电、电站锅炉燃料等。

产地：辽宁省的长焰煤储量是全国最大的，辽宁阜新、铁法及内蒙古准格尔是长烟煤基地。

（3）不黏煤

成煤初期已受到一定氧化作用的低变质烟煤，几乎没有黏结性，适用于各种锅炉。化学活性高，适合直接液化。

产地：主要产于中国的西北部地区，中国东胜、神府矿区和靖远、哈密矿区生产典型的不黏煤。

（4）弱黏煤

煤化程度较低或中等煤化程度的煤,其黏结性很差,典型的弱黏煤产于山西省大同市。

产地:大同、左云的低灰、低硫、高发热量的弱黏煤是闻名中外的优质动力煤,大同马武等矿山弱黏煤是较好的炼焦配煤。

（5）气煤

炼焦煤种,加热时产生大量的气体,单独炼焦产出的焦炭易碎易裂,一般与肥煤、焦煤、瘦煤配合炼焦。

产地:大同、左云、霍县、右玉、平鲁、朔县、怀仁、河曲、偏关、原平、宁武、浑源、兴县、娄烦和岚县大量产出,抚顺老虎台、山西平朔生产典型的气煤。

（6）肥煤

炼焦煤种,黏结性最强,加热时产生大量的胶体,单独炼焦产出的焦炭耐磨性好,但横裂纹多,气孔多,一般与气煤、焦煤、瘦煤配合炼焦。

产地:原平、五台、宁武、怀仁、临县、方山、岚县、保德、静乐、兴县、汾西、霍县、灵石、蒲县、交口和古交均有产出。

（7）焦煤

炼焦煤种,黏结性较强,单独炼焦产出的焦炭块度大,抗碎强度高,裂纹少,但膨胀压力大,造成推焦困难,一般与气煤、肥煤、瘦煤配合炼焦。

产地:山西河东煤田中、南部的离石、柳林和乡宁矿区属低硫、低灰主焦煤。所产焦炭为特优焦,列为全国之重点,另外,丰丰五矿、淮北后石台及古交生产典型的焦煤。

（8）瘦煤

炼焦煤种,黏结性中等,单独炼焦产出的焦炭块度大,抗碎强度高,裂纹少,但耐磨性差,一般与气煤、肥煤、焦煤配合炼焦。

产地:西山、清徐、离石、交城、东山、长治、襄垣、临汾、洪洞、沁源、古县、盂县、乡宁、襄汾、武乡、翼城和屯留等地均有产出,丰丰四矿产典型的瘦煤。

（9）贫煤

炭化程度最高的烟煤,是无烟煤的前身,加热时几乎不产生胶体,所以叫贫煤。燃点高,燃烧时火焰短,主要用于发电,低硫、低灰的优质贫煤还可用于高炉喷吹,替代部分焦炭。

产地:西山、古交、清徐、东山、交城、文水、平遥、沁源、古县、襄垣、长治、屯留、武乡、左权、盂县和寿阳均有产出。

（10）无烟煤

炭化程度最高的煤,燃点高,燃烧时火焰短,不冒烟。低硫、低灰的优质无烟煤用途广泛,可用于合成氨工业制氢、高炉喷吹、制造电石、电极、人造石墨、碳化硅、碳纤维等,劣质无烟煤则用于发电。

以上只是粗略的划分,相同的煤种由于其产地的不同,也会存在着明显的质量差异,影响到具体用途,煤炭选用既要看煤种,也要看煤质。

二、主要产煤大省

我国主要能源以煤炭为主,占据了我国能源消耗的 60% 以上。我国主要产煤大省如下。

（1）山西

山西煤炭探明储量约占全国的 1/4,居全国第 1 位,预测储量居全国第 3 位。山西煤种齐全,以炼焦煤和无烟煤优势突出,炼焦煤探明储量约占全国的 50%,无烟煤探明储量约占全国的 40%,具有举足轻重的地位。

（2）内蒙古

内蒙古煤炭探明储量和预测储量均居全国第 2 位。内蒙古的煤炭资源主要分为两大块:鄂尔多斯市的低变质烟煤、东部地区的褐煤。鄂尔多斯市拥有神府东胜煤田的北半部和准格尔煤田,神府东胜煤田的煤种为不黏煤,准格尔煤田的煤种是长焰煤。内蒙古东部地区是我国最大的褐煤带,分布着十几个大型褐煤田以及大量的中小褐煤田。鄂尔多斯市的不黏煤和长焰煤,以及东部地区的褐煤都属动力煤种。内蒙古的炼焦煤主要分布在桌子山煤田和乌达煤田,探明储量不大,其中桌子山煤田的焦煤预测储量很大,找煤前景广阔。在内蒙古的煤炭探明储量中,低变质烟煤占 53%,褐煤占 45%,炼焦煤占 2%。

（3）新疆

新疆是我国找煤潜力最大的省区,探明储量居全国第 4 位,预测储量居全国第 1 位。新疆的煤炭资源主要集中在北部,其中以吐鲁番-哈密盆地、准噶尔盆地、伊犁河谷资源最为密集。新疆的煤炭资源以低变质烟煤和气煤为主,已探明的煤炭储量中,低变质烟煤占 91%,气煤占 8%,其他占 1%。

（4）陕西

陕西煤炭探明储量居全国第 3 位,预测储量居全国第 4 位。陕西拥有神府东胜煤田的南半部和黄陇煤田两大侏罗纪煤基地,两者占陕西煤炭探明储量的 91%。与其他侏罗纪煤田相同,煤种也主要是低变质烟煤,低硫、低灰,属优质的动力煤。陕西的炼焦煤资源主要来自陕北石炭二叠纪煤田和渭北石炭二叠纪煤田。

（5）贵州

贵州煤炭探明储量和预测储量均居全国第 5 位。贵州是我国南方晚二叠纪聚煤区的主体,煤炭探明储量和预测储量均超过其他南方省区的总和。由于晚二叠纪的成煤特点,贵州的煤炭资源以无烟煤居多。在探明储量中,无烟煤占 67%,贫煤占 12%,炼焦煤种占 21%。

（6）宁夏

宁夏煤炭探明储量和预测储量均居全国第 6 位。宁夏的煤炭资源集中于东部,以侏罗纪煤为主。宁夏的煤炭探明储量中,低变质烟煤占 81%。

（7）甘肃

甘肃的煤炭探明储量较少,居全国第 13 位,预测储量居全国第 7 位,找煤潜力较大。甘肃煤炭资源集中于陇东地区,已发现的主要是华亭煤田,在尚未探明的预测储量中,庆阳占了全省的 94%,但由于埋藏较深,目前仍停留在预测阶段。

（8）河南

河南的煤炭探明储量居全国第 9 位,预测储量居全国第 8 位。河南煤炭资源在成煤年代及煤种结构方面与山西类似,除义马有少量侏罗纪长焰煤,其他皆为石炭二叠纪煤。河南是一个传统产煤大省,且仍有较大的找煤潜力,但由于河南的煤炭资源开发程度已经很高了,因而今后的增产潜力不大。

（9）安徽

安徽的煤炭探明储量居全国第 7 位,预测储量居全国第 9 位,安徽煤炭高度集中于皖北地区的淮南和淮北两大煤田。安徽的煤炭资源规模与河南接近,但开发程度要低得多,今后仍有较大的增产潜力。

第二节 煤炭开采的基本概念

一、煤田开发的概念

1.煤田和矿区

在地质历史发展过程中,由含碳物质沉积形成的大面积含煤地带,称煤田。开发煤田形成的社会组合称矿区。

矿区开发之前,应进行周密的规划,进行可行性研究,编制矿区总体设计,作为矿区开发建设的依据。

2.井田

划分给一个矿井或露天矿开采的那一部分煤田叫做井田(矿田)。每一个矿井的井田范围大小、矿井生产能力和服务年限的确定,是矿区总体设计中必须解决好的关键问题之一。

井田范围,是指井田沿煤层走向的长度和倾斜方向的水平投影宽度。一般小型矿井井田走向长度不少于 1 500 m,中型矿井不少于 4 000 m,大型矿井不少于 7 000 m。

3.矿井生产能力和井型

矿井生产能力一般是指矿井的设计生产能力,以万吨/年(万 t/a)表示。有些生产矿井原来的生产能力需要改变,因而要对矿井各生产系统的能力重新核定,核定后的综合生产能力称核定生产能力。根据矿井生产能力的不同,我国把矿井划分为大、中、小三种类型,称井型。

大型矿井:生产能力为 120、150、180、240、300、500 万 t/a 及以上的矿井。300 万 t/a 及以上的矿井又称特大型矿井。

中型矿井:生产能力 45、60、90 万 t/a 的矿井。

小型矿井:生产能力 9、15、21、30 万 t/a 的矿井。

矿井年产量是矿井每年生产出来的煤炭当量,以万 t/a 表示。有时年产量与矿井生产能力是同义语,但更多的是指每年实际生产出来的煤炭量。

4.露天开采与地下开采的概念

从敞露的地表直接采出有用矿物的方法叫露天开采。凡煤田浅部有露天开采条件的应根据经济合理剥采比并适当考虑发展可能划定露天开采的边界。所谓剥采比即每采 1 t 煤所需要剥离多少立方米的岩石量。最大经济合理剥采比就是按此剥采比开采的煤炭成本不大于用地下开采的煤炭成本。目前,我国最大经济剥采比一般对褐煤为 6 m³/t 左右,对烟煤为 8 m³/t 左右。

煤矿地下开采也称井工开采。

二、矿山井巷名称及井田的划分

(一)矿山井巷名称

为了提升、运输、通风、排水、动力供应等需要而开掘的井筒、巷道和硐室总称矿山井巷。

根据井巷的长轴线与水平面的关系,可以分为直立巷道、水平巷道和倾斜巷道三类。如图2-2所示。

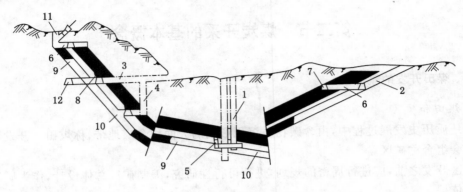

图 2-2　矿山井巷图

1——立井;2——斜井;3——平硐;4——暗立井;5——溜井;6——石门;7——煤层平巷;
8——煤仓;9——上山;10——下山;11——风井;12——岩石平巷

(1) 直立巷道,巷道的长轴线与水平面垂直,如立井、暗立井等。立井又称竖井,为在地层中开凿的直通地面的直立巷道。专门或主要用于提升煤的叫主井;主要用作提升矸石、下放设备器材、升降人员等辅助提升工作的叫副井。

暗立井又称盲竖井、盲立井,为不与地面直接相通的直立巷道。此外,还有一种专门用来溜放煤炭的暗立井,称为溜井。位于采区内部,高度不大、直径较小的溜井叫溜煤眼。

(2) 水平巷道,巷道的长轴线与水平面近似平行,如平硐、平巷、石门、煤门等。

平硐——直接与地面相通的水平巷道。有主平硐、副平硐、回风平硐等。

平巷——与地面不直接相通的水平巷道,其长轴方向与煤层走向平行。平巷布置在煤层内的称为煤层平巷,布置在岩石中的称为岩石平巷。为全阶段服务的平巷常称为大巷,如运输大巷。直接为采煤工作面服务的煤层平巷,称为运输平巷或回风平巷。

石门与煤门——与地面不直接相通的水平巷道,其长轴线与煤层直交或斜交的岩石平巷为石门,为全阶段服务的石门为主要石门,为采区服务的石门称采区石门;在厚煤层内,与煤层走向直交或斜交的水平巷道,称为煤门。

(3) 倾斜巷道,巷道的长轴线与水平面有一定夹角的巷道,如斜井、上山、下山、斜巷等。

斜井——是指与地面直接相通的倾斜巷道。不与地面直接相通的斜井称为暗斜井或盲斜井。

采区上山、下山——服务于一个采区的倾斜巷道,称采区上山或下山。上山用于开采一个开采水平以上的煤层;下山则用于开采一个开采水平以下的煤层。安装输送机运煤的上、下山叫运输上、下山,其煤炭运输方向分别为由上向下或由下向上运至开采水平大巷;铺设轨道的上、下山叫做轨道上、下山;用于通风、行人的叫做通风、行人上、下山。上、下山可布置在煤层或岩石中。

主要上、下山——服务于一个阶段的倾斜巷道。主要适用于阶段内采用分段式划分的条件下。

斜巷——是指不直通地面、长度较短的倾斜巷道,用来行人、通风、运料等。此外,溜煤眼和联络巷有时也是倾斜巷道。

（4）硐室，是指空间三个轴线长度相差不大，又不直通地面的地下巷道，如绞车房、变电所、煤仓等。

（二）井田的划分

（1）井田划分为阶段和水平

在井田范围内，沿着煤层的倾斜方向，按一定标高把煤层划分为若干个平行于走向的长条部分，每个长条部分为一个阶段。阶段的走向长度为井田在该处的走向全长。每个阶段应有独立的运输和通风系统。

水平用标高来表示。为说明水平位置、顺序，相应地称其为 ±0 水平，−50 水平、+300 水平等。或称第一水平、第二水平、第三水平等。通常将设有井底车场、阶段运输大巷并且担负全阶段运输任务的水平，叫做开采水平，简称水平。

一般来说，阶段与水平的区别在于：阶段表示井田的一部分范围，水平是指布置大巷的某一标高水平面。但广义的水平不仅表示一个水平面，同时也是指一个范围，即包括所服务的阶段。

井田内水平和阶段的开采顺序，一般是先采上部水平、阶段，后采下部水平和阶段。

（2）阶段内的再划分

阶段内的划分一般有三种方式：采区式、分段式和条带式。

① 采区式划分

在阶段范围内，沿走向把阶段划分为若干块。

采区倾斜长度与阶段斜长相等。采区的走向长度一般在 400～2 000 m，采区斜长一般约 600～2 000 m。在这样的斜长范围内，如采用长壁式采煤法，也要沿煤层倾斜方向将采区划分为若干个长条部分，称为区段。每个区段布置一个采煤工作面，工作面沿走向推进。每个区段下部边界开掘区段运输平巷，上部边界开掘区段回风平巷；各区段平巷通过采区运输上山、轨道上山与水平大巷连接，构成生产系统。

② 分段式划分

在阶段范围内不划分采区，而是沿倾斜方向将煤层划分为若干个分段，每个分段布置一个采煤工作面，这种划分称为阶段式。采煤工作面沿走向由井田中央向井田边界连续推进，或者由井田边界向井田中央连续推进。

各分段平巷通过主要上（下）山（运输、轨道）与开采水平大巷联系，构成生产系统。

分段式与采区式相比，减少了采区上（下）山及硐室工程量；采煤工作面可连续推进，减少了搬家次数，生产系统简单。但是，分段式划分仅适用于地质构造简单、走向长度较小的井田。

③ 条带式划分

在阶段内沿煤层走向划分为若干个倾斜条带，每个条带布置一个采煤工作面，这种划分称为条带式。采煤工作面沿煤层倾斜方向仰斜或俯斜推进，即由阶段的下部边界向上部边界或者由阶段的上部边界向下部边界推进。

条带式布置适用于倾斜长壁采煤法，巷道布置系统简单，比采区式布置巷道掘进工程量少，但其两侧倾斜回采巷道掘进困难，辅助运输不便，适用于煤层倾角较小（小于 12°）的条件下。

我国目前大量应用的是采区式。

（3）井田直接划分为盘区或条带

开采倾角很小的近水平煤层，井田沿倾斜的高差很小，则可将井田直接划为盘区或条带。通常依煤层的延展方向布置大巷，大巷可能是 T 形或 Y 形，在大巷两侧划分为若干块或条带。划分为块的称为盘区式，划分为条带与阶段内的条带式基本相同。

采区、盘区、条带的开采顺序一般采用前进式，即由井田中央向边界方向开采。

三、矿井生产基本概念

（一）矿井生产系统概念

矿井生产系统，是指煤矿生产过程中的提升、运输、通风、排水、动力供应等系统。由于地质条件、井型和设备不同而各有特点。以图 2-3 为例，简要说明矿井生产系统的主要内容。

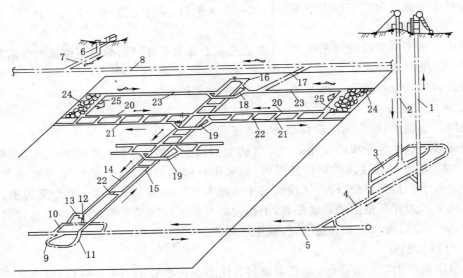

图 2-3　矿井生产系统示意图

1——主井；2——副井；3——井底车场；4——主要运输石门；5——运输大巷；6——风井；7——回风石门；
8——回风大巷；9——采区运输石门；10——采区下部车场底板绕道；11——采区下部材料车场；12——采区煤仓；
13——行人进风巷；14——运输上山；15——轨道上山；16——上山绞车房；17——采区回风石门；
18——采区上部车场；19——采区中部车场；20——区段运输平巷；21——下区段回风平巷；
22——联络巷；23——区段回风平巷；24——开切眼；25——采煤工作面

矿井巷道开掘顺序如下：首先自地面开凿主井 1、副井 2 进入地下；当井筒开凿到第一阶段下部边界开采水平标高时，即开凿井底车场 3、主要运输石门 4，然后向井田两翼掘进开采水平阶段运输大巷；直到采区运输石门位置后，由运输大巷 5 开掘采区运输石门 9 通达煤层；到达预定位置后，开掘采区下部车场 11；然后，沿煤层自下而上掘进采区运输上山 14 和轨道上山 15。与此同时，自风井 6、回风石门 7，开掘回风大巷 8；向煤层开掘采区回风石门 17、采区上部车场 18、绞车房 16，与采区运输上山 14 及轨道上山 15 连通。当形成通风回路后，即可自采区上山向两翼掘进第一区段的区段运输平巷 20、区段回风平巷 23、下区段回风平巷 21,当这些巷道掘到采区边界后,即可掘进开切眼 24 形成工作面。安装好机电设备和进行必要的准备工作后,即可开始采煤。采煤工作面 25 向采区上山后退回采,与此同时需要适时地开掘第二区段的回采平巷,保证采煤工作面正常接替。

矿井主要生产系统如下:

(1)运煤系统:从采煤工作面采下的煤,经区段运输平巷、采区运输上山到采区煤仓,在采区下部车场装车,经开采水平运输大巷运到井底车场,由主井运达地面。

(2)通风系统:新鲜风流经地面从副井进入井下,经井底车场、主要运输石门、运输大巷、采区下部车场、采区轨道上山、区段运输平巷进入采煤工作面。清洗工作面后,污风经区段回风平巷、采区回风石门、回风大巷、回风石门,从风井排出井外。

(3)运料、排矸系统:采煤工作面所需材料、设备,用矿车由副井运到井底车场,经主要运输石门、运输大巷、采区运输石门、采区下部材料车场,由采区轨道上山提升到回风平巷,再运到采煤工作面。采煤工作面回收的物料、设备和掘进工作面运出的矸石,用矿车经由与运料系统相反的方向运至地面。

(4)排水系统:排水系统一般与进风风流相反,由采煤工作面,经由区段运输平巷、采区上山、采区下部车场、开采水平运输大巷、主要运输石门自流到井底水仓,再由水泵房的排水泵通过副井的排水管道排至地面。

(二)矿井开拓、准备与回采的概念

为全矿井、一个水平或若干采区服务的巷道,如井筒、主要石门、运输大巷和回风大巷、主要风井等称为开拓巷道。开拓巷道的服务年限较长,一般在 10～30 a 或以上。

为一个采区或数个区段服务的巷道如采区上、下山、采区车场等称为准备巷道。准备巷道是在采区范围内,从已开掘好的巷道起,到达区段的通路,这些通路在一定时期内为采区服务,服务年限一般在 3～5 a。

仅为采煤工作面生产服务的巷道,如区段运输平巷、区段回风平巷、开切眼等叫做回采巷道。其服务年限一般在 0.5～1 a。

第三节 煤炭开采方法及其工艺

一、采煤方法的概念

任何一种采煤方法都包括采煤系统和回采工艺两项主要内容。

(1)采场:用来直接大量采取煤炭的场所,称为采场。

(2)采煤工作面:在采场内进行回采的煤壁。实际工作中与采场是同义词。

(3)回采工作:在采场内,为了采取煤炭所进行的一系列工作。回采工作可分为基本工序和辅助工序。

基本工序:煤的破、装、运是回采工作中的基本工序。把煤从整体煤层中破落下来,称为煤的破落,或简称破煤。把破落下来的煤炭装入采场中的运输工具内,称为装煤。煤炭运出采场的工序叫做运煤。

辅助工序:除了基本工序外的其他工序。包括:为了使基本工序顺利进行,必须保持采场内有足够的工作空间,这就要用支架来维护采场,这项工序称为工作面支护。煤炭采出后,被废弃的空间,称为采空区。为了减轻矿山压力对采场的作用,以保证回采工作顺利进行,在大多数情况下,必须处理采空区的顶板,这项工作称为采空区处理。此外,通常还进行移架、运输采煤设备等工序。

(4) 回采工艺:由于煤层的自然条件和采用的机械不同,完成这些工序的方法也不同,并且在进行的顺序、时间和空间上,必须有规律地加以安排和配合。这种按一定顺序完成各项工序的方法及其配合,称为回采工艺(或采煤工艺)。在一定时间内,按照一定的顺序完成回采工作各项工序的过程,称为回采工艺过程。

(5) 采煤系统:回采巷道的掘进一般是超前于回采工作的。它们之间在时间上的配合以及空间上的相互位置,称为回采巷道布置系统,也称为采煤系统。

(6) 采煤方法:采煤方法就是采煤系统与回采工艺的综合,两者又相互影响和制约。

二、采煤方法的分类及应用情况

采煤方法的分类方法很多,如图 2-4 所示。

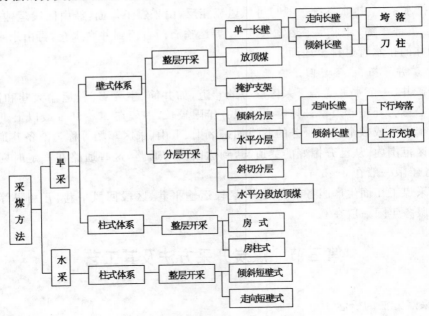

图 2-4　采煤方法分类框图

我国采煤方法按工作面的长度分为壁式体系采煤法和柱式体系采煤法两种。

(一) 壁式体系采煤法

一般以长工作面采煤为其主要标志,是我国最主要的采煤方法。对于薄及中厚煤层,一般是按煤层全厚一次采出,即整层开采;对于厚煤层,一般把它分为若干中等厚度(2~3 m)的分层进行开采,即分层开采。无论整层开采或分层开采,按照不同倾角、采煤工作面推进方向,又可分为走向长壁采煤法和倾斜长壁采煤法。

1. 薄及中厚煤层单一长壁采煤方法

如图 2-5 所示,"单一"指的是整层开采;"垮落"指的是采空区处理是采用垮落的方法。

对于倾斜长壁采煤法,采煤工作面向上推进称仰斜长壁,向下推进称俯斜长壁。为了顺利开采,煤层倾角不宜超过12°。

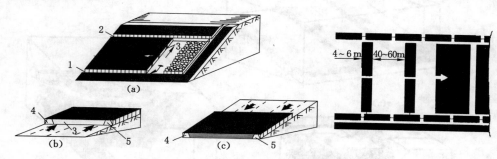

图 2-5　单一长壁采煤法

(a)走向长壁;(b)倾斜长壁(仰采);(c)倾斜长壁(俯斜)

1,2——区段运输和回风平巷;3——采煤工作面;4,5——分带运输和回风斜巷

当煤层及顶板极为坚硬时,若采用强制放顶垮落法处理采空区有困难时,有时可采用煤柱支撑法(刀柱法),称单一长壁刀柱式采煤法。即每隔一定的距离留下一定宽度的煤柱(即刀柱)支撑顶板。

当开采急倾斜煤层时,为了便于生产及安全,工作面可呈俯伪斜布置,仍沿走向推进,则称为单一俯伪斜走向长壁式采煤法。

2. 厚煤层分层开采的采煤方法

① 倾斜分层:将煤层划分成若干个与煤层层面平行的分层,工作面沿走向或倾斜推进。

② 水平分层:将煤层划分成若干个与水平面平行的分层,工作面沿走向推进。

③ 斜切分层:将煤层划分成若干个与水平面成一定角度的分层,工作面沿走向推进。

厚煤层分层开采的三种采煤方法如图2-6所示。

各分层的回采有下行式和上行式两种顺序。先采上部分层,然后依次回采下部分层的方法称为下行式;先采下部分层,然后依次回采上部分层的方法称为上行式。下行式回采一般用垮落法或充填法来处理采空区,上行式回采一般用充填法。

实际工作中一般可分为倾斜分层下行垮落采煤法、倾斜分层上行充填采煤法和斜切分层下行垮落采煤法三种。

3. 壁式采煤法的特点

① 通常具有较长的采煤工作面长度,我国一般为120～180 m,但也有较短的如80～120 m,或更长的如180～200 m;② 在采煤工作面两端至少各有一条巷道,用于通风和运输;③ 随采煤工作面推进,要有计划地处理采空区;④ 采下的煤沿平行于采煤工作面的方向运出采场。

(二)柱式体系采煤法

一般以短工作面为其主要标志。柱式采煤法包括:房柱式采煤法、房式采煤法等。

1. 基本概念

房式及房柱式采煤法的实质是在煤层内开掘一系列宽为5～7 m的煤房,作为短工作面向前推进,煤房间用联络巷相连以构成生产系统,并形成近似于矩形的煤柱,煤柱宽度数米至二十米不等。煤柱可根据条件留下不采,或在煤房采完后,再将煤柱按要求尽可能采

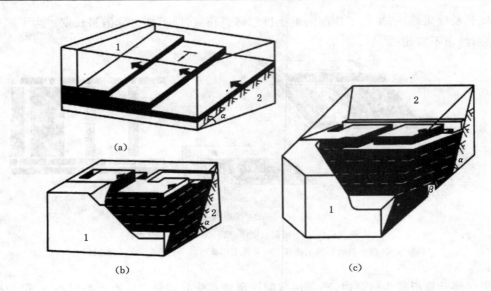

图 2-6　厚煤层开采分层方法
(a) 倾斜分层；(b) 水平分层；(c) 斜切分层
1——顶板；2——底板；α——煤层倾角；β——分层与水平夹角

出,前者称为房式采煤法,后者称为房柱式采煤法。如图 2-7 所示。

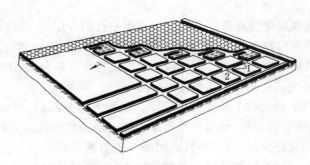

图 2-7　房柱式采煤法示意图
1——房；2——煤柱；3——采柱

2. 柱式采煤法的特点

①一般工作面长度较短,但数目较多,采房及回收煤柱设备合一;②矿山压力显现减弱,生产过程中支架及处理采空区工作较简单,有时可不处理采空区;③采场内的运输方向是垂直于工作面的,采煤配套设备均能自行走行,灵活性强;④工作面通风条件较壁式采煤法恶劣,回采率也较低。

壁式采煤法较柱式采煤法煤炭损失少,回采连续性强,单产高,采煤系统较简单,对地质条件适应性强,但回采工艺装备较复杂。在我国地质、开采技术条件下,主要适宜采用壁式体系采煤法。

水力采煤法实质也属于柱式采煤法,只是用高压水射流作为动力,水力落煤,水力运输,系统单一。

三、煤炭开采工艺

(一) 长壁采煤法回采工艺

目前,我国长壁采煤工作面采用炮采、普采和综采三种回采工艺方式。

爆破采煤回采工艺简称炮采,其特点是爆破落煤,爆破及人工装煤,机械化运煤,用单体支柱支护工作面空间顶板。此采煤工艺共经历了木支护、金属摩擦支柱、单体液压支柱三个发展阶段。

普通机械化回采工艺简称普采,其特点是用采煤机械同时完成落煤和装煤工序,而运煤、顶板支护及采空区处理与炮采工艺基本相同。其发展共有以下阶段:20 世纪 50 年代:深截式采煤机(截深 1.5~1.6 m),刮板运煤,木支护;60 年代:浅截式采煤机(截深 0.6~1.0 m),摩擦支柱及铰接顶梁;70 年代:浅截式采煤机,单体液压支柱;80 年代:无链牵引双滚筒采煤机,双速、侧卸、封底式刮板输送机,Π 型长钢梁支护顶板。

综合机械化回采工艺简称综采,即破、装、运、支、处五个主要工序全部实现机械化,是目前最先进的采煤工艺。

1. 爆破采煤回采工艺

爆破采煤的工艺包括打眼、爆破落煤和装煤、人工装煤、刮板输送机运煤、移置输送机、人工支架和回柱放顶等主要工序。

(1) 爆破落煤

爆破落煤由打眼、装药、填炮泥、连炮线及爆破等工序组成。要求保证规定进度,工作面平直,不留顶煤和底煤,不破坏顶板,不崩倒支柱和不崩翻工作面输送机,尽量降低炸药和雷管消耗。因此,要根据煤层的硬度、厚度、节理和裂隙的发育程度及顶板的状况,正确地确定钻眼爆破参数,包括炮眼排列、角度、深度、装药量、一次起爆的炮眼数量以及爆破次序等。

一般常用的炮眼布置方式有以下三种:单排眼,一般用于薄煤层及煤质软、节理发育的煤层;双排眼,其布置形式有对眼、三花眼及三角眼等,一般适用于采高较小的中厚煤层,煤质中硬时可用对眼,煤质软时可用三花眼,煤层上部煤质软或顶板破碎时可用三角眼;三排眼,亦称五花眼,用于煤质坚硬或采高较大的中厚煤层。

炮眼角度应满足如下要求:① 炮眼与煤壁的水平夹角一般为 50°~80°,软煤取大值,硬煤取小值。为了不崩倒支架,应使水平方向的最小抵抗线朝向两柱之间的空档。② 顶眼在垂直面上向顶板方向仰起 5°~10°,要视煤层软硬和黏顶情况而定,应保证不破坏顶板的完整性。③ 底眼在垂直面上向底板方向保持 10°~20°的俯角,眼底接近底板,以不丢底煤和不崩翻输送机为原则。

炮眼深度根据每次的进度而定。一般每次进度有 0.8 m、1.0 m、1.2 m 三种,与单体支架顶梁相适应。每个炮眼的装药量应根据煤质软硬、炮眼位置和深度以及爆破次序而定,通常为 150~600 g。

爆破采用串联法连线,一般将可弯曲刮板输送机移近煤壁。每次起爆的炮眼数目,应根据顶板稳定性、输送机启动及运输能力、工作面安全情况而定。条件好时,可同时起爆数十个眼;如果条件差,顶板不稳定,每次只能爆破几个眼,甚至采用留煤垛间隔爆破的办法。

微差爆破一次多发炮,顶板震动次数减少,爆破产生的地震波互相干扰、抵消,从而减少了对顶板的震动,有利于顶板管理。同时,微差爆破有利于提高爆破装煤率。

（2）装煤与运煤

① 爆破装煤：炮采工作面通常采用 SGW-40（或 44）型可弯曲刮板输送机过煤，在摩擦式金属支柱或单体液压支柱及铰接顶梁所构成的悬臂式支架掩护下，输送机贴近煤壁爆破装煤。

② 人工装煤：输送机与新暴露煤壁之间松散煤安息角线以下的煤、崩落或撒落到输送机采空侧的煤，要用人工用铁锹装入刮板输送机。浅进度可减少煤壁处的人工装煤量。

③ 机械装煤：在输送机煤壁侧装上铲煤板，爆破后部分煤自行装入输送机，然后工人用锹将部分煤扒入输送机，余下的部分底部松散煤靠大推力千斤顶的推移，用铲煤板将其装入输送机。

工作面运煤是炮采面实现机械化的唯一工序。输送机移置器多为液压式推移千斤顶。其布置方式为工作面内每 6 m 设 1 台，输送机机头、机尾各设 3 台。某些装备较差的炮采工作面，可用电钻改装的机械移置器。输送机移送时，应从工作面的一端向另一端依次推移，以防输送机槽拱起而损坏。

（3）炮采工作面支护和采空区处理

① 工作面支护

单体液压支架的布置形式主要有两种：正悬臂齐梁直线柱和正悬臂错梁三角柱（图2-8），其他的支护采用较少。落煤时爆深应与铰接顶梁长度相等。最小控顶距时应有 3 排支柱，以保证有足够的回采工作空间，最大控顶距时，一般不宜超过 5 排支柱。通常推进 1 次或 2 次放一次顶，即三四或四五排控顶。

在有周期来压的工作面中，当工作空间达到最大控顶距时，为了加强对放顶处顶板的支撑作用，回柱之前常在放顶排另外架设一些加强支架，称为工作面的特种支架。特种支架的形式有很多，有丛柱、密集支柱、木垛、斜撑以及切顶墩柱等。

② 采空区处理

随着采煤工作面不断向前推进，顶板悬露面积越来越大，为了工作面的安全及正常生产，就需要及时对采空区进行处理。由于顶板特征、煤层厚度及保护地表的特殊要求等条件不同，有多种处理方法，但最常用的是全部垮落法。

全部垮落法通常适用于直接顶易于垮落或具有中等稳定性的顶板。其方法是当工作面从开切眼推进一定距离后，主动撤除采煤工作空间以外的支架，使直接顶自然垮落。以后随着工作面的推进，每隔一定距离就按预定计划回柱放顶。

2．普通机械化采煤工艺

普采工作面回采工序如下：

（1）工作面破煤：工作面的破煤过程是通过安装在采煤机螺旋滚筒上的截齿，依靠滚筒旋转的线速度截割煤层，将煤从煤壁上破落下来。

（2）工作面装煤：工作面的装煤过程是通过安装在采煤机滚筒上的螺旋叶片把碎煤沿轴向推至输送机旁，然后利用螺旋叶片端部将煤抛到输送机内。

（3）工作面运煤：工作面的运煤是通过可弯曲刮板输送机来实现的，同时，刮板输送机也作为采煤机运行的导轨，通常采煤机以刮板输送机作为行驶的轨道。

（4）工作面支护：工作面一般采用单体液压支柱和铰接顶梁组成的悬臂支架进行支护。

（5）处理采空区：与炮采相同。

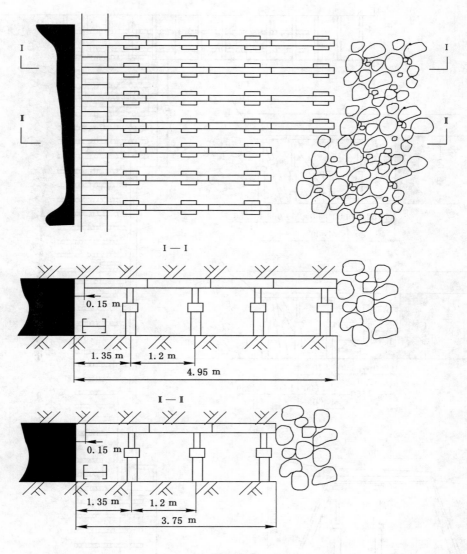

图 2-8　正悬臂支架布置

普采工作面开始生产时,采煤机自工作面下切口开始割煤,采煤机向上运行时升起摇臂,滚筒沿顶板割煤,并利用滚筒螺旋叶片及弧形挡煤板装煤。工人随机挂梁、背顶,托住刚暴露的顶板,采煤机运行至工作面上切口后,翻转弧形挡煤板,将摇臂降下,开始自上而下运行,滚筒割底煤并装余煤(采煤机下行时负荷较小,牵引速度可以快些)。滞后采煤机 15~20 m,依次开动千斤顶推移输送机,与此同时,输送机槽上的铲煤板清理机道上的浮煤。推移完输送机后,开始支设单体液压支柱,顺序向下。当采煤机割底煤至工作面下切口时,支设好下端头处的支架,移直输送机,采用直接推入法进刀,使采煤机滚筒进入新的位置,以便重新割煤。便完成普通机械化采煤工艺的全过程(即双向割煤、往返一刀工艺过程)。如图 2-9 普采工作面布置图所示。

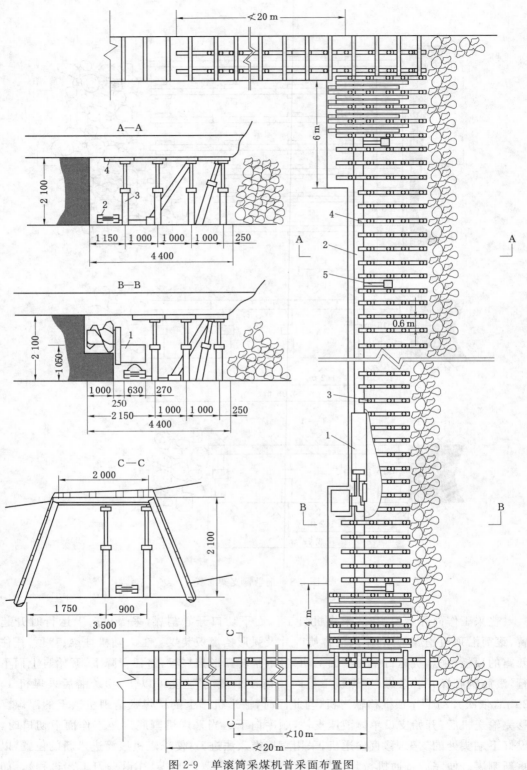

图 2-9 单滚筒采煤机普采面布置图

1——采煤机；2——刮板输送机；3——单体液压支柱；4——铰接顶梁；5——推移千斤顶

滚筒的旋转方向对采煤机运行中的稳定性、装煤效果、煤尘产生量及安全生产影响很大。单滚筒采煤机的滚筒旋转方向与工作面方向有关。当我们面向回风平巷站在工作面时，若煤壁在右手方向，则为右工作面；反之为左工作面。右工作面的单滚筒采煤机应安装左螺旋滚筒，割煤时滚筒逆时针旋转；左工作面安装右螺旋滚筒，割煤时顺时针旋转，这样的滚筒旋转方向，有利于采煤机稳定运行。当采煤机上行割顶煤时，其滚筒截齿自上而下运行，煤体对截齿的反力是向上的，但因滚筒的上方是顶板，无自由面，故煤体反力不会引起机器震动。当采煤机下行割底煤时，煤体反力向下，也不会引起震动，并且下行时负荷小，也不容易产生"啃底"现象。这样的转向还有利于装煤，产生煤尘少，煤块不抛向司机位置。

3. 综合机械化采煤工艺

在采煤工作面采用采煤机采煤、整体自移液压支架支护、可弯曲刮板输送机运输而配套生产的采煤工艺称为综合机械化采煤工艺，简称综采。

综采，在工作面的采煤工艺过程中的落煤、装煤由采煤机完成，运煤由可弯曲刮板输送机完成，支护和处理采空区由整体自移液压支架完成。采煤工作面传统意义上的破、装、运、支、处五大工序全部实现了机械化作业。因此，综采是目前最先进的机采工艺。其生产工艺过程是：采煤机采煤同时完成了落煤与装煤的工作；刮板输送机及时将采下来的煤炭运出工作面；自移式液压支架在前移的过程中一方面对刚刚暴露的顶板进行了有效的支护，另一方面工作面支护范围以外的（采空区内的）顶板自行垮落，采空区顶板得到了及时的处理；推移输送机至新的位置为采煤机继续采煤做好准备，由于综采工艺过程简单了，因此，推移输送机的过程便成为综采工作面工艺过程中的主要工序之一了。

图 2-10 所示为综采工作面的设备布置图。

4. 回采工艺的选择

（1）适于采用综采工艺的条件：① 煤层地质条件较好，构造少，上综采后能很快获得高产、高效；② 某些地质条件特殊，但上综采后仍有把握获得较好的经济效益。

（2）适合普采工艺的条件：对推进距离短、形状不规则、小断层和褶曲较发育的工作面，综采的优势难以发挥，而采用普采能获得较好效果。

（3）炮采技术装备投资少，适应性强，操作技术容易掌握，生产技术管理较简单，是目前采用仍然较多的一种回采工艺。但炮采单产和效率低，劳动条件差，凡条件适合于机采的炮采面，都要逐步改造成为普采面。

（二）倾斜分层走向长壁下行垮落采煤工艺特点

倾斜分层采煤法是 20 世纪中期煤矿开采厚煤层常用的一种方法，它是将厚度较大的煤层分为适宜人们开采的若干个分层来开采的一种方法。这种方法解决了特大采高开采和支护的困难，提高了煤炭的回收率。但也带来了一系列开采方面的特点，具体如下。

厚煤层倾斜分层开采第一分层时，顶板管理与薄及中厚煤层开采基本相同，存在的问题：其一，工作面底板是煤层，特别松软，支柱容易插入底板。如果支柱插底，工作面支柱很难达到额定的工作阻力，支柱便不能起到很好的支护效果，严重时会造成顶板事故。因此，在开采上一个分层时，一般要在支柱下垫底鞋或底梁。其二，分层开采采下分层时，煤层上覆岩层是破碎后的碎石，为了不使其垮落，碎石顶板维护工作特别重要和困难。其三，为了下分层开采便于维护顶板岩石，必须处理好分层间假顶，这就在采煤工序中多一道处理假顶的问题。

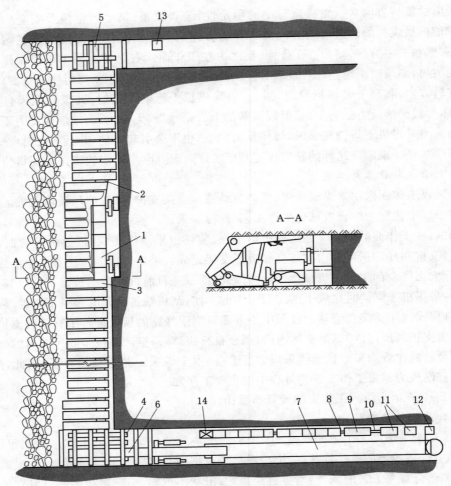

图 2-10 综采工作面的设备布置图

1——采煤机;2——刮板输送机;3——液压支架;4——下端头支架;5——上端头支架;

6——转载机;7——可伸缩带式输送机;8——配电箱;9——移动变电站;10——设备列车;

11——乳化液泵站;12——喷雾泵站;13——液压安全绞车;14——集中控制台

分层假顶:目前采用的分层假顶形式有:① 自然假顶;② 再生顶板;③ 人工假顶。

（1）自然假顶

当开采的厚煤层中部有夹层,位置合适(即分别满足上分层的采高和下分层的采高),厚度大于 0.5 m 时,且分布较稳定,可以将夹矸作为分层的假顶。

在这种假顶条件下开采上分层时,应该根据顶板的压力情况和夹矸的坚硬情况,合理确定支柱的穿柱鞋情况及柱鞋的尺寸。回柱放顶时,应该做好同时回收支柱和柱鞋的工作。

（2）再生顶板

如果煤层的顶板为页岩或含泥质成分较高的岩层,顶分层开采后,采空区中垮落的破碎岩石在上覆岩层的压力作用下,再加上顶分层回采时向采空区内注水或灌黄泥浆,经过一段时间的压紧后能重新胶结成为具有一定稳定性和强度的再生顶板。下分层就可以在这样的再生顶板下直接回采,不必铺设人工假顶,这样能节约大量的材料和工人的劳动量。再生顶板形成的时间与岩层的特征、含水性、顶板压力大小等因素有关,一般至少需要 4～6 个月,有的甚至 1 年的时间。上、下分层采煤工作面回采的间隔时间应大于上述时间。

我国有些矿井,煤层顶板具有良好的再生性能。再生顶板下的分层工作面采煤工艺与中厚煤层走向长壁采煤法相同,只是开采第一分层时增加了向采空区注水或灌黄泥浆的工作。再生顶板取消了铺设假顶的工作,提高了劳动生产率,降低了采煤成本,并且由于上分层开采时注水,使得下分层的煤体更加湿润了,改善了下分层的安全条件。故在条件适宜时,应充分利用再生顶板。在使用自然假顶的工作面,为了改善下分层的开采条件,有时要在顶分层开采时采取注水、注黄泥浆等措施,以促使顶板尽可能快的胶结及胶结的尽可能完整坚固一些。国外有的矿井采取向采空区浇灌化学胶结剂的方法以促进再生顶板形成。但是,采用再生顶板不能实行分层同采,上下分层接替时间长,形成再生顶板的时间长,维护比较困难。

（3）人工假顶

当开采厚煤层工作面不具备上述两个条件时,必须在两个分层之间人工铺设假顶,目前我国煤矿中采用的人工假顶的形式主要有以下几种:

① 竹笆或荆笆假顶

我国有些矿区竹条、荆条来源广泛,因此就地取材采用竹笆或荆笆等材料作为人工假顶的材料,取得了较好的控顶效果和技术经济效果。

竹笆是用竹片或细竹竿经铁丝编织而成的笆片,宽 0.8～1.2 m,长 2.2～2.4 m。荆笆是用荆条交织编成的笆片。竹笆或荆笆的铺设如图 2-11 所示。在铺设笆片前,应在工作面底板的煤体中先挖底梁槽,放入底梁,然后将笆片铺在底梁上。底梁材料有圆木、半圆木或厚木板,也可用粗荆条、细竹竿来代替,或将若干根荆条、细竹竿捆扎在一起来代替。底梁的方向应与工作面呈大于 45°～60° 的交角（也可垂直摆放）,以便在下分层回采时能及时用顶梁托住从煤壁中暴露出来的底梁,保持假顶的完整性。笆片一般沿工作面倾斜由下而上铺设,笆片之间相互搭接,搭接处用铁丝连接,接头要固定在底梁上以防笆片滑落。当垮落在采空区中的矸石具有较好的胶结性能时,可不用底梁而改铺双层笆片,其中一层笆片垂直于工作面铺设,另一层则平行于工作面铺设。铺笆工序在推移过工作面输送机后在输送机原来位置铺设,然后回柱放顶。竹笆或荆笆假顶只能使用一次,故每一分层（最下部一个分层除外）都需铺设假顶。这种假顶的整体性较差,强度较低,假顶下允许的悬顶面积较小,故不适用于综采工作面,通常只在炮采或普通机采工作面使用。

② 金属网假顶

金属网假顶一般是用 10#～12# 镀锌铁丝编织而成,为加强网边的抗拉强度,常用 8#～10# 铁丝织成网边。常见的网孔形状有正方形、菱形及蜂窝形等,如图 2-12 所示。网孔尺寸一般为 20 mm×20 mm 或 25 mm×25 mm。生产实践表明,菱形网在承力性能、延展性等方面的指标均比用相同直径的铁丝编制而成的经纬网优越,目前正得到日益广泛的应用。

由于金属网具有较高的强度,只要保证连网不出现网兜,也可不铺设底梁。金属网假顶柔性大、体积小、重量轻,便于运输及在工作面铺设,且强度高、耐腐蚀、使用寿命长、铺设一次可服务几个分层。因此,目前在分层工作面得到了广泛应用。

③ 塑料网假顶

煤矿的塑料网假顶是用聚丙烯树脂制成的塑料带编织而成的。塑料网具有无味、无毒、

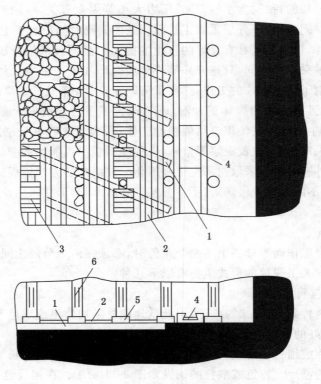

图 2-11　竹(荆)笆假顶的铺设

1——底梁；2——笆片；3——小笆片；

4——输送机；5——柱鞋；6——支柱

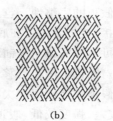 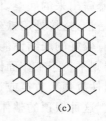

图 2-12　金属网网孔形状

（a）正方形；（b）菱形；（c）蜂窝形

阻燃、抗静电、重量轻、体积小、柔性大、耐腐蚀等优良性能，在100 ℃内可保持稳定的物理力学特性，是一种理想的人工假顶材料。在我国一些煤矿使用塑料网假顶的实践表明，由于塑料网的重量只有相同面积的金属网的五分之一左右，且具有良好的工艺性能，使用塑料网后可显著降低铺连网工作的劳动强度，提高效率，可避免铺设金属网时金属丝扎、挂工人手脚等事故，且由于塑料网抗拉强度高、使用寿命长，减少了下分层补网的工作量。塑料网的缺点是，抗剪能力差，远不如12#铅丝；同时，由于延伸率太大，采下分层时极易形成网兜。目前，塑料网成本较低，因而得到广泛使用。塑料网假顶的铺设方法与金属网假顶基本相同。

（三）倾斜长壁采煤法工艺特点

倾斜长壁采煤，即在近水平煤层中，采煤工作面沿走向布置，沿倾斜（向下俯斜开采或向上仰斜开采）推进。该方法巷道布置及生产系统简单，运输环节少，采煤工作面长度几乎可始终保持不变，减免了由于工作面长度变化而增减工作面设备的工作量，采煤工作面沿倾斜连续推进长度大（一个阶段的斜长），工作面搬家次数少，采区回收率高。不论工作面采用仰斜推进还是俯斜推进，其工艺过程和走向长壁采煤法基本相似。但随着煤层倾角的增大，工作面的矿山压力显现规律及采煤工艺又有一定的区别和它本身的特点，若仍采用和走向长壁采煤法相同的设备和管理方法，就会带来一定的困难。

1. 矿压显现及支护特点

（1）仰斜开采（工作面沿走向布置，沿倾斜从下向上推进）

对于仰斜开采的工作面，由于倾角的影响，工作面空间上方的顶板，沿层面倾斜向下没有冒落矸石给顶板岩石以支撑，顶板岩石在重力的作用下，将产生向采空区方向的分力（沿层面方向向下），如图2-13（a）所示。在此分力作用下，顶板的悬臂岩层将向采空区方向移动，使顶板岩层受拉力作用。因此，它更容易出现裂隙和加剧破碎，并有将支柱推向采空区一侧的趋势，倾角 α 越大，仰斜工作面的顶板越不稳定。

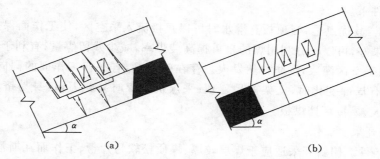

（a）　　　　　　　　　　　　　　　　（b）

图 2-13　倾斜长壁工作面直接顶板稳定状态
（a）仰斜工作面；（b）俯斜工作面

为了有效地防止顶板因受拉而断裂、移动，要求支架必须具有足够的支撑能力和一定的纵向稳定性，有较大的水平支撑能力，因此一般应选用支撑掩护式液压支架，支撑掩护式支架可加大掩护梁坡度，使托梁受力作用方向趋向底座内，对支架工作有利，稳定性较好。压力小时也可选用掩护式液压支架。如果顶板压力较大，选用支撑式液压支架时，应该加强支架的纵向稳定性，当倾角大于 12°左右时，为防止支架向采空区一侧倾斜，支柱应斜向煤壁6°左右，并加强复位装置或设置复位千斤顶，以确保支柱与煤壁的正确位置关系。

另外，煤壁受支承压力作用，压酥后出现水平移动，使片帮和压出现象趋于严重，进一步导致顶板岩层的稳定性变差，增加了顶板控制难度。因此，必须采取防片帮措施。如液压支架应设防片帮装置，为防止顶板恶化，移架时应尽可能采取带压擦顶前移方式。必要时，采取打木锚杆等措施控制煤壁片帮。如果仰斜开采移架困难，当倾角较大时，可采用全工作面小移量多次移的方法，同时优先采用大拉力推移千斤顶的液压支架。

煤层倾角较大时，工作面长度不能过大，否则由于煤壁片帮造成煤量过多，输送机难以启动。

(2) 俯斜开采(工作面沿倾斜从上向下推进)

对于俯斜工作面[图 2-13(b)],顶板岩层重力的分力沿煤(岩)层层面指向煤壁,顶板岩层受压力作用,处于挤压压紧状态,有利于裂隙的闭合,有利于顶板保持岩层的连续性和稳定性,但采空区矸石有向工作面涌入的趋势。这样支架的作用除支撑顶板外,还要防止破碎矸石涌入。因此,根据具体情况可选用支撑掩护式或掩护式支架。为了防止顶板岩石冒落时直接冲击掩护梁,以及液压支架向煤壁滑移,可将顶梁后部加长,或将底座后部加长,使冒落矸石压在其上,以增加支架的滑移阻力。由于碎石作用在掩护梁上,其载荷有时较大,掩护梁应具有良好的掩护性和承载性能。掩护式支架容易前倾,在移架过程中当倾角较大,采高大于 2.0 m,降架高度大于 300 mm 时,经常出现支架向煤壁倾倒现象。为此,移架时严格控制降架高度不大于 150 mm,并收缩支架的平衡千斤顶,拱起顶梁的尾部,使之带压擦顶移架,以有效地防止支架倾倒。

2. 采煤工艺特点

倾斜长壁综采的适用条件及优缺点:

(1) 仰斜开采

① 适应条件。仰斜开采适用于煤层中厚以下、煤质坚硬、不易片帮、顶板较稳定、倾角小于 12°的条件下。

② 优缺点:其优点是,当顶板有淋水时可以直接流入采空区,使工作面保持良好的工作环境;装煤效果好,可以充分利用煤的自重提高装煤率,减少残留煤量;有利于实施充填法处理采空区及向采空区灌浆,预防自然发火。存在问题是,有平行工作面的同向节理时,煤壁易片帮;顶板有局部变化时,支架前易冒顶;采煤机割煤时易飘刀,机身易挤坏输送机挡煤板;移架阻力大,易拉坏挡煤板。

(2) 俯斜开采

① 适应条件。俯斜开采适应于煤层较厚、煤质松软易片帮、工作面瓦斯涌出量较大、顶底板和煤层渗水较少、倾角小于 12°的条件下。

② 优缺点:其优点是,有利于防止煤壁片帮和梁端漏顶事故发生;工作面不易积聚瓦斯,有利于通风安全;顶板裂缝不易继续张开,有利于顶板稳定。其缺点是,煤层及顶底板渗水量大,工作面因故障停产时,会造成工作面积水,使底板软化,影响机械发挥效能,恶化工作面劳动条件;采煤机割煤时易啃底,机械装煤效率低。

3. 生产工艺特点

(1) 工作面仰斜推进

① 采煤机稳定性

当采煤机仰斜割煤时,受本身自重沿倾斜方向的分力及其截割煤体时的轴向阻力的共同作用,易向采空区一侧滑移,从而使截深减小,生产能力降低。随倾角的增大,采煤机向采空区一侧倾覆的力矩增大,使其有向采空区一侧翻转的可能。因此,在工作面仰斜推进时必须采取下列措施。

a. 当煤层倾角较大(大于 12°)时,可采用如图 2-14(a)所示的双侧导向装置。

b. 为降低采煤机的重心,增大抗下滑的摩擦阻力,采煤机可沿底板运行[图 2-14(b)],或者将采煤机偏置在输送机上[图 2-14(c)]。偏置后的采煤机需设置调斜装置,使采煤机割煤过程中不留三角顶底煤。

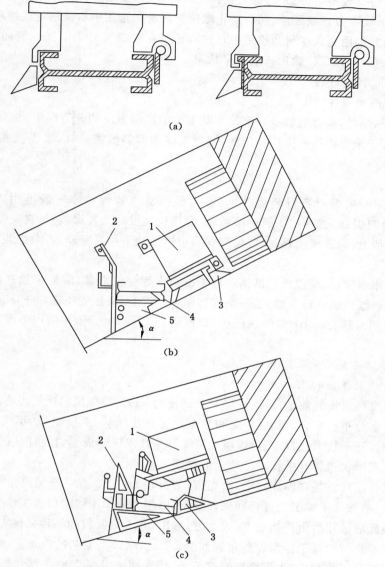

图 2-14 仰斜推进工作面采煤机割煤时的措施

(a) 采煤机双侧导向装置的形式;(b) 采煤机沿底板运行;(c) 采煤机偏置在输送机上

1——采煤机;2——输送机挡煤板;3——铲煤板;4——输送机;5——输送底托架(三脚架)

c. 输送机应加设锚固装置。

d. 根据具体条件,可考虑适当减小采煤机截深。

② 装煤

仰斜推进时机械装煤效果好,装煤率高,但是要控制好滚筒转速,否则易将煤甩到采空区,因此应适当加高输送机挡煤板。

③ 运煤

由于工作面倾斜,输送机会向采空区一侧滑移。装在输送机溜槽中的煤也会偏向采空区一侧,使下帮刮板链负荷加大,链道磨损严重,断链事故增多。为克服上述问题,可在支架推移千斤顶上设液力锁或限位装置,防止输送机回滑。选用中双链输送机或单链输送机,使牵引力均匀,并选用高强度耐磨损机型;另外,还可在输送机靠采空区一侧加一调节三脚架[图 2-14(b)、(c)],以保证输送机的水平状态。

（2）工作面俯斜推进

① 采煤机稳定性

采煤机割煤时,采煤机机身和滚筒受其重力沿倾斜方向的分力作用,使采煤机会逐渐钻入煤壁,不利于采煤机的稳定性。因此,俯斜割煤同仰斜推进一样,采煤机底托架采用双侧导向装置。

② 装煤

俯斜开采时采煤机自行装煤效率低,为提高机械装煤效率一般可用以下几种措施:a. 采用单向割煤;b. 选择三头螺旋滚筒;c. 输送机装设辅助装煤装置,它安设在靠煤壁一侧的输送机槽帮上,输送机前移时,装煤犁在牵引链带动下往复运动,将余煤装入输送机中。

③ 运煤

由于工作面倾斜,输送机的溜槽和刮板链会向煤壁侧滑移,降低了输送机的输送能力;双边链牵引的输送机内链负荷大,易磨损和断链。因此,液压支架推移千斤顶须限制输送机溜槽向煤壁侧滑移;选用中双链输送机,以改善两链受力状况,并采用强度高、耐磨性好的机型。

（四）厚煤层放顶煤采煤法

1. 放顶煤采煤法的基本特点

我国厚煤层煤炭储量丰富,约占煤炭总储量的 44%,厚煤层的产量也占总产量的 40%,厚煤层矿区多分布在东北、西北、华北和华东地区。我国从 20 世纪 60 年代开始研究、试验厚煤层放顶煤开采技术。目前,厚煤层放顶煤开采技术已经成熟,在我国取得了迅速发展和推广应用。我国放顶煤开采技术已处于世界领先水平。

放顶煤采煤法就是在厚煤层中,沿煤层(或分段)底部布置一个采高 3~4 m 的长壁工作面,用综合机械化采煤工艺进行回采,利用矿山压力的作用或辅以人工松动方法使支架上方的顶煤破碎成散体后由支架后方(或上方)放出,并予以回收的一种采煤方法。

综合机械化放顶煤工作面设备布置如图 2-15 所示。其工艺过程如下:在煤层(或分段)底部布置的综采工作面中,采煤机 1 割煤后,液压支架 3 及时支护并移到新的位置,随后将工作面前部刮板输送机 2 推移至煤壁。操作后部输送机专用千斤顶,将后部刮板输送机 4 前移至相应位置,这样采过 1~3 刀,按规定的放煤要求,打开放煤窗口,放出已松碎的煤炭,待放出的煤炭中含矸量超过一定限度后,及时关闭放煤口。完成采放全部工序为一个放煤工艺循环。

2. 放顶煤采煤法的工艺

（1）割煤、装煤和运煤

综采工作面一般采用双滚筒采煤机沿工作面全长双向割煤,并利用螺旋滚筒和刮板输送机的铲煤板将煤装入刮板输送机,再由工作面刮板输送机运出。进刀时采用端部斜切进刀法。采煤机前滚筒割顶煤,后滚筒割底煤,截深一般为 600 mm,采高为 2.4~2.8 m。采煤机开缺口的作业方式如图 2-16 所示。割煤工序中应注意以下问题:

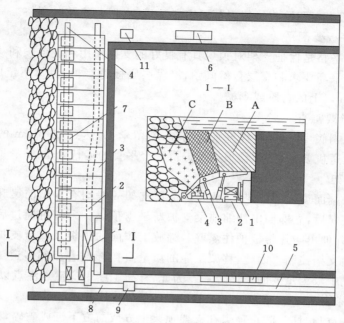

图 2-15　综采放顶煤工作面设备布置

1——采煤机；2——前部刮板输送机；3——放顶煤液压支架；4——后部刮板输送机；

5——平巷胶带输送机；6——泵站、移动变电站等；7——放煤窗口；8——转载机；

9——破碎机；10——设备列车；11——绞车

A——不充分破碎煤体；B——较充分破碎煤体；C——待放出煤体

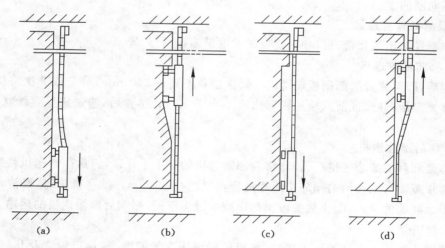

图 2-16　采煤机开缺口作业方式

(a) 开始；(b) 上行进刀、移机头；(c) 下行割煤；(d) 移机头、上行割煤

① 严格控制采高

采高的大小决定着支架的支撑高度，而支架的支撑高度变化越大，端面距也就越大，支架的稳定性也越差，达不到良好的支护效果，易引发片帮、冒顶事故。因此，必须严格控制采高，保持采高均匀稳定，符合设计及规程要求。生产过程中，要求采煤机司机集中精力操作，

加强观察,跟班专职验收员每刀都要定点测量,出现偏差及时调整。

② 顶底板要割平

顶底板平整是保证支架对顶煤具有良好的支撑作用和设备顺利移设的前提。割煤时要按照规定的采高要求和煤层自然倾角,沿煤层底板将底板割平,不留底煤,相邻两刀之间不出现 50 mm 以上的台阶或伞檐。

③ 煤壁要割直

采煤机割底煤时,要将煤壁采直割齐,不留伞檐,达到 600 mm 的循环进尺要求。直的关键是前输送机要直,以便给采煤机提供一个平直的运行轨道。

(2)移架

为维护端面顶板的稳定性,放顶煤液压支架一般均有伸缩前梁和防片帮保护装置。在采煤机割底煤后,立即伸出伸缩前梁支护新暴露顶煤。采煤机通过后,及时移架,同时收回伸缩前梁,并伸出防片帮板护住煤壁。综放工作面的顶板及煤帮支护、放顶煤、移输送机等工序全部由支架控制。因此,移架工序的质量直接影响着相邻多道工序的质量。移架是综放生产工艺中较为重要的工序之一。为此,移架工序中应重点注意以下问题:

① 少降快移

为减少空顶时间,防止顶煤在支架顶梁上方或前方下沉或破碎,移架时采取擦顶移架即少降快移。

② 煤帮管理

合理使用护帮装置。割煤时由专人超前采煤机的滚筒 1~2 个支架收回护帮板,待前滚筒割过后伸出护顶。移架时收回护帮板,移架后伸出护帮板,在时间上和空间上形成对煤帮和顶板不间断的支护。

③ 及时处理冒顶区

工作面局部出现片帮、冒顶时,要及时采取措施,进行处理。

(3)移前部输送机

移架后,即可移置前部刮板输送机。每次推移不超过 300 mm,分 2 或 3 次将前部输送机全部移靠煤帮,并保证前部输送机弯曲段不小于 12 m,移置后,输送机呈直线状,不得出现急弯。

(4)移后部输送机

在移架和移前部输送机后,操作移后部输送机的专用千斤顶,将后部输送机移到规定位置。推移步距要与工作面的循环步距相适应,一般为 600 mm。推移机头时,要清理工作面端部至少 3 架前的浮煤,防止机头段飘起而减少过煤空间,影响后部输送机的运输。

(5)放顶煤

放顶煤为综放工艺的关键工序,一般要根据液压支架架型、放煤口位置及几何尺寸、顶煤厚度及破碎状况,合理确定放顶煤的步距及作业方式。较多的情况下采用"两采一放"或"三采一放",即工作面推进 2~3 刀的距离放一次顶煤。顶煤的放出,可以从工作面的一端开始,顺序按架依次放煤;如果顶煤厚度较大,也可以隔架轮换或每 2~3 架一组,隔组轮换放煤。放煤时,要坚持"见矸关门"的原则。

放煤时,有三种情况引起放煤不正常:一是破煤成拱放不下来;二是大块煤堵住放煤口,放不出来;三是顶煤过硬,难以垮落。

处理碎煤成拱的主要方法是通过摆动支架的尾梁或掩护梁,一般情况不能破坏成拱的碎煤,亦可升降支架破坏成拱,但这种方法不可常用,对支架有所损害。当大块顶煤堵塞放煤口时,可通过支架上的插板、搅动杆等结构破碎或松动顶煤,在工作面顶板稳定情况下,可以适当摆动支架尾梁将顶煤松动破碎。遇到特大块煤时,可以采用打眼爆破的方法破碎,但每个炮眼的装药量要严格控制。放落的大块煤在输送机上要及时用人工或机械的方式进行破碎,以免在工作面端头因输送机的过煤高度产生阻煤现象。

顶煤过硬难以垮落时,必须预先对顶煤进行破碎处理,目前主要采取从工作面向顶煤打眼爆破的方法,其爆破方式及爆破参数可根据顶煤的性质决定。若从工作面无法破碎顶煤或在高瓦斯矿井中,则应考虑布置工艺巷进行专门的爆破作业。另外,一些矿井采用高压注水软化顶煤,也取得了良好的效果。

综上所述,放顶煤开采的主要工艺过程为:采煤机割煤→移架及时支护→推移前部输送机→拉后部输送机→打开放煤口放煤。放顶煤开采一个循环是以放煤工序完成为标志。

3.初采和末采放顶煤工艺

(1)初采工艺

在我国推行放顶煤开采的初期,为防止顶板垮落对采煤工作面造成的威胁,通常采取初采推进10~20 m不进行放顶煤,但实践证明这种措施的实际意义不大。目前,在大多数综放工作面,推出开切眼后及时放煤,根据采煤工作面顶板的结构和顶煤的性质,为减小初次放顶煤步距,提高初采回收率,常采用深孔爆破技术和切顶巷技术。

① 打眼爆破【应用实例】

某煤矿应用打眼爆破法取得了良好的效果,其做法是:工作面自切眼推进2~3 m时,在全工作面范围内向采空区侧打眼爆破,眼深4.5~5 m(眼底至岩石顶约1 m),倾角约70°(与顶煤垮落角一致),每眼装药6~7卷,每天进行一次(约3 m)。从现场观察,除局部支架后方出现悬顶外,大部分支架后方的顶煤能垮落;但垮落顶煤块度较大,由于直接顶未垮落充填采空区,部分顶煤落下采空区不能放出。在直接顶垮落之前,顶煤回收率一般约为50%。因此,打眼爆破法的关键是将顶煤沿工作面方向全部切断,在顶煤形成悬臂梁的基础上,降低其整体强度。

② 开切顶巷【应用实例】

某煤矿在第一个综放工作面采用了此项技术,取得了一定的效果。其做法是:在工作面开采前,在开切眼的外上侧沿煤层顶扳开掘一条与开切眼平行的辅助巷道,将顶煤沿顶板切断。为扩大切顶效果,工作面设备安装完毕后,在切顶巷靠近工作面一侧的煤帮和底板上打眼爆破,将顶煤全部切断,形成自由面,如图2-17所示为切顶巷位置示意图。在生产过程中,当工作面推进3.4 m时,顶煤开始垮落。推进7.8 m时,直接顶垮落,比相邻工作面减少5.2 m。推进44 m时基本顶初次来压,比预计值减少4~5 m,使该工作面顶煤回收率提高0.31%。

(2)末采工艺

在应用放顶煤开采技术初期,通常在工作面结束前20 m左右铺双层金属网停止放煤,或使沿底板布置的工作面向上爬至顶板时结束,这样造成了大量煤炭损失。为此,近年来在综放开采的实践中普遍缩小了不放煤的范围,一般可提前10 m左右停止放顶煤并铺顶网,但应注意解决好两个问题:一是选择合理的停采线位置,使撤架空间处于稳定的顶板条件之

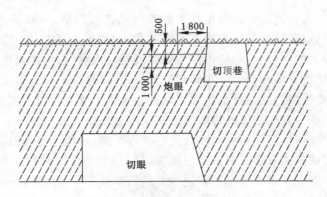

图 2-17 切顶巷位置示意图

下；二是有效地防止后方矸石窜入工作面，即矸石应能够压住金属网。如不铺网，应在综放设备允许的坡度范围内加大爬坡度，减少放煤量，在到停采线时，使支架基本贴近顶板，将易燃的碎煤变为底板上的实体煤。

4. 放煤方式

放煤方式不仅对工作面煤炭采出率、含矸率影响较大，同时还会影响总的放煤速度、正规循环的完成以及工作面能否高产。放煤方式主要包括放煤顺序和一次顶煤的放出量，并由此组成不同的放煤方式。

（1）多轮分段顺序等量放煤

将工作面分成 2～3 段，段内同时开启两个相邻放煤口，每次放 1/3～1/2 的顶煤，按顺序循环放煤，直至该段全部放完，然后再进行下一段放顶煤，或各段同时进行。

优缺点：能使冒落煤岩分界面均匀下降，采出率高，含矸率低；充分利用放煤口面积，放煤快；多次打开才能将顶煤放完，总的放煤速度较慢，而且每次放 1/3 或 1/2，操作上难以掌握。一般在顶煤厚 3 m 以上和破碎效果差时使用。

（2）单轮多口顺序不等量放煤

从工作面一端开启四个放煤口，分别开启面积为：1、1/2、1/3 和 1/4。当第一个放煤口放完并关闭后，按顺序向前继续开启放煤口，但仍保持开启面积的顺序和大小不变。由于这种方式的放煤量较难控制，在实际中较少应用。

（3）多轮间隔顺序等量放煤

按 1、3、5…号支架顺序放煤，每次放出顶煤量的 1/3～1/2。第一轮放完后再按 2、4、6…号支架顺序放煤，每次放出顶煤量的 1/3～1/2，反复循环放煤 2～3 次。

优缺点：操作复杂，不易掌握。一般不采用。

（4）单轮间隔多口放煤

如图 2-18 所示，先放 1、3、5…号支架上的顶煤，见矸关口，留下较大的脊背煤；滞后一定距离放 2、4、6…号支架上的顶煤，将留下的脊背煤中放出一个椭球体。

优缺点：操作简单，容易掌握；放顶效果好，丢煤少，混矸少。故广泛采用。

（5）端头放煤

由于特种端头支架架型很少，大多数放顶煤工作面用改进过渡支架或正常放顶煤支架进行端头维护，再加上输送机在端头过渡槽的加高，支架放煤后过煤困难，因此只有在工作

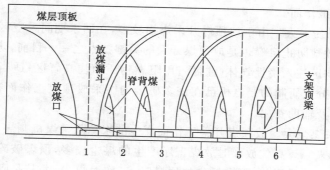

图 2-18　单轮间隔放煤

面两端各留 2~4 架不放煤,增加了煤炭损失。

随着工作面输送机和支架的不断改进,使端头设备布置也不断更新。目前解决端头放煤的途径主要有以下三种:① 加大巷道断面尺寸,将输送机的机头和机尾布置于巷道中,取消过渡支架;② 使用短机头和短机尾工作面输送机或侧卸式工作面输送机;③ 采用带有高位放煤口的端头支架,实现端头及两巷放顶煤。

5. 适用条件及评价

近年来,放顶煤开采技术在我国得到了迅速发展,先后出现了潞安、兖州、阳泉等以放顶煤开采为主的高产高效矿区,并且出现了与各具体条件相适应的放顶煤高产高效技术方式,如“三软”、“大倾角”、“两硬”和“特厚煤层”方式等。我国放顶煤技术许多重要指标已达到世界领先水平,代表了我国厚煤层开采的发展方向。与厚煤层的其他采煤方法相比较,放顶煤采煤法主要具有以下优点:

① 放顶煤工作面单产高。工作面内有多个出煤点,而且在工作面内可实行采放分段平行作业,即在不同地段采煤和放煤同时进行,因而易于实现高产。

② 放顶煤工作效率高。由于放顶煤工作面的一次采出厚度大,生产集中,放煤工艺劳动量小,以及出煤点增多等原因,其生产效率和经济效益大幅提高。

③ 放顶煤工作成本低。放顶煤采煤法与分层开采相比较减少了分层数目,取消了铺网工序,节省了铺网费用。此外,其他材料、电力消耗、工资费用等也相应减少。

④ 放顶煤开采巷道掘进量小。放顶煤开采巷道掘进率一般是分层开采的 1/3~1/2,大幅度减少了巷道掘进费用和维护费用,改善采掘的接续状况,为集中生产创造了条件。

⑤ 放顶煤开采工作面搬家次数少。根据煤层厚度的不同,工作面搬家次数可减少 1~3次,节省了采煤工作面的安装和搬迁费用。

⑥ 放顶煤开采对地质构造、煤层构造、煤层厚度变化适应性强。实践证明,综采放顶煤可在缓斜煤层中适应煤层厚度 4~20 m 变化。对落差不超过割煤高度的断层,对破碎顶板及“三软”煤层,与分层开采相比有更好的适应性。

放顶煤开采除具有上述优点外,还存在一些开采技术问题,有待于在今后的生产实践中逐步得到解决。

① 煤层采出率低。放顶煤开采的采出率是困扰综放发展的主要技术问题。除放顶煤工艺不可避免的煤炭损失外,工作面初未采损失、端头过渡支架不放煤与区段煤巷顶煤损失、护巷煤柱损失等均是没有很好解决的问题,因此综采放顶煤工作面的采出率一般低于合

理分层开采的综采工作面。

② 放顶煤开采易发火。由于放顶煤开采煤损较多,在回采期间采空区的碎煤就可能发生自燃。因此,有效地防止自燃也是放顶煤开采的关键技术之一。目前,防止工作面自燃的措施主要有:向采空区注入惰性气体(注氮);用阻燃物质灌注高冒区;适当提高工作面推进速度等。抚顺煤科分院研制的制氮机已在许多矿区的综采放顶煤工作面得到应用,但这会增加辅助工艺过程及辅助费用。

③ 放顶煤开采煤尘大。放顶煤开采工作面煤尘的来源除采煤机割煤外,支架放煤及架间漏煤均是煤尘的来源。高位放煤时放煤工序产生的煤尘较多,顶煤破碎时架间漏煤产生的煤尘对工作面产生严重影响;而在低位放顶煤时,工作面煤尘,尤其是呼吸性粉尘的主要来源仍然是采煤机割煤工序。因此除在支架放煤口及支架间安设喷雾装置外,还可采用煤层预注水湿润的方法和尽可能采用低位放顶煤支架来控制放顶煤工作面的煤尘。近年来,兖州矿区鲍店煤矿和东滩煤矿先后试验了负压二次降尘和机载泵高压喷雾降尘,均取得了满意效果。若配合煤层注水,可有效地解决综采放顶煤工作面的煤尘问题。

④ 放顶煤开采瓦斯易积聚。放顶煤开采时产量集中,瓦斯散发面大,采空区高度大,易于瓦斯积聚,在工作面后方采空区上部积聚的部分高浓度瓦斯随顶煤的冒落将涌入工作面。目前,放顶煤开采工作面瓦斯有效防治措施主要有:瓦斯抽采,必要时可预采顶分层进行抽采;选择合理的通风方式,将 U 形通风改为 E 形通风或使用"U+L"形通风;合理配风,保证风量,同时加强监测手段及生产技术管理,严格防止瓦斯事故发生。目前,综采放顶煤开采瓦斯防治所面临的主要问题是:瓦斯抽采技术及效果的提高、上隅角瓦斯积聚的治理及可靠的瓦斯检测手段。

放顶煤开采是以矿山压力破碎顶煤进行采放结合的一种采煤方法,具有明显的经济效益,但对煤层的可放性及其赋存条件具有一定的要求,适用条件概括如下:

① 煤层厚度。一次采出的煤层厚度以 6~10 m 为佳。顶煤厚度过小易发生超前冒顶,增大含矸率;煤层太厚破坏不充分,会降低采出率。预采顶分层综采放顶煤开采时,最小厚度为 7~8 m。

② 煤层硬度。顶煤破碎主要依靠顶板岩层的压力,其次是支架的反复支承作用。因此,放顶煤开采时,煤的坚固性系数一般应小于 3。

③ 煤层倾角。采用放顶煤开采时,煤层倾角不宜过大,否则支架的倒滑问题会给开采造成困难。石炭井乌兰矿在 25°~30°的煤层中试验放顶煤开采已获得成功。

④ 煤层结构。煤层中含有坚硬夹矸会影响顶煤的放落或者因放落大块夹矸堵塞放煤口。因此,每一夹矸层厚度不宜超过 0.5 m,其坚固性系数也应小于 3。顶煤中夹矸层厚度占放煤厚度的比例不宜超过 10%~15%。

⑤ 顶板条件。直接顶应具有随顶煤下落的特性,且垮落高度不宜小于煤层厚度的 1.0~1.2 倍,基本顶悬露面积不宜过大,以免放顶煤支架受冲击。

⑥ 地质构造。地质破坏较严重、构造复杂、断层较多和使用分层长壁综采较困难的地段、上下山煤柱等,使用放顶煤开采比使用其他方法可取得较好的效益。

⑦ 自然发火、瓦斯及水文地质条件。对于自然发火期短、瓦斯量大以及水文地质条件复杂的煤层,先要调查清楚,并有相应措施后才能采用放顶煤开采。

（五）急斜煤层俯伪斜走向长壁采煤法

这种采煤方法的主要特点是：采煤工作面呈直线形按俯伪斜方向布置，沿走向推进；用分段水平密集切顶挡矸隔离采空区与回采空间；工作面分段爆破落煤，煤炭自溜运输。

1. 采煤系统

采煤系统如图 2-19 所示。为了满足煤炭自溜又方便人员行走，工作面伪倾斜角度一般为 30°～35°，工作面斜长可达 80～90 m。为了溜煤、通风、行人和掘进溜煤眼工作的方便，工作面下部的溜煤眼不少于 3 个。掘成漏斗状，并铺有溜槽。

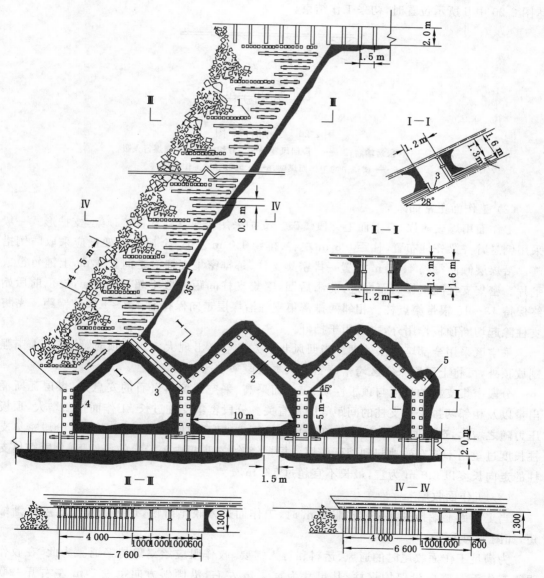

图 2-19　伪斜走向长壁采煤法

1——密集支柱；2——"人"字形溜煤眼；3——单边钢板溜槽；
4——带帽点柱；5——超前掘进工作面

2. 采煤工艺

(1) 工作面初采

工作面初采由开切眼与区段回风巷交接处开始,按工作面伪倾角要求自上而下推进,工作面长度逐渐增大,如图 2-20 所示。为便于初采时工作面出煤和人员通行,开切眼沿伪斜方向布置。随着工作面向下推进,开切眼自上而下逐段报废。当工作面上端距回风巷 4 m 时,开始支设分段密集支柱。当第一分段密集支柱长度达到 5 m 而直接顶仍不垮落时,采用强制放顶措施。随着工作面的继续推进,不断增设新的分段密集支柱。当工作面煤壁到达图 2-20 中 6 所示位置时,初采工作结束。

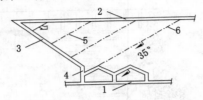

图 2-20　工作面初采图

1——区段运输巷;2——区段回风巷;3——开切眼;4——溜煤行人眼;

5——调整中的工作面煤壁;6——调整好的工作面煤壁

(2) 工作面正常回采

工作面用爆破落煤,自下而上分段爆破。支护采用金属支柱和铰接顶梁,支护形式一般采用倒悬臂齐梁齐柱布置,柱距 0.8 m 左右、排距 1.0 m 左右,金属支柱架设应采取防倒措施。沿煤层倾向每隔 4～5 m 设置一排密集支柱,每排密集支柱沿走向长 4 m,上铺竹笆或荆片。密集支柱随工作面而推进,前添后回,密集支柱间距一般不超过 0.3 m,放顶前后始终保持 13～15 根带帽点柱。相邻两排密集支柱沿煤层走向保持有 1.0～1.5 m 错距。密集支柱除起切断顶板作用外,主要用于挡矸。

采空区采用全部垮落法处理。当回风巷下方采空区出现大面积悬顶时,除采用人工强制放顶外,可将上区段采空区垮落矸石放入本区段采空区。

分段密集支柱的长度与顶板性质、工作面采高、采空区垮落矸石的安息角、煤层瓦斯涌出量以及相邻两排密集支柱的间距等因素有关。分段密集支柱过长,工作面控顶增大,顶板压力随之增大,造成回柱困难,而且在密集支柱下方的"三角区"也易积聚瓦斯。分段密集支柱长度过短则不能有效地起到挡矸作用。根据经验,在顶板中等稳定的条件下,分段密集支柱的走向长度以 4.0 m 为宜,最长不宜超过 5.0 m。

(3) 工作面收尾

当工作面上端推进到距收作眼 4 m 时,工作面进入收尾阶段,这时工作面长度逐渐缩短,如图 2-21 所示。

为满足工作面收尾时的通风、运料和行人需要,收作眼应始终保持畅通。为此,在收作眼靠工作面一侧应设保护煤柱,其尺寸为宽 4 m 左右、沿倾斜方向每隔 5 m 左右开一联络巷。

3. 评价及适用条件

这种采煤方法的主要优点是:工作面沿俯伪斜直线布置,减少了煤、矸的下滑速度,有利

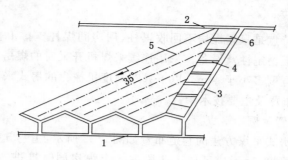

图 2-21 工作面收尾图

1——区段运输巷;2——区段回风巷;3——收尾眼;4——联络巷;

5——收尾中的工作面煤壁;6——收作眼煤柱

于防止冲倒支架和砸伤人员,改善了工作面安全生产条件;同时,因工作面伪斜直线布置,改善了工作面顶底板受力状况,相对增加了稳定性,不会出现大面积推底和顶板拉裂现象;在区段垂高相同条件下,工作面有效利用率比台阶采煤法高,为提高单产、改善工作面近煤壁处的通风状况及实现机械化采煤提供了条件;分段走向密集除切顶外,主要起挡矸作用,拦截采空区矸石,在工作空间与顶板冒落区之间形成一个自然充填带,使基本顶来压滞后较远,减缓了基本顶来压的作用,减少了工作面支柱的损耗量及维修工作量。

芙蓉巡场矿采用这种采煤方法的结果表明,在相同地质条件下,比台阶采煤法单产、回采工效高。使用这种采煤方法的其他矿井,也取得了较好的技术经济效果。开滦马家沟矿采用这种采煤方法时,成功地使用了单体液压支柱,生产、安全条件进一步得到改善。

这种采煤方法存在的主要问题是:工作面支回柱工作量仍很大,工人操作还不够方便;分段密集支柱下方的"三角区"通风条件较差,易积聚瓦斯;煤层顶板有淋水时,劳动环境比较差。

伪斜走向长壁采煤法适用于倾角 40°以上、顶板中等稳定、煤壁易片帮、工作面采高不超过 2.0 m 的低瓦斯煤层,或不宜使用伪倾斜柔性掩护支架采煤法的不稳定急斜薄及中厚煤层。它是目前开采地质条件较复杂的急斜薄及中厚煤层的一种较好的方法,将逐步取代台阶式采煤法。

(六)连续采煤机柱式体系采煤法

柱式体系采煤法可分为房式和房柱式采煤法,有时房式采煤法也称为巷柱式采煤法。在煤层内开掘一系列称为煤房的巷道,煤房左右用联络巷相连,这样就形成一定尺寸的煤柱。煤柱可留下不采,用以支撑顶板,或在煤房采完后,再将煤柱按要求尽可能采出,前者称为房式采煤法,后者称为房柱式采煤法。

按照装备不同,柱式体系采煤法可分为传统的钻眼爆破工艺和高度机械化的连续采煤机采煤工艺两大类。传统的爆破落煤工艺与煤巷钻眼爆破掘进基本相同,高度机械化的柱式体系采煤法主要在美国、澳大利亚、加拿大、印度和南非等国应用。

我国地方煤矿,特别是乡镇煤矿应用机械化水平低的柱式体系采煤法较多。近年来,我国部分大型现代化矿井也引进了连续采煤机等配套设备,提高了机械化程度。部分矿井用于回收边角煤柱或地质破坏带煤柱。

1. **房式采煤法**

房式采煤法的特点是只采煤房不回收煤柱,用房间煤柱支撑上覆岩层。煤房宽度取决于采高、采深、顶底板稳定性及设备。采用连续采煤机开采时的煤房宽度多为5～7 m,钻眼爆破开采时的煤房宽度多小于4 m。以下只对高度机械化的房式采煤法进行介绍。

(1) 盘区巷道布置及主要技术参数

① 盘区巷道布置示例

美国某矿采用房式采煤方法的巷道布置如图 2-22 所示,主巷 5 条,盘区准备巷道 3 条,在盘区巷道两侧布置煤房,形成区段。区段内 6 个煤房同时推进。房宽 7 m,煤柱尺寸为8 m。区段间煤柱宽度为 8 m,因受地质构造影响,煤房长约 220 m。

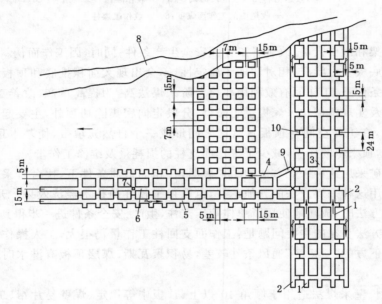

图 2-22　房式采煤法巷道布置

1——进风平巷;2——回风平巷;3——胶带运输平巷;4——盘区进风平巷;

5——盘区回风平巷;6——盘区胶带运输平巷;7——转载机;

8——地质破坏不可采区域;9——风桥;10——风墙

② 房式采煤法技术参数

a. 平巷数目

根据运输、行人、工作面推进速度、顶板管理方式及通风能力综合确定平巷数目,因为掘进和采煤合一,因而多条巷道并列布置对生产及通风更有利。通常主、副平巷为5～8 条,一般中间数条进风,两侧回风,区段平巷为3～5 条。由于通风和安全的要求,还需同时开掘横向联络巷贯通每条平巷。

b. 煤柱尺寸

煤柱尺寸由上覆岩层厚度、煤层和底板强度确定,常留设 8～20 m 宽的煤柱。

c. 煤房采高、采宽及截深

连续采煤机采高可达 4 m,当煤层厚度小于 4 m 时应一次采全高;对于厚度过大的煤层,只能开采优质部分,其余弃于采空区。煤房因采用锚杆支护,宽度一般不应超过 6 m,否则,应采用锚杆和支柱两种支护方式;如果煤层顶板破碎时,宽度通常仅为 5 m。截深应确保采煤机司机始终处于永久锚杆支护的安全范围内,即最远时司机刚好在最后一排锚杆之下,这样,要求截深一般为 5～6 m。

(2) 采煤工艺

按运煤方式的不同,连续采煤机采煤工艺可分为间断运输工艺系统和连续运输工艺系统。

① 连续采煤机-梭车间断运输工艺系统

典型的连续采煤机间断运输工艺系统配套设备包括:1 台连续采煤机、1 台锚杆机、2 台梭车或蓄电池运煤车、1 台给料破碎机、1 台蓄电池铲车、1 套移动变电站、充电设备和足够的备用蓄电池。连续采煤机-梭车间断运输工艺系统主要用于中厚煤层和厚煤层中,有时也用于厚度较大的薄煤层中。

② 连续采煤机-输送机连续运输工艺系统

这种系统是将采煤机采落的煤,通过多台输送机转运至胶带输送机上,其工艺系统如图2-23 所示。

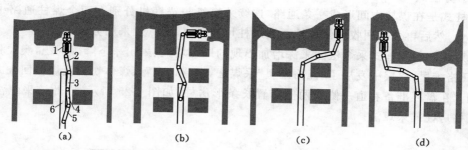

图 2-23　连续采煤机-输送机连续运输工艺系统
1——连续采煤机;2,3,4,5——万向接长机;6——胶带输送机

2. 房柱式采煤法

煤房间留设不同形状的煤柱,采煤房时煤柱暂时支撑顶板,采完煤房后有计划地回收所留的煤柱,如顶板稳定,可直接回收全部煤柱;反之,则要保留部分煤柱。

通常以 4～5 个以上的煤房为一组同时掘进,煤房宽 5～7 m,房间煤柱宽 15～25 m,每隔一定距离用联络巷贯通,形成方块或矩形煤柱。采煤房时工艺过程及参数同房式采煤法,煤房掘进到预定长度后,即可回收房间煤柱。因煤柱尺寸和围岩条件不同,煤柱回收工艺主要有以下三种:

(1) 袋翼式

采煤时在煤柱中采出 2～3 条通道作为回收煤柱时的通道;回收其两翼留下的煤,通道的顶板用锚杆支护,通道不少于两条,以便采煤机和锚杆机能轮流进入通道进行采煤工作;当穿过煤柱的通道打通时,连续采煤机斜着过来对着留下的侧翼煤柱采煤,侧翼采煤时不再支护,边采边退出,然后顶板垮落。

(2) 外进式

当煤柱宽 10～12 m 时,可直接在房内向两侧煤柱进刀。如图 2-24 所示。

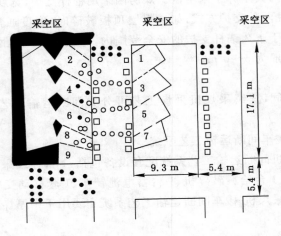

图 2-24　外进式回收煤柱

（3）劈柱式

劈柱式是在煤柱中间形成一条通路,连续采煤机与锚杆机分别在两个煤柱通路中交叉轮流作业,然后再分别回收两侧煤柱。当煤柱尺寸较小时,一般采用劈柱。

针对传统的房柱式采煤法随采深增加出现的地压增大、采出率下降等问题,澳大利亚首先在"汪格维里"煤层中发展了"汪格维里"采煤法,在巷道布置、煤体切割及煤柱回收方面有所不同。在盘区准备巷道一侧或两侧布置长条形房柱,如图 2-25 所示,因此该采煤法也叫条状煤柱房柱式采煤法。

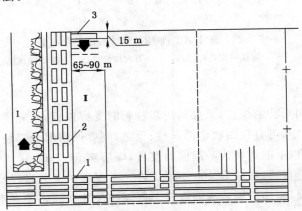

图 2-25　条状煤柱房柱式采煤法巷道布置图
1——大巷;2——盘区准备巷;3——长条形房柱

长条形房柱宽约 15 m,长 65～90 m。条形房柱内先采房,房宽 6 m,到边界后,后退回出 9 m 宽的煤柱。盘区准备巷道长度按地质条件和胶带输送机长度确定。长条形房柱间的回采顺序一般用后退式,两侧布置时,也可以一侧前进式,另一侧后退式。

房柱式采煤法有以下优点:① 设备投资少,一套柱式机械化采煤设备的价格为长壁综采的 1/5～1/4(均以 20 世纪 80 年代中期进口价格计算);② 采掘可实现合一,建设期短,出煤快;③ 设备运转灵活,搬迁快;④ 巷道压力小,便于维护,支护简单,可用锚杆支护顶板;由于大部分为煤层巷道,故矸石量很少;矸石可在井下处理不进行外运,有利于环境保护;⑤ 当地面要保护农田水利设施和建筑物时,采用房柱式采煤法有时可使总的吨煤成本降低;⑥ 全员效率较高,特别是中小型矿井更为明显。

主要缺点:① 采区采出率低,一般为 50%～60%,回收煤柱时可提高到 70%～75%;② 通风条件差,进回风巷并列布置,通风构筑物多,漏风大,采房及回收煤柱时,出现多头串联通风。

适用条件如下:① 开采深度较浅,一般不宜超过 300～500 m;② 顶板较稳定的薄及中厚煤层;③ 倾角在 10°以下,最好为近水平煤层,煤层赋存稳定,起伏变化小,地质构造简单;④ 底板较平整,不太软,且顶板无淋水;⑤ 低瓦斯煤层,且不易自然发火。

柱式体系采煤法在美国、澳大利亚、加拿大、印度和南非等广泛应用。目前在美国的地下开采中,这种采煤方法的产量约占 50%。澳大利亚使用房柱式采煤法所占的比重也较大。我国有一部分煤田的地质条件较适合采用柱式体系采煤法,特别在平硐开拓的中小型矿井中,应用较为有利。一些矿井基于"三下"严重压煤的实际情况,如条件适宜,可以采用柱式采煤法。但采用柱式体系采煤法,必须解决相应的配套设备并改进巷道布置,尽量提高采出率。

第四节　井田开拓的基本概念与方式

一、井田开拓的基本概念

（一）矿井储量

（1）地质储量:井田范围内包含的所有煤层计算出的煤炭储量,包括平衡表内和平衡表外储量。

① 平衡表内储量:在目前的技术经济条件下,所要求的煤层质量指标(灰分、发热量等)达到可以利用的、其指标符合要求且在目前技术条件下能够采出的储量(A+B+C+D)。

② 平衡表外储量:目前尚难利用将来可能会利用,目前技术条件不能够采出而将来能够采出的储量。

（2）工业储量 Z_g:经过勘探,其煤层厚度和质量均合乎开采要求,而地质构造又比较清楚的平衡表内储量。

（3）矿井设计储量:在矿井设计中,由工业储量减去永久煤柱的损失量。

$$Z_s = Z_g - P_1$$

式中,Z_s 为矿井设计储量;Z_g 为工业储量;P_1 为永久煤柱的损失量,包括井田境界煤柱,断层煤柱,铁路、公路、河流、城镇、重要建筑等的保护煤柱。

（4）矿井设计可采煤量:

$$Z_k = (Z_s - P_2) \cdot C$$

式中,Z_k 为矿井设计可采煤量;P_2 为包括工业广场煤柱、井筒保护煤柱、水平大巷保护煤柱、阶段分界煤柱、主要上下山保护煤柱(可以定义为暂时煤柱)的损失量;C 为矿井设计的采区回收率,分为三类:厚煤层≥75%,中厚煤层≥80%,薄煤层≥85%。

（5）各类储量之间的关系：

$$
\text{矿井地质储量} \begin{cases} \text{能利用储量} \\ (A+B+C+D) \begin{cases} \text{工业储量} \\ (A+B+C) \begin{cases} \text{矿井设计储量} \begin{cases} \text{矿井设计可采储量} \\ \text{设计可采储量} \\ \text{设计损失量} \end{cases} \\ \text{永久煤柱损失} \end{cases} \\ \text{远景储量} \end{cases} \\ \text{暂不能利用储量} \end{cases}
$$

（二）矿井生产能力

井型大小的确定，在划分时就需考虑储量、尺寸。

（1）储量：指工业储量。大型井，投资多，应有较长的生产期（服务年限），储量应大。

（2）开采能力：矿井生产条件能保证的原煤生产能力。主要是采区的生产能力与同时生产的采区数。

同采采区数与井型有关。600 万 t 及以上矿井，6～7 个以上采区；400 万 t～500 万 t 矿井，4～6 个采区；240 万 t、300 万 t 矿井，3～4 个采区；150 万 t、180 万 t 矿井，2～3 个采区；120 万 t 及以下矿井，1～2 个采区。

（3）生产环节能力：提升、运输、通风、排水、供电、井底车场通过能力等。各环节能力，一般按设计能力进行设计，如果设备特殊，可能成为限制矿井生产能力的因素。

（4）安全生产条件：主要是指瓦斯、通风、水文地质等因素。

这四个因素储量是基础，开采能力是关键，各环节能力应配套，安全生产条件必须保证。

（三）矿井服务年限

（1）计算公式

$$
T = \frac{Z_k}{AK}
$$

式中，T 为矿井服务年限，a；A 为矿井设计生产能力，万 t/a 或 Mt/a；K 为储量备用系数，取 1.3～1.5。

（2）储量备用系数的意义

考虑两个方面原因：

① 由于在地质勘探过程中，很多地质构造不能完全控制，包括断层、褶皱、岩浆岩侵入带、陷落柱等，加大了煤柱的损失量；

② 由于国民经济建设和发展的需要，市场需要煤炭，煤炭的需求量增加，而在矿井设计中，各个生产环节均有富余能力，当实际地质条件与精查地质报告所提供的资料相差不大时，实际的矿井生产能力会提高，从而使实际的产量增加。

鉴于以上两个原因，在计算矿井服务年限时，需要留有富余量。

计算矿井服务年限、水平服务年限都可用此公式。

不同矿井设计生产能力所要求的矿井设计服务年限及第一开采水平设计服务年限见表 2-1。

表 2-1　　　　　　　　　　　　　　　　第一水平的服务年限

矿井设计生产能力 /(万 t/a)	矿井设计服务年限 /a	第一开采水平设计服务年限/a		
		煤层倾角 $\alpha < 25°$	$\alpha = 25°\sim45°$	$\alpha > 45°$
600 及以上	80	40		
300～500	70	35		
120～240	60	30	25	20
45～90	50	25	20	15

二、开拓方式的分类依据

开拓方式:开拓巷道的布置方式通称开拓方式。

（一）开拓方式的分类

（1）按井筒形式分:立、斜、平、综、分区域,如图 2-26 所示。

（2）按水平数的多少分:单水平、多水平。

（3）按开采准备方式分:上山式、下山式、上下山式、混合式。

（4）按开采水平大巷的布置方式分:分层大巷、集中大巷、分组集中大巷。

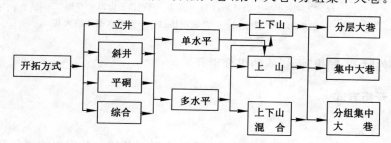

图 2-26　开拓方式的分类

如立井单水平上下山(采区)式、立井多水平上下山(采区)式、立井多水平上山(采区)式、立井多水平上山及上下山混合(采区)式(图 2-27)。

（二）开拓应解决的问题

（1）确定井筒的形式、数目及其配合。合理选择井筒及工业广场的位置。

（2）合理地确定开采水平数目和位置(标高)。

（3）布置大巷和井底车场。

（4）确定矿井开采程序,做好水平的接替。

（5）进行矿井开拓延深,深部开拓及技术改造。

（三）确定井田开拓方式的原则

（1）贯彻执行有关煤炭工业的技术政策,初期工程量应少(多、快、好、省、高、安)。

（2）合理集中开拓部署,生产系统简单。

（3）合理开发国家资源,减少煤炭损失。

（4）执行《煤矿安全规程》。

（5）尽可能采用目前国家能够提供的新技术、新设备、新工艺。

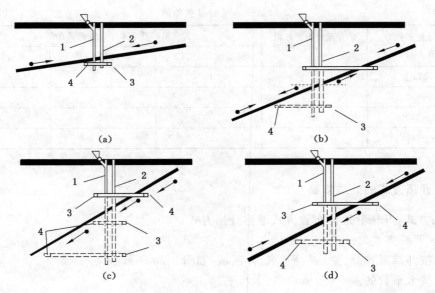

图 2-27 立井开拓方式

（a）立井单水平上、下山开拓；（b）立井多水平上、下山开拓；
（c）立井多水平上山开拓；（d）立井多水平上、下山混合开拓

1——立井；2——副井；3——井底车场；4——开采水平运输大巷

（6）有条件时，不同煤种、煤质的煤分别开采。

三、井田开拓方式

（一）平硐开拓

利用水平巷道从地面进入煤体的开拓方式称为平硐开拓。井田内的划分及巷道布置等与斜井、立井开拓方式基本相同。

根据地形条件与煤层赋存状态的不同。按平硐与煤层走向的相对位置不同，平硐分为走向平硐、垂直平硐和斜交平硐；按照平硐所在标高不同，平硐分为单平硐和阶梯平硐。

（1）走向平硐

图 2-28 所示为走向平硐开拓示意图。平硐是沿煤层走向开掘，把煤层分为上、下山两个阶段，具有单翼井田开采的特点。

走向平硐开拓方式的优点是平硐沿煤层掘进，容易施工，建井期短，投资少，经济效果好，还能补充煤层的地质资料。缺点是煤层平硐维护困难，巷道维护时间长，具有单翼井田开采通风及运输困难等劣势，一般平硐口位置不易选择。

（2）垂直或斜交平硐

与煤层走向垂直或斜交的平硐称为垂直或斜交平硐。图 2-29 所示为垂直平硐。根据地形条件，平硐可由煤层顶板进入或由煤层底板进入煤层。平硐将井田沿走向分成两部分，具有双翼井田开拓特点。

（3）阶梯平硐

当地形高差较大、主平硐水平以上煤层垂高过大时，可采取将主平硐水平以上煤层划分

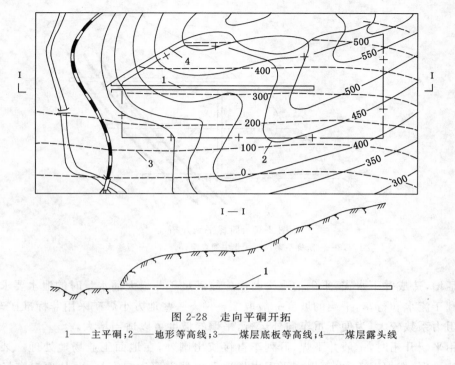

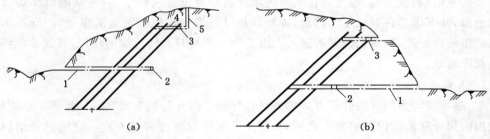

图 2-28　走向平硐开拓

1——主平硐;2——地形等高线;3——煤层底板等高线;4——煤层露头线

图 2-29　垂直平硐开拓

1——主平硐;2——运输大巷;3——回风大巷;4——回风石门;5——回风井

为数个阶段,每个阶段各自布置平硐的开拓方式,称阶梯平硐,如图 2-30 所示。阶梯平硐开拓方式的特点是:可分期建井,分期移交生产,便于通风和运输;但地面生产系统分散、装运系统复杂、占用设备多、不易管理。这种开拓方式适用于上山部分过长,布置辅助水平有困难,地形条件适宜,工程地质条件简单的井田。

平硐开拓应注意以下问题:

采用平硐开拓时,一般以一条主平硐开拓井田,担负运煤、出矸、运料、通风、排水、敷设管缆及行人等任务;而在井田上部回风水平开掘回风平硐或回风井(斜井或立井)。当地形条件允许和生产建设所需要,且又不增加过多的工程量时,可以在主平硐、回风平硐之外,另掘排水、排矸等专用平硐。

平硐的断面应能满足运输、通风、行人、敷设管缆的要求。在南方一些矿区,平硐穿过富含岩溶水的石灰岩层(如长兴组、茅口组石灰岩、奥陶纪石灰岩),为防止夏季暴雨、井下涌水

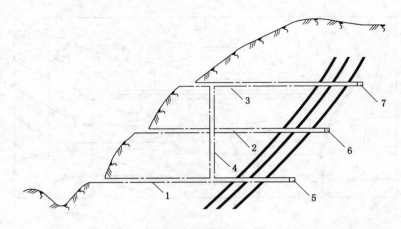

图 2-30　阶梯平硐开拓

1,2,3——阶梯平硐;4——集中溜煤眼;5,6,7——运输大巷

量突然猛增,造成井下水灾,平硐的水沟断面应能满足矿井最大涌水量时的泄水要求。

为利于流水和行车,平硐的坡度一般取 3°~5°。一些地方小煤矿采用非标准矿车,矿车运行的阻力系数较大,为便于重车向外运行,平硐的坡度可以适当增大。

采用平硐开拓时,一般井下煤、矸列车直接拉出硐外,在地面工业场地处理。某些生产能力大的平硐,根据需要,也可以在平硐内靠近硐口处设置硐口车场,并从硐口车场以斜井连通地面,井下煤车在硐口车场卸载,再经斜井以胶带输送机运至地面煤仓,而矸石车仍经平硐运出硐外处理,物料仍经平硐运入。由于硐口车场只起转运煤的作用,其线路(巷道)和硐室都很简单。

(二)斜井开拓

主、副井筒均为斜井的开拓方式称为斜井开拓。斜井开拓方式在我国煤矿中应用较广。按井田内划分和阶段内的布置方式不同,斜井开拓可以有许多种方式。这里只介绍斜井多水平分段式开拓(即片盘斜井开拓)和斜井多水平采区式开拓。

(1)斜井采区式开拓

斜井多水平采区式开拓如图 2-31 所示。井田内为缓倾斜煤层,有两层可采煤层,埋藏较浅。井田沿倾斜划分为两个阶段,阶段下部标高分别为−100 m、−280 m,设两个开采水平,每个阶段划分为若干采区。

井巷开掘顺序:在井田走向中部,开掘一对斜井,主斜井 1、副斜井 2 均位于最下一个可采煤层的底板岩石中。当副斜井掘至+80 m 回风水平后,开掘辅助车场 3 及总回风道 4,与此同时在井田上部边界另掘风井 5,并以石门与总回风道相连。斜井掘到−100 m 第一水平后,开掘井底车场 6,并在最下部的可采煤层底板岩石中掘主要运输大巷 7,待其掘至采区中部后,掘采区车场 8、采区运输上山 9 和轨道上山 10。然后从采区上山分别掘进区段运输石门 12 和区段回风石门 15,最后掘进 m_1 煤层区段运输平巷 13、m_1 煤层区段回风平巷 16 及开切眼,并在开切眼内安装采煤设备。待一切准备好后就可进行回采工作。

运输系统:工作面 17 采出的煤,由工作面刮板输送机运出,经 m_1 煤层区段运输平巷 13 胶带输送机、区段运输石门 12 胶带输送机,由溜煤眼溜至运输上山 9 胶带输送机到采区煤

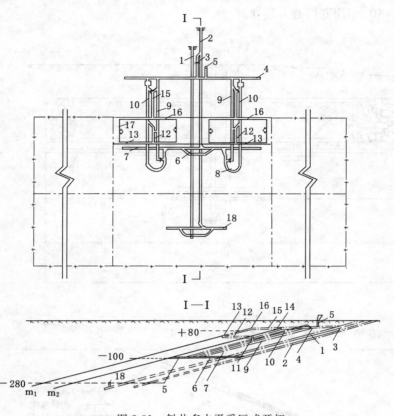

图 2-31　斜井多水平采区式开拓

1——主斜井；2——副斜井；3——+80 m 辅助车场；4——+80 m 总回风道；5——边界风井；

6——井底车场；7——-100 m 运输大巷；8——采区下部车场；9——采区运输上山；10——采区轨道上山；

11——m_2 煤层区段运输平巷；12——区段运输石门；13——m_1 煤层区段运输平巷；14——m_2 煤层区段回风平巷；

15——区段回风石门；16——m_1 煤层区段回风平巷；17——采煤工作面；18—— -280 m 运输大巷

仓，在煤仓下部运输大巷 7 内装入矿车，由电机车将矿车拉到井底车场 6 装入井底煤仓，最后由主井 1 胶带输送机提升至地面。材料、设备由副斜井 2 下放，经运输大巷 7、采区下部车场 8、采区轨道上山 10、采区回风石门 15、m_1 煤层区段回风平巷 16 运至采煤工作面。

通风系统：新鲜风流由副斜井 2 进入，经井底车场 6、运输大巷 7、采区轨道上山 10、区段运输石门 12、m_1 煤层区段运输平巷 13 进入工作面。清洗工作面后的污风，从 m_1 煤层区段回风平巷 16、区段回风石门 15、运输上山 9、总回风道 4 汇集到回风井 5 由通风机排出地面。

（2）斜井盘区式开拓

将井田沿煤层倾斜方向按一定标高划分为若干个分段（又称片盘），自地面沿煤（岩）层倾斜方向开拓斜井，然后依次开采各个片盘的开拓方式，称作片盘斜井开拓。图 2-32 为一片盘斜井开拓方式示意。井田内有一层缓斜可采煤层，沿倾斜方向分为若干个片盘，每个片盘沿倾斜方向布置一个采煤工作面，井田两翼同时开采。

井巷掘进顺序：在井田走向中央沿煤层开掘一对斜井，直达第一片盘的下部边界。斜井 1 为主井，用于运煤和进风；斜井 2 为副井，用于提升矸石、运送材料和人员，兼作回风。两井筒相距 30～40 m，用联络巷 8 连通。

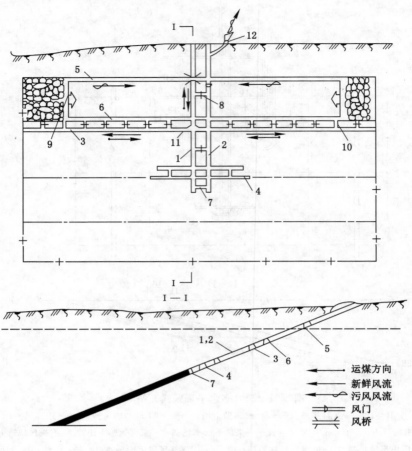

图 2-32　片盘斜井开拓

1——主井；2——副井；3——第一分段运输平巷；4——第二分段运输平巷；
5——第一分段回风平巷；6——副巷；7——井底水仓；8，10——联络巷；
9——采煤工作面；11——车场；12——主要通风机

在第一片盘下部 20～30 m 从井筒开掘第一片盘甩车场。在第一片盘的下部和上部边界分别开掘第一片盘运输平巷 3、副巷 6 及回风平巷 5，每隔一定距离掘联络巷 10 将运输巷 3 与副巷 6 贯通。当运输平巷 3 和回风平巷 5 掘至井田边界时，由运输平巷向回风平巷掘一倾斜巷道使其连通，称为开切眼。在开切眼内安装采煤设备后，即可由井田边界向井筒方向后退开采。

为了保证矿井连续生产，第一片盘未采完前就应将斜井延深到第二片盘下部，并掘出第二片盘的全部巷道。一般情况下，第一片盘的运输平巷可作为第二片盘的回风平巷，由上而下逐个开采各片盘。

运输系统：工作面 9 采出的煤，由工作面刮板输送机运出，经副巷 6、联络巷 10 至片盘运输平巷并装入矿车，由电机车或小绞车、无极绳将矿车拉到井底车场 11，由主井 1 提升至地面。材料、设备由副井 2 下放，经片盘回风平巷 5 运往工作面上口。当矿井产量不大，提升任务不重时,材料、设备可由主井 1 运入井下。

通风系统:新鲜风流由主井 1 进入,经两翼运输平巷、联络巷 8、副巷 6 进入工作面。清洗工作面后的污风,从回风巷 5 汇集到副井 2 由通风机排出地面。为避免新风与污风掺混和风流短路,需在进风巷与回风巷相交处设置风桥。为避免运输平巷内的新风沿副井向上流动,导致风流短路,应在副井内安设风门。

综上所述,片盘斜井的基本特点为:井田沿倾斜划分片盘,每片盘整段回采,沿走向不分采区,从井田边界向井筒方向连续推进(回采)。片盘内煤层的开采能力不大,每一片盘的服务年限不长,上下片盘生产接续频繁。因此,一般设计以一对斜井开拓,一个井筒,采用单钩串车提升,井底车场可较简易。由于受开采能力和提升能力的限制,片盘斜井一般为小型矿井。

片盘斜井的井筒一般沿煤层真倾向向下掘进。煤层倾角较大时,为减小井筒倾角,也可沿煤层伪斜方向掘进,但这样井筒保护煤柱也要伪斜留设,使得工作面不好收作。当开采厚煤层或多煤层时,井筒也可布置在底板岩层中,而以片盘石门连通各煤层。当矿区浅部以片盘斜井群开发时,可以联合相距较近的几个片盘斜井,在地面以窄轨相互连接,共用一套地面工业设施。

(3)斜井井筒的选择、井筒装备及坡度

① 斜井井筒层位选择

采用斜井开拓时,根据井田地质地形条件和煤层赋存情况,斜井可沿煤层、岩层或穿层布置。沿煤层斜井的主要优点是施工技术简单,建井速度快,联络巷工程量少,初期投资少,且能补充地质资料,在建设期还能生产一部分煤炭。其主要缺点是井筒容易受采动影响,维护困难,保护煤柱损失大;当煤层有自然发火性,不利于矿井防火;井筒坡度受煤层顶底板起伏影响,不利于井筒提升。为使井筒易于维护且保持斜井坡度的一致,沿煤层斜井一般适用于煤层赋存稳定、煤质坚硬及地质构造简单的矿井。当不适应开掘煤层斜井时,可将斜井布置在煤层底板稳定的岩层中,距煤层底板垂直距离一般不小于 $15\sim20$ m。

沿岩层布置的斜井有利于井筒维护,容易保持斜井的坡度一致。但岩石工程量大,施工技术复杂,建井工期长。当斜井倾角与煤层倾角不一致时,可采用穿层布置,即斜井从煤层顶板或底板穿入煤层。从顶板穿入煤层的斜井称为顶板穿岩斜井,如图 2-33(a)所示,一般适用于开采煤层倾角较小及近水平煤层。从煤层底板穿入煤层的斜井称为底板穿岩斜井,如图 2-33(b)所示,一般适用于开采倾角较大的煤层。

当煤层埋藏不深、倾角不大、井田倾斜长度较小,因施工技术和装备条件等原因不宜采用立井开拓时,可采用斜井开拓,但受地貌和地面布置限制,井筒无法与煤层倾斜方向一致时,可采用斜井井筒倾斜方向与煤层倾斜方向相反布置,如图 2-34(a)所示,这种方式称反斜井。与上述两种穿层斜井相比较,反斜井的井筒较短,但要向井田深部发展时,往往需用暗斜井开拓,增加了提升段数和运输环节。故采用反斜井时,反斜井以下煤层斜长不宜过大,开采水平数目不宜多。当煤层倾角较大,采用底板穿层斜井受到地形条件限制时,可采用"折返式"斜井,如图 2-34(b)所示。

② 井筒装备及坡度

斜井井筒装备由提升方式而定,提升方式又受井筒倾角和矿井生产能力的影响,见表 2-2。

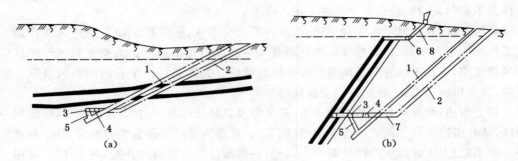

图 2-33　穿层斜井

（a）顶板穿层斜井；（b）底板穿层斜井

1——主井；2——副井；3——井底车场；4——运输大巷；

5——井底煤仓；6——回风大巷；7——副井井底车场；8——回风井

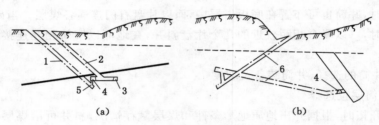

图 2-34　反斜井和折返式斜井

（a）反斜井；（b）折返式斜井

1——主井；2——副井；3——井底车场；4——运输大巷；5——井底煤仓；6——反斜井

表 2-2　　　　　　　　　　各种斜井提升方式的适应条件

斜井倾角/(°)	矿井年产量/(万 t/a)	提升方式
<17	>60	带式输送机
<25	15~60	串车
25~35	15~90	箕斗
<10	<60	无极绳

（三）立井开拓

主、副井均为立井的开拓方式称为立井开拓。由于煤层赋存条件和开采技术水平的不同，立井开拓有多种方式。这里仅介绍立井单水平带区式开拓和立井多水平采区式开拓。

（1）立井单水平带区式开拓

立井单水平带区式开拓方式如图 2-35 所示，井田划分为两个阶段，阶段内带区式布置。井巷开掘顺序：在井田中央开掘主井 1、副井 2，当掘至开采水平标高后，开掘井底车场 3、主要石门 4，当主要石门掘至预定位置后，在煤层底板岩层中向两翼开掘水平运输大巷 5，在煤层中开掘回风大巷 6。当运输大巷掘至一定位置后，掘行人进风斜巷 12、运料斜巷 11 进入煤层，并沿煤层开掘分带运煤斜巷 7、溜煤眼 10、分带回风斜巷 8。当分带运煤斜巷、分带回风斜巷掘至井田边界后，沿煤层走向掘进开切眼，在开切眼内安装采煤设备后，即可由井田边界向运输大巷方向回采。

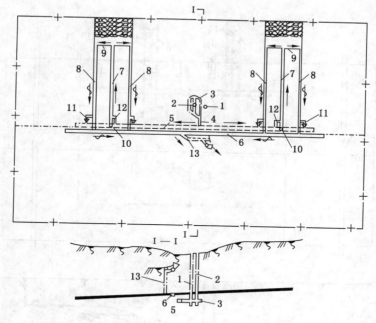

图 2-35 立井单水平带区式开拓

1——主井;2——副井;3——井底车场;4——主要石门;5——运输大巷;

6——回风大巷;7——分带运煤斜巷;8——分带回风巷;9——工作面;10——煤仓;

11——运料斜巷;12——行人进风斜巷;13——回风井

运输系统:工作面 9 采出的煤由工作面刮板输送机运至分带运煤斜巷 7,由带式输送机运到煤仓 10,并在运输大巷 5 装入矿车,由电机车牵引至井底车场 3,通过主井 1 提升到地面。材料、设备由副井 2 下放到井底车场 3,由电机车牵引送达分带材料车场,经材料斜巷 11 利用小绞车提升至分带斜巷 8,然后到工作面 9。

通风系统:新鲜风流由副井 2 进入、经井底车场 3、主要石门 4、运输大巷 5、行人进风斜巷 12、分带运煤斜巷 7 进入工作面。清洗工作面后的污风经各自的分带回风斜巷 8、回风大巷 6、回风井 13 由主要通风机排出地面。

(2) 立井多水平采区式开拓

立井多水平采区式开拓如图 2-36 所示。井田内有两层煤,分为两个阶段,其下部标高分别为-120 m、-480 m,每个阶段沿走向划分为若干采区。两层煤间距不大,采用联合布置,在 m_2 煤层底板岩石中布置阶段运输大巷和回风大巷,为两层煤共用。井田设置两个开采水平,-300 m 水平为第一水平,-480 m 为第二水平,均采用上山开采。

井巷掘进顺序:先在井田走向的中部开凿一对立井,主井 1 和副井 2,待主、副井掘至-300 m 水平后,开掘井底车场 3 及主要石门。主要石门穿入 m_2 煤层底板岩石预定位置后,向两翼开掘运输大巷 4,当其掘至第一、第二采区中央后,开掘采区下部车场 5,在 m_2 煤层底板岩石中掘进采区运输上山 6 及轨道上山 7。与此同时,在井田上部边界开掘回风井 8、回风大巷 9、采区运输上山 6 和轨道上山 7,待采区上山贯通后,分别在第一区段上、下部

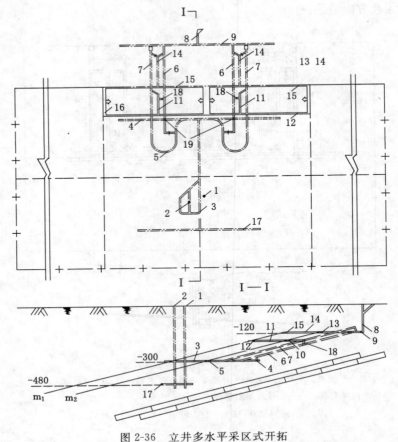

图 2-36　立井多水平采区式开拓

1——主井；2——副井；3——井底车场；4——运输大巷；5——采区下部车场；
6——采区运输上山；7——采区轨道上山；8——边界风井；9——总回风巷；10——m_2 煤层区段运输平巷；
11——区段运输石门；12——m_1 煤层区段运输平巷；13——m_2 煤层区段回风平巷；14——区段回风石门；
15——m_1 煤层区段回风平巷；16——采煤工作面；17——-480 m 运输大巷；18——区段溜煤眼；19——采区煤仓

掘进第一区段运输石门 11、第一区段回风石门 14 通入 m_1 煤层，以及区段溜煤眼 18。然后掘进 m_1 煤层的区段运输平巷 12、回风平巷 15 及开切眼。一切准备好后，在开切眼内安装采煤设备进行回采。

运输系统：从采煤工作面采出的煤炭经 m_1 煤层区段运输平巷 12、第一区段运输石门 11、区段溜煤眼 18、采区运输上山 6 到采区煤仓 19，在大巷装车站装入矿车，电机车牵引列车经运输大巷 4 进入井底车场 3，卸入井底煤仓，用箕斗由主井 1 提升到地面。掘进巷道所出的矸石，由矿车装运经轨道上山 7、采区下部车场 5、运输大巷 4 至井底车场 3，由副井 2 用罐笼提升到地面。材料设备用矿车装载经副井 2 用罐笼下放至井底车场 3，由电机车牵引经运输大巷 4 拉到各采区，经采区下部车场 5、轨道上山 7 转至各使用地点。

通风系统：新鲜风流经副井 2 进入，经井底车场 3、运输大巷 4、采区下部车场 5、采区轨道上山 7、区段运输石门 11、m_1 煤层区段运输平巷 12 进入 m_1 煤层工作面。清洗工作面的污风由 m_1 煤层区段回风平巷 15、区段回风石门 14、总回风巷 9 经回风井 8 由通风机排到地面。

（3）立井井筒装备

立井开拓是我国广泛应用的方式。无论井田划分为阶段或盘区，是单水平或多水平，都可采用立井开拓。采用立井开拓时，一般以一对立井（主井及副井）进行开拓，装备两个井筒。井筒断面根据提升容器尺寸、井筒内装备及通风要求确定。我国大中型立井的井筒装备可参考表 2-3。

表 2-3   **大中型立井井筒装备**

矿井生产能力 /（万 t/a）	主井井筒装备	副井井筒装备
30	一对单层单车（1 t）罐笼	一对单层单车（1 t）罐笼
60	一对 6 t 箕斗	一对双层单车（1 t）罐笼
90	一对 6 t 箕斗	一对双层单车（1.5 t）罐笼
120	一对 6 t 箕斗	一对双层单车（3 t）罐笼
150	一对 6 t 箕斗	一对双层单车（3 t）罐笼，罐笼带重锤
180	一对 6 t 箕斗	一对双层单车（3 t）罐笼，罐笼带重锤
240	两对 12 t 箕斗	一对双层单车（1.5 t）罐笼，一对双层单车（5 t）罐笼带重锤
300	两对 16 t 箕斗	一对双层单车（1.5 t）罐笼，一对双层单车（5 t）或双层单车（1.5 t）罐笼带重锤

（四）综合开拓

在某些具体条件下，采用单一的井筒形式开拓，在技术上有困难、经济上不合理，可以采用不同井筒形式进行综合开拓。

采用综合开拓时，不同形式的井筒在地面及井下的联系与配合是十分重要的。以斜井-立井开拓为例，如果井口相近，则井底相距较远，井底车场布置、井下的联系就不太方便；如井底相近，则井口相距较远，地面工业建筑就比较分散，生产调度及联系不太方便，占地比较多，相应地增加煤柱损失。在具体情况下，必须联系井上下的布置，结合开拓的其他问题，寻求合理的方案。

（1）斜井-立井综合开拓

斜井开拓具有许多优点，大型斜井以胶带斜井作主井，在技术、经济上均很优越，但副斜井的辅助提升比较困难，通风也不利（特别是开采深部煤层时，斜井分段提升辅助环节多，能力小；而且通风路线长、阻力大、风量小，不能满足生产要求）。而立井作为副井能弥补这方面的不足，于是就可以斜井为主井、立井为副井，采用主斜井-副立井的方式实现大型及特大型矿井的综合开拓。图 2-37 所示为我国淮南新庄孜矿大型斜井转入深部开采后，瓦斯涌出量增加，为解决辅助提升和通风问题，在井田深部位置新打一个立井，生产能力扩大至 2.40 Mt/a。我国一些生产矿井的改建和新井设计也考虑了这种方式。可以认为，这是建设大型和特大型矿井值得注意的技术方向。斜井的应用范围在很大程度上扩大了。由于采用主斜井、副立井综合开拓，斜井的深度已相当深，改变了过去斜井主要用于开采煤田浅部的中小型矿井的状况。

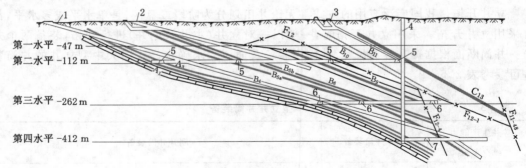

图 2-37　大型、特大型矿井斜井-立井综合开拓

1——主斜井(胶带斜井)2——副斜井;3——斜风井;4——新开凿副立井;5,6,7——水平运输大巷

（2）平硐-立井综合开拓

采用平硐开拓只需开掘一条主平硐，其回风井筒可以采用平硐、斜井或立井。对于某些瓦斯涌出量很大、主平硐很长的矿井，井下需要的风量大。长平硐通风的风阻大，难以保证矿井通风的需要，条件合适时，通风井可以采用立井。图 2-38 所示为重庆中梁山煤矿平硐-立井的综合开拓，主平硐 1 全长两千多米，另开副立井 2 作进风用，并担负平硐与其以下水平之间的辅助提升任务。其下水平出煤则经暗斜井 3 提至平硐水平，再转运井外。对于以平硐开拓的矿井深部，如无布置阶梯平硐的条件，根据地形，后期可用立井或斜井开拓，图 2-39 是前期用平硐开拓浅部，后期用立井开拓深部井田的例子。当需加大矿区开发强度时，可以同时开发平硐水平上下的煤层，即上部的平硐和下部的立井（或斜井）同时开发，共用一个工业场地，其井下部分相当于两个水平同时生产，但应注意上下水平的压茬关系。

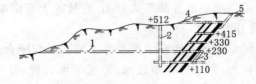

图 2-38　平硐-立井综合开拓

1——主平硐;2——副立井;3——暗斜井(箕斗斜井);4——回风小平硐;5——回风小斜井

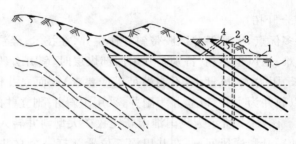

图 2-39　平硐-立井综合开拓

1——主平硐;2,3——后期立井;4——进风井

在特殊地形条件下,如地面为自然坡度较大的沟谷,在地面布置斜井井口车场有困难,可以开掘一段平硐作为通道,以利于布置斜井井口车场,再向下掘斜井。

(3)综合开拓的适用条件

对于地面地形和煤层赋存条件复杂的井田,如果主、副井筒均为一种井筒形式,可能会给井田开拓造成生产技术上的困难,或者是在经济上不合理。在这种情况下,可以根据井田范围内的具体条件,主井和副井选择不同形式的井筒,采用综合开拓方式。

(五)井筒形式分析及选择

(1)平硐开拓的优缺点及适用条件

平硐开拓是最简单、最有利的开拓方式。其优点是:井下出煤不需提升转载,运输环节少,系统简单,占有设备少,费用低;地面设施较简单,无须井架和绞车房;不需设较大的井底车场及其硐室,工程量少;平硐施工容易,速度快,建井快;无须排水设备,且有利于预防水灾等。因此,在地形条件合适、煤层赋存位置较高的山岭、丘陵或沟谷地区,只要上山部分储量能满足同类井型的水平服务年限要求时,应首先考虑平硐开拓。

(2)斜井开拓的优缺点及适用条件

斜井与立井相比,井筒掘进技术和施工设备较简单,掘进速度快,井筒装备及地面设施较简单,井底车场及硐室也较简单,因此初期投资较少,建井期较短;在多水平开采时,斜井石门工程量少,石门运输费用少,斜井延深方便,对生产的干扰少;大运量强力带式输送机的应用,增加了斜井的优越性,扩大了斜井的应用范围。采用带式输送机的斜井开拓时,可布置中央采区,主、副斜井兼作上山,可加快建井速度。当矿井需扩大提升能力时,更换带式输送机也比较容易。斜井与立井相比的缺点是:在自然条件相同时,斜井井筒长,围岩不稳固时井筒维护困难;采用绞车提升时,提升速度低、能力小,钢丝绳磨损严重,动力消耗大,提升费用高,井田斜长越大时,采用多段提升,转载环节多,系统复杂,占有设备及人员多;管线、电缆敷设长度大,保安煤柱损失大;对于特大型斜井,辅助运输量很大时,甚至需要增开副斜井;斜井通风线路长,断面小,通风阻力大,如不能满足通风要求时,需另开专用风井或兼作辅助提升;当表土为富含水的冲积层或流沙层时,斜井井筒施工技术复杂,有时难以通过。

当井田内煤层埋藏不深,表土层不厚,水文地质条件简单,井筒不需特殊法施工的缓斜和倾斜煤层,一般可用斜井开拓。对采用串车或箕斗提升的斜井,提升不得超过两段。随着新型强力和大倾角带式输送机的发展,大型斜井的开采深度大为增加,斜井应用更加广泛。

(3)立井开拓的优缺点及适用条件

立井开拓的适应性强,一般不受煤层倾角、厚度、瓦斯、水文等自然条件的限制;立井井筒短,提升速度快,提升能力大,作副井特别有利;对井型特大的矿井,可采用大断面井筒,装备两套提升设备,大断面可满足大风量的要求;由于井筒短,通风阻力较小,对深井更有利。因此,当井田的地形、地质条件不利于采用平硐或斜井时,都可考虑采用立井开拓。对于煤层埋藏较深,表土层厚,水文情况复杂,需特殊法施工或开采近水平煤层和多水平开采急斜煤层的矿井,一般都应采用立井开拓。

第五节 露天煤矿开采

本节对露天煤矿开采的基本过程作了整体概述,包括露天煤矿开采的基本概念、开采步骤、开拓方式及回采工艺方式。其中,露天煤矿开拓方式及回采工艺为本节的重点内容。露天煤矿开拓主要研究整个煤层开发的程序,综合解决露天矿场的主要参数、工作线推进方式、矿山工程延深和剥采的合理顺序等,建立合理的煤层开采运输系统。

一、露天开采概述

(一) 露天煤矿开采概述

为开采煤炭资源,从地表建立起来的各种揭露煤层和坑道的矿山工程总体通称为露天煤矿开采。它是先将覆盖在煤层之上的土壤和岩石全部清除、露出煤层,再进行采掘工作的一种开采方法。露天开采与地下开采相比具有以下优越性:一是矿山基建时间短,生产规模大,劳动生产率高,开采成本与基建投资低;二是开采条件好,作业较安全,生产系统可靠。但是,露天采场和排土场破坏自然景观和植被,排弃物中有害成分流入水系和农田,污染水源和土壤,影响生态平衡和农业生产。露天开采受气候条件如严寒、酷暑、冰雪和暴风雨的影响和干扰较大。

综上所述,露天煤矿开采具有技术和经济上的优势,但又面临环保和复垦等方面的问题。因此,露天煤矿开采应处理好煤炭资源开发与生态环境保护的关系,谋求可持续发展的途径。

(二) 露天煤矿开采基本概念

1. 台阶

露天煤矿开采时,通常把采场内的煤层划分为若干具有一定高度的水平分层,自上而下逐层开采,并保持一定的超前关系。开采的分层在空间上呈阶梯状,称为台阶。台阶构成要素如图 2-40 所示。

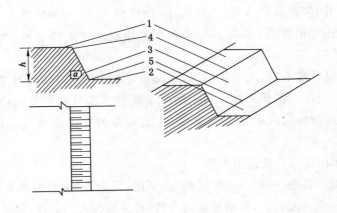

图 2-40　台阶构成要素图

1——台阶上部平盘;2——台阶下部平盘;3——台阶坡面;4——台阶坡顶线;5——台阶坡底线;
α——台阶面角度;h——台阶高度

台阶通常划分为具有一定宽度的若干条带,这些条带称为爆破带。挖掘机一次挖掘的宽度称为采掘带,如图 2-41 所示。每个爆破带可作为一个采区,或划分为具有一定长度的若干采区。已经做好采掘准备工作的采区称为工作线。

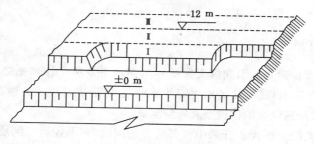

图 2-41　采掘带、采区示意图

为建立地面与采场之间以及相邻工作水平之间的运输联系而开掘的倾斜沟道,称为出入沟。为开辟新工作水平而掘进的水平沟道,称为开段沟。

2. 工作帮

正在和将要进行开采的台阶所组成的边帮称为工作帮(图 2-42 中的 DF)。工作帮的位置随开采工作的推进不断移动。由已结束开采工作的台阶和沟道组成的边帮称为非工作帮或最终边帮(图 2-42 中的 AC 和 BF)。

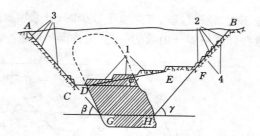

图 2-42　台阶构成要素图

1——工作平盘;2——安全平台;3——运输平台;4——清扫平台

通过工作帮最上一个台阶的坡顶线和最下一个台阶的坡底线所作的假想斜面称为工作帮坡面(图 2-42 中的 DE)。工作帮坡面与水平面的夹角称为工作帮坡角(图 2-42 中的 φ 角)。工作帮上设置采掘设备和设施的平台称为工作平盘(图 2-42 中的 1)。

通过非工作帮最上一个台阶的坡顶线和最下一个台阶的坡底线所作的假想斜面称为非工作帮坡面或最终帮坡面(图 2-42 中的 AG 和 BH)。最终帮坡面与水平面的夹角称为最终帮坡角或最终边坡角(图 2-42 中的 β 和 γ)。

非工作帮上的平台按其用途可分为安全平台、清扫平台和运输平台。安全平台用来缓冲和阻截边坡上滑落的岩石,以保证下部平盘的工作安全,并具有减缓最终边坡角、维持边坡稳定的作用。安全平台的宽度一般为台阶高度的 1/3 左右。

最终帮坡面与地表相交的闭合曲线称为露天采场的上部境界线(图 2-42 剖面中的 A 和 B 点)。最终帮坡面与开采终了的露天采场底平面的交线称为下部境界线或底部周界(图 2-42 剖面中的 G 和 H 点)。上、下部境界线之间的垂直距离,称为露天采场的开采深度。

最终帮坡面与过上部境界线最低点的水平面相交的闭合曲线称为露天采场封闭圈。露天采场位于封闭圈以上和以下的部分分别称为山坡露天矿和凹陷露天矿。根据露天采场的端帮矿岩量与总矿岩量的比值,可将露天矿分为长露天矿和短露天矿。当此比值小于0.15～0.20时,为长露天矿;反之,为短露天矿。

二、露天煤矿开拓

露天煤矿开拓就是建立地面到露天采场各工作水平及各工作水平之间的煤岩运输通道,建立采矿场、采矿点、废石场、工业场地之间的运输联系,形成合理的运输系统。其主要研究内容是开拓运输方式、开拓坑线的位置及其布置形式。

露天煤矿开拓系统是露天矿开采中极其重要的问题,它不仅影响到最终境界的位置、生产工艺系统的选择、矿山工程发展程序等,还直接关系到基建工程量、基建投资、投产和达产时间、生产能力、生产的可靠性及生产成本等技术经济指标。

按运输方式不同,露天煤矿开拓可以分为:公路运输开拓、铁路运输开拓、平硐溜井开拓、胶带运输开拓、斜坡提升开拓和联合开拓等。

(一)公路运输开拓

公路运输开拓采用的主要设备是汽车。其坑线布置形式有直进式、回返式、螺旋式以及多种形式相结合的联合方式。

1. 直进式坑线开拓

当山坡露天煤矿高差不大、地形较缓、开采水平较少时,可采用直进式坑线开拓,如图 2-43 所示。运输干线一般布置在开采境界外山坡的一侧,工作面单侧进车。

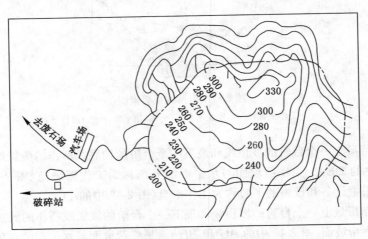

图 2-43　山坡露天矿直进式公路开拓系统图

当凹陷露天煤矿开采深度较小、采场长度较大时,也可采用直进式坑线开拓。公路干线一般布置在采场内矿体的上盘或下盘的非工作帮上。条件允许时,也可在境界外用组合坑线进入各开采水平。但由于露天矿采场长度有限,往往只能局部采用直进式坑线开拓。

2. 回返式坑线开拓

当露天煤矿开采相对高差较大、地形较陡,采用直进式坑线有困难时,一般采用回返式坑线开拓,或采用直进与回返联合坑线开拓,如图 2-44 所示。开拓线路一般沿自然地形在山坡上开掘单壁路堑。随着开采水平不断延深,上部坑线逐渐废弃或消失。在单侧山坡地形条件下,坑线应尽量就近布置在采场端帮开采境界以外,以保证干线位置固定且煤岩运输距离较短。

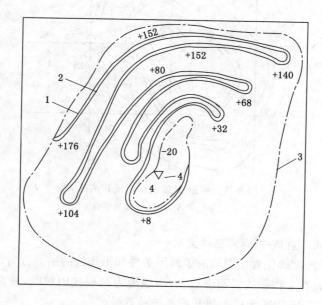

图 2-44　直进-回返联合坑线开拓系统图

1——出入沟;2——连接平台;3——露天采矿场上部境界;4——露天采矿场底部境界

　　凹陷露天矿的回返坑线一般布置在采场底盘的非工作帮上,可使开拓坑线离矿体较近,基建剥岩量较小。

　　回返坑线开拓适应性较强,应用较广。但由于回返坑线的曲线段必须满足汽车运输要求(如线路内侧加宽等),使最终边帮角变缓,从而使境界的附加剥岩量增加。因此,应尽可能减少回头曲线数量,并将回头曲线布置在平台较宽或边坡较缓的部位。

　　3. 螺旋坑线开拓

　　螺旋坑线开拓一般用于深凹露天矿。坑线从地表出入沟口开始,沿着采场四周最终边帮以螺旋线向深部延深。由于没有回返曲线段,扩帮工程量较小,而且螺旋线的曲率半径大,汽车运行条件好,线路通过能力大。但回采工作必须采用扇形工作线,其长度和推进方向要经常变化,且各开采水平相互影响,使生产组织工作复杂。

　　由于露天采场空间一般是变化的,坑线往往不能采用单一的布置形式,而多采用两种或两种以上的布置形式,即联合坑线。图 2-45 为上部回返、下部螺旋的回返-螺旋联合坑线开拓方式。

　　(二)铁路运输开拓

　　1. 坑线位置

　　因铁路运输牵引机车爬坡能力小,每个水平的出入沟和折返站所需线路较长,转弯曲线半径很大,故不适用于采场面积小、高差较大的露天煤矿开拓。铁路运输开拓采用较多的坑线形

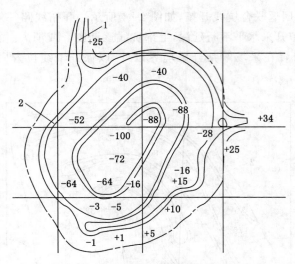

图 2-45 回返-螺旋联合坑线开拓系统图
1——出入沟；2——连接平台

式为直进式、折返式和直进-折返式三种类型。

山坡露天煤矿的坑线位置主要取决于地形条件和工作线的推进方向。当地形为孤立山峰时，通常将坑线布设在工作帮的背面山坡上；当地形为延展式山坡时，通常将坑线布设在采场的一侧或两侧。图 2-46 为露天矿上部开拓系统示意图。

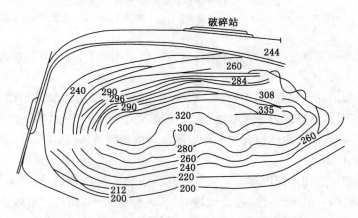

图 2-46 露天矿上部折返铁路开拓系统图

凹陷露天煤矿的坑线布置形式主要取决于采场的大小与形状、工作线的推进方向和生产规模。一般将坑线布置在底帮或顶帮上，但有时为了减少折返次数，也可将上部折返坑线改造成螺旋坑线。图 2-47 为凹陷露天矿顶帮固定直进-折返坑线开拓系统。

2. 线路数目及折返站

根据露天矿的年运输量，开拓沟道可设计为单线或双线。露天煤矿年运输量 700 万 t 以上时，多采用双干线开拓。其中，一条为重车线，另一条为空车线。年运量小于上述值时，则一般采用单干线开拓。

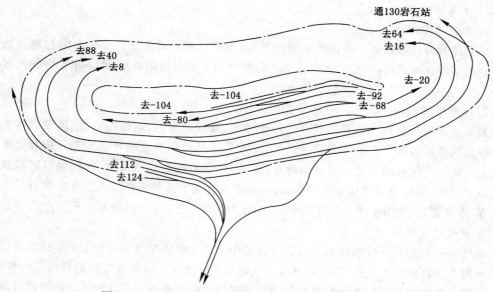

图 2-47　凹陷露天矿顶帮部固定直进-折返坑线开拓系统

　　折返站设在出入沟与开采水平的连接处,供列车换向和会车之用。图 2-48 为单干线开拓,工作水平为尽头式运输和环形运输的折返站。环形运输折返站的附加剥岩量较大,但当台阶上有两台或两台以上挖掘机同时作业时,相互干扰较小。采用双干线开拓时,折返站的布置形式如图 2-49 所示。

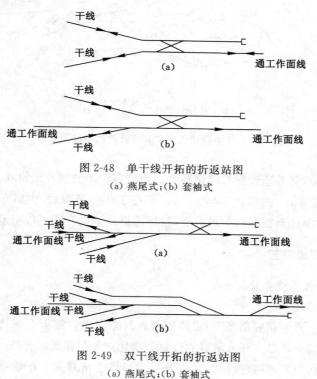

图 2-48　单干线开拓的折返站图
(a)燕尾式;(b)套袖式

图 2-49　双干线开拓的折返站图
(a)燕尾式;(b)套袖式

（三）其他开拓

1. 平硐溜井开拓

平硐溜井开拓是借助于开凿的平硐和溜井（溜槽），建立露天煤矿工作台阶与地表的运输联系。确定溜井位置时，应使溜井与采掘工作面间的平均运输距离短，溜井和平硐的掘进工程量小。

2. 胶带运输开拓

露天煤矿采用胶带运输开拓具有生产能力大、升坡能力强、运输距离短、运输成本低等优点。按露天煤矿各生产工艺环节是否连续，胶带运输开拓分为连续开采工艺开拓和半连续开采工艺开拓。连续开采工艺主要采用轮斗（链斗）挖掘机挖掘松散煤体，并将煤岩转载到胶带运输机上运出，其中煤炭直接运至煤仓，矸石运至废石场后经排土机排土。半连续开采工艺又称间断-连续工艺，它指生产工艺环节中，一部分为连续工艺，另一部分为间断工艺。

3. 斜坡提升开拓

斜坡提升开拓是通过斜坡提升机道建立工作面与地面卸煤点和矸石场的运输联系。但斜坡提升机不能直接到达工作面，需与汽车或铁路等配合使用才能构成完整的开拓运输系统。

常用的斜坡提升开拓方法有斜坡箕斗开拓和斜坡矿车开拓。斜坡箕斗开拓是以箕斗为主体的开拓运输系统。在采场内用汽车或其他运输设备将矿岩运至转载站装入箕斗，提升至地面煤仓卸载，再装入地面运输设备。图 2-50 为抚顺西露天煤矿斜坡箕斗开拓示意图。

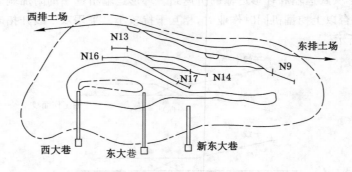

图 2-50　抚顺西露天煤矿箕斗及铁路干线布置图

在凹陷露天矿中，箕斗道设在最终边帮上。山坡露天矿的箕斗道设在采场境界外的端部。斜坡矿车开拓用小于 4 m³ 的窄轨矿车运输，矿车在工作面装载后，由机车牵引至斜坡道的车场，矿车被单个或成串挂至提升机钢丝绳上，最后用提升机提升或下放至地面站。

三、露天煤矿回采工艺

（一）露天煤矿开采境界及剥采比

1. 露天煤矿开采境界

露天开采境界主要包括底部宽度、最终边坡和开采深度。露天开采境界的大小决定了露天矿的可采储量和剥离岩量。开采境界的位置和演化过程与露天矿开拓、采剥程序、生产能力以及基建工程量密切相关，并直接影响煤层开采的总体经济效果。影响露天煤矿开采境界的因素很多，主要包括开采条件、经济效果和技术组织因素等。

随着科学技术的发展和露天开采经济效果的改善,原来设计的开采境界一般要扩大。当所确定的露天开采境界很大、服务年限过长(如超过 30 a),为提高前期的开采经济效益,必须采用分期开采,则要确定相应的分期开采境界。

2. 剥采比

露天煤矿为了采出煤炭,必须剥离煤层上部的岩石。在露天开采境界的某一特定区域内,剥离岩石量与采出煤量的比值称为剥采比。在露天开采设计中,常用不同含义的剥采比反映不同的开采空间或开采时间的剥采关系及其限度。

(1) 平均剥采比

平均剥采比是指露天开采境界内总的岩石量与总的煤炭量之比[图 2-51(a)]。平均剥采比标志着露天矿的总体经济效果。

(2) 生产剥采比

生产剥采比是指露天矿投产后某一生产时期的剥离岩石量与采出煤炭量之比[图 2-51(c)]。生产剥采比可用来分析和反映露天煤矿生产中各种可能的剥采关系。在矿山生产统计中,生产剥采比按年、季、月来计算。

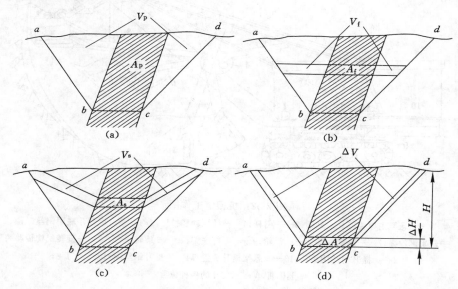

图 2-51　剥采比示意图
(a) 平均剥采比;(b) 分层剥采比;(c) 生产剥采比;(d) 境界剥采比

(3) 经济合理剥采比

经济合理剥采比是指经济上允许的最大剥采比。经济合理剥采比是露天开采境界设计的主要依据。

(二) 露天煤矿回采工艺

露天煤矿回采工艺主要根据采掘、运输、排土三个主要生产环节来确定,具体工艺方式根据采用的设备可以划分为间断作业、连续作业和半连续作业三种类型。间断作业的特点是各生产环节开采设备作业具有周期性的间断,如单斗电铲采掘-铁道运输-单斗电铲或排土犁排土及单斗电铲采掘-汽车运输-推土机排土;连续作业工艺系统的特点是各个生产环节开采设备作业具有连续性,如多斗电铲采掘-胶带运输-胶带排土机排土;半连续工艺系统的特点是部分生产环节连续作业、部分环节是间断作业,如单斗电铲采掘-坑内破碎-胶带运输。

从整体软岩或从已爆破成碎块的坚硬岩石爆堆中,把岩石装入运输工具或直接排卸到排土场的工作称为采装工作。露天矿生产中采装工作占有主导地位,其他生产过程如爆破、运输、排土等都是围绕采装而进行的。

1. 机械铲的设备类型

机械铲设备分正挖机械铲(也称挖韧机、电铲、电镐)、反挖机械铲和上装长臂式电铲(长臂铲)。正挖机械铲不受气候条件、岩石性质和岩层赋存条件的限制,使用类型多为斗容1~8 m³的挖掘铲。挖掘机工作时站在台阶下盘(图 2-52),勺斗从工作面底部靠勺杆及钢绳为提升及推压运动,使勺斗沿工作面上升,并切削工作面岩石而装满勺斗。勺斗装满后,勺杆稍往后退,使勺斗退出工作面。利用电铲的转台旋转至卸载位置,勺斗开启斗底,把岩石卸出。然后再转旋回工作面,开始下一次挖掘。

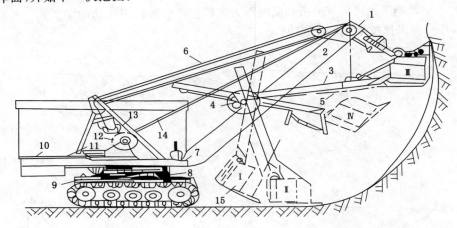

图 2-52 机械铲工作图

1——悬架主导轮;2——悬架;3——勺杆;4——推压轴和推压传动;5——启开斗底用钢丝绳;
6——悬架钢丝绳;7——悬架底脚;8——滑轮;9——下部底架;10——旋转平台;11——旋转机构传动装置;
12——提升勺斗用滚筒;13——悬架提升装置;14——提升钢丝绳;15——勺斗;
Ⅰ,Ⅱ,Ⅲ,Ⅳ——勺斗的各种位置

长臂铲的工作方式与正挖机械铲基本相同。所不同的是工作时站在台阶下盘,向位于上盘的车辆装载,即上装车,见图 2-53。

(1) 挖掘半径

挖掘半径 R_w(见图 2-54)是指由挖掘机回转中心线到勺斗牙缘间水平距离。最大挖掘半径 R_{wmax} 是指勺斗水平伸出最大时的挖掘半径,其中站立水平挖掘半径 R_{wp} 是指铲斗平放在站立水平的挖掘半径。

(2) 挖掘高度

挖掘高度 H_w 是指勺斗牙缘距离挖掘机站立水平的垂直距离。最大挖掘高度 H_{wmax} 是勺杆最大伸出,并将斗勺提到最大高度时的挖掘高度。

挖掘机的作业特点和工作规格要求有合适的台阶高度和采掘带宽度。台阶高度,对于不

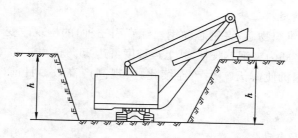

图 2-53 长臂电铲工作示意图

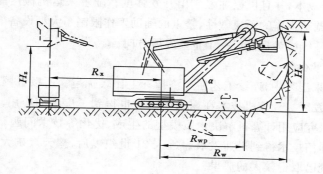

图 2-54 机械铲工作原理图

需爆破的软岩,最大应小于最大挖掘高度;对于需爆破的坚硬岩石,可为最大挖掘高度的 1.5 倍,但是最小高度应大于 3 m。

（三）运输工作

露天煤矿运输的主要任务是将矸石及煤炭从工作面运至卸载地点。矸石的卸载地点是排土场,煤炭的卸载地点是选煤厂或煤仓。

1. 铁道运输

铁道运输在我国露天煤矿中所占比重较大,它分为标准轨距运输和窄轨距运输两种。前者适用于大型露天矿,轨距与国铁同为 1 435 mm;后者适用于中、小露天矿,轨距常有 762 mm、750 mm、610 mm 和 600 mm 等几种。采用标准轨距时,坑内曲率半径大于100 m,地面大于 200 m。随着工作面的不断推进,铁路线路要做横向移设工作,移设可用摇道机或吊车进行。

在大型露天煤矿中主要采用 80 t、100 t 和 150 t 的电机车,爬坡能力小于 40‰。一些露天煤矿利用解放 JF_1、前进 QJ、建设 JS 等型号的蒸汽机车,其爬坡能力小于 25‰。车辆主要采用大载重量的自翻车,如上升式 50 t 自翻车、下开式 ZF-60-5B 型自翻车、下开式 K_5 型自翻车(载重量 100～110 t)等,使车辆在卸车时可把车内的煤或岩石自行倒出。

2. 汽车运输

汽车运输具有机动灵活、线路布置比较简单、运输坡度较大(重车可爬 6％～8％的坡度)、曲率半径小等特点。另外,行车组织简单,机动性大,运距在 2～4 km 以内比较经济。金属露天矿汽车运输用的多,载重量 25 t、27.5 t、32 t 等,目前已有 100 t 和 120 t 电动轮汽车投入使用。

3. 高强度胶带输送机运输

强力胶带(分纤维织物芯、夹钢芯和钢丝绳牵引三种)的出现改变了露天煤矿生产面貌。在露天煤矿应用最多的为夹钢芯胶带,其上运坡度可达 25%～30%,重载下坡度可达 15%～20%。配合斗轮挖掘机使露天矿生产连续化,实现高产高效。目前,强力胶带单机可长达 15 km。

(四)露天煤矿发展趋向

1. 大型机械化和自动化

随着机械制造业的发展,大型机械化是露天煤矿开采的一个重要发展方向。它可以实现生产集中化,高效低成本,并且可以加强矿山开发强度。随着采运机械性能和大功率的发展,也显示出大型设备调动工作的不灵敏性,繁重的辅助工作限制了大型设备效率的发挥。因此,机械化和高效自控系统成为现阶段一个重要发展方向。

2. 生产工艺连续化

在露天煤矿开采工艺中,连续工艺在经济指标上比较优越。所以各国露天煤矿开采向生产工艺连续化方向发展。计算机技术在露天矿山中也得到了广泛的应用。露天矿早在 20 世纪 70 年代就开始研究应用计算机解决地质模型的生成、优化等技术问题。80 年代,个人计算机、传感器和数据通信技术得到迅速发展。进入 21 世纪以后,露天煤矿大型设备计算机监控监测、调度指挥系统已取得较大的成果。

第六节　煤炭开采对环境的影响及其治理方法

煤炭的开发和利用对于工业生产和日常生活都有着非常重要的作用,但是煤炭开发和使用过程中容易引起一些环境问题,这些问题都会成为环境保护的制约因素。因此,在煤炭资源的开发利用中,要注意环境的保护,同时积极采取措施对容易产生环境问题的环节进行妥善的处理,这样才能响应国家建设环境友好型社会的号召。

近几年,我国工业生产水平不断提高,对煤炭资源开发和利用的力度也不断加大,在煤炭资源的开发利用中对自然生态环境会造成一些不利的影响,只有对煤炭开发和利用中容易对环境造成污染的环节进行严密的控制,才能更好地保护环境,为人们创造一个更清新、更舒适的生活空间,环境质量也直接关系到人们的健康,只有创造良好的自然环境,人们才能拥有健康的身体,以更好的状态去投入工作和生活当中。

(一)煤矿开采利用引起的主要环境问题

目前,煤矿的开采量不断增大,与此同时,由于煤矿开采和利用所产生的环境问题也不断增多,本书主要介绍以下几个主要环境问题。

(1)煤矿开采对水资源的污染

我国的资源总量非常大,而我国也是一个人口数量较多的国家,例如,我国的水资源占有量居世界领先位置,但是我国的人均水资源占有量却非常少,只有不到世界人均水资源占有量的 25%。我国煤矿的主产区主要是西北地区,西北地区的水资源分布非常匮乏。煤矿主产区的水资源拥有量本来就不是很多,加上煤炭开采过程中容易对水资源造成污染,在开采煤矿时对水资源缺乏相应的保护措施导致煤矿开采区附近的水源和水质也受到了不良影响。

(2)煤矿开采对土地资源的污染

我国对煤炭资源的需求量非常大,所以经常会出现煤矿过度开采的现象,由于对煤矿的过度开采,很多地区的土地都出现了大面积塌陷的状况,在各种原因造成的土地塌陷中煤矿的过度开采造成土地塌陷的面积最大,这也就直接导致了很多农民的耕地被毁,从而使农民蒙受了很大的经济损失。煤矿开采也会导致地质条件的变化,从而使地面沉降的速度加快,这不仅会导致在煤矿开采过程中发生严重的安全问题,同时还会导致耕地出现凹凸不平的现象,导致地表出现大量的积水,影响耕地的耕种质量。

除了煤矿开采会影响到土地的质量之外,产生的其他物质也会对土地的质量造成不利的影响。煤矸石是煤在开采和使用时容易产生的一种矿质废料,煤矸石的数量和煤矿的开采量,和煤本身的质量有着直接的关系,同时使用前对煤的处理是否得当也会对煤矸石的数量产生影响,煤矸石的产生会占用大量的土地,这会导致耕地面积大量减少,在燃烧的过程中会产生大量的二氧化碳和二氧化硫气体,加剧温室效应和大气污染。这都会影响人们的生活和工作环境,从而危害人们的健康。

(3)煤矿开采对于大气环境的污染

煤炭开采和使用过程中不仅会对土地和自然环境质量产生不良影响,而且在煤的开采和燃烧过程中还会产生非常多的有害气体,最终排放到大气之中对大气造成严重的污染情况。比如锅炉房内燃烧大量的煤,导致一氧化碳、二氧化碳、二氧化硫等有害气体排入大气造成空气污染。煤矿的运输过程也会对空气造成很多污染,如在运输过程中,运输车辆所排放的尾气等都会对空气质量造成不良影响。

(4)煤矿开采产生的噪声污染

由于煤矿开采的工程周期长,而且开采设备的噪声严重,导致煤矿开采地区的环境受噪声污染严重。矿工在开采工作中受到连续性的高强度噪声污染,不仅会产生听力下降和耳鸣耳聋的听觉问题,同时还会进一步引发矿工心脑血管和神经系统的衰弱。矿工身体健康程度的下降导致矿工工作效率的下降、工作状态不佳,从而加重煤矿开采安全事故的发生概率和安全隐患。在这基础上,煤矿开采还对矿区附近居民的正常生活造成了严重的影响。因此,煤矿开采产生的噪声已经成为煤矿必须解决的一项重要问题。

(二)针对煤矿开采对环境影响的相关对策

针对这些在煤炭开采和使用当中容易出现的问题,一定要采取相关的措施进行处理和改善,只有这样才能不断改善环境质量,减少煤矿开采中的一些漏洞和弊端,从而为人们营造更加舒适健康的生活环境。一些学者结合自己的经验,总结了如下几点改进措施供相关部门和从业人员进行参考。

(1)井下废气和粉尘的处理

由于煤矿开采过程中井下还会产生大量的一氧化碳、瓦斯等有害气体,这些有害气体不仅严重危害了矿工的身体健康,并且在排放到地表以后,还会对大气环境造成严重的污染。如何解决粉尘的问题,可以在煤矿开采过程中,对煤层进行注水和使用集尘风机等设备,对开采过程中的粉尘进行控制和防范。同时,在开采过程中对井下采取注氮、灌浆等措施,可以有效地中和井下煤炭自燃时产生的二氧化碳气体。

(2)井下污水的处理

为了安全生产的需要,煤矿在开采时需要对煤层进行注水以减少粉尘,同时煤矿的开采还会导致地下水的沉积,为此,及时将井下污水排出地表是开采过程中的重要环节,同时,作业用水和地下水受到煤的污染严重,直接排放到环境中对于水资源会造成严重后果,应采用新型的脱水和滤水设备,对井下排出的废水进行分成脱水和过滤,减少污水的排放,将高浓度的煤泥水回收至选煤厂从新加工和处理。

(3) 地表坍塌的问题

煤炭的开采会导致地下结构的稳定性受到一定的影响,地面能够承受的压力也不如以往,这种情况会导致地面出现坍塌的现象。煤矿上方的建筑物安全也会受到很大的牵连,甚至可能会导致非常严重的事故,造成生命财产安全隐患,因此,在开采过程中开采区的保护工作应该得到足够的重视。

(4) 控制噪声污染

煤矿开采和生产过程中的噪声问题由来已久,根据我国卫生部对于工业生产过程中有关噪声问题的相关条例和规范标准,我国煤矿开采过程中的噪声严重超标,为此,煤矿开采时,相关企业必须做好噪声的消除和隔离工作,矿区必须配备噪声消音设备,将煤炭的生产噪声控制在标准范围内。

(5) 煤层气的开发

所谓煤层气的开发,是指针对煤矿开采过程中井下的瓦斯利用问题。煤层气是一种随煤矿形成而伴生的非常规天然气,具有易燃易爆的性质,在煤矿的开采过程中会对开采工作造成严重安全隐患。现有的处理方式是将煤层气排放到地表燃烧处理,不仅仅在燃烧过程中会产生大量的有害物质和气体,同时也是一种资源上的浪费。随着能源的紧俏和科技的发展,煤层气作为一种易得资源被人们所关注,安全合理地开采和收集煤层气,将原本的安全隐患化为新型能源,不仅保护了环境,而且还提升了煤炭开采的经济效益。

煤炭是我国储量相对较大的矿产资源,煤炭开采一直是政府关心和关注的问题。煤炭开采和利用过程中容易引发一些问题,这些问题不仅会影响生态环境的质量,还会对我国的经济建设和人们生活的正常运行造成不利影响,这也成为我国实现生态建设的一个重要制约因素,所以一定要采取一定的对策对其进行监督和管理,这样才能更好地促进我国经济的全面协调、可持续发展。

复习思考题

(1) 简述煤炭主要类型及其主要产地。

(2) 简述井田具体划分方法。

(3) 简述矿井主要生产系统的类型。

(4) 试述采煤方法的基本分类类型及各方法的特点。

(5) 简述长壁采煤法回采工艺的类型及各工艺的优缺点。

(6) 绘图并用文字说明井田开拓方式。

(7) 绘图并用文字说明露天煤矿的开拓方式。

(8) 简述露天煤矿的回采工艺。

(9) 简述煤炭开采对于环境的影响及其治理。

第三章　金属矿床开采

第一节　金属矿床基本概念

一、金属矿床的工业特征

（一）矿石和废石的概念

（1）矿物——在地壳中，由于地质作用形成的自然元素和自然化合物，统称为矿物。

（2）矿石——凡是地壳中的矿物集合体，在现在技术经济水平条件下，能以工业规模从中提取国民经济必需的金属或矿物产品的都叫矿石。

（3）矿体——矿石的聚集体叫矿体。（一个矿体是一个独立的地质体，具有一定的几何形状，具有一定的空间位置等）

（4）矿床——矿床是矿体的总称。（对于某一矿区而言，一个矿床由一个或几个矿体组成，矿床又可分为工业矿床和非工业矿床）

① 工业矿床——在当前技术经济条件下，符合开采和利用要求的矿床叫工业矿床。

② 非工业矿床——在当前技术经济条件下，不符合开采和利用要求的矿床叫非工业矿床。

（5）围岩——矿体周围的岩石叫围岩，如图 3-1 所示。

① 上盘围岩——指矿体上部围岩。

② 下盘围岩——指矿体下部围岩。

（6）夹石——夹在矿体中的岩石叫夹石，如图 3-1 所示。

（7）废石——在采矿过程中所采出的围岩或夹石，一般称为废石。（或者说，矿床周围的围岩以夹石、根本不含有用成分或者含量过少，当前不宜作为矿石开采的称之为废石）

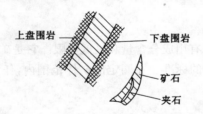

图 3-1　围岩与夹石

【注意】应当指出，矿石与废石的概念是相对的，它与一个国家的社会制度、科学技术发展水平、已经掌握的资源情况以及对某种资源的需要量都存有关系。

例如,锡和铜,过去锡品位达到 0.8%,才算矿石可以开采,而现在锡品位只要达到0.2%～0.3%,就作为矿石开采;过去铜的品位只有达到 1.0%才开采,而现在达到 0.4%～0.6%即可作为矿石开采。即过去是废石,而现在却变成了可开采的矿石。

(二)矿石的种类

自然界中的矿物很多,现在已经知道的矿物有 3 000 多种,而有用矿物有 200 余种。

在地壳中,以自然金属形式存在的矿石是很少的,大量的矿石是以氧化矿、硫化矿等形式存在的(含金属成分的矿石,叫金属矿石)。

(1) 金属矿石按其所含金属矿物的性质、化学成分、矿物组成可以分为以下几类。

① 自然金属矿石——它是以单一元素形式存在的,如金、铂、银等。

② 氧化矿石——指矿石的成分为氧化物。如赤铁矿(Fe_2O_3),赤铜矿(Cu_2O)等。

③ 硫化矿石——指矿石的成分为硫化物。如黄铜矿($CuFeS_2$)、方铅矿(PnS)、辉钼矿(M_oS_2)、闪锌矿(ZMS)等。

④ 混合矿石——是前三种的混合物。

(2) 根据所含金属种类的不同,矿石又可分为以下几种:

① 黑色金属矿石——如铁、锰、铬。

② 有色金属矿石——如铜、铅、锌、铝等。

③ 稀有金属矿石——如铌、钽等(也是相对概念)。

④ 放射性矿石——如铀、钍等。

⑤ 贵重金属矿石——如金、银、铂等。

⑥ 非金属矿石——如建筑石材、石膏、滑石等。

(三)矿石品位的概念

(1) 矿石品位的概念

通常把矿石中凡是可供利用的元素或矿物称为有用成分。矿石中所含有用成分的多少用品位来表示。

所谓品位,是指矿石中有用成分的重量与矿石重量之比,常用百分数(%)表示。

$$品位 = \frac{矿石有用成分重量}{矿石重量} \times 100\% (或\ g/t)$$

一般金属品位是指矿石中该种金属元素含量的百分数。

对于贵重金属(金、铂等),矿石的品位是用 g/t 表示。这是因为这些贵重金属在矿石中含量很少。

(2) 边界品位

边界品位,是指可采矿石有用成分含量和最低界限。它是矿体边界上矿石最低品位,是划分矿石和废石,圈定矿体范围的标准。在圈定的矿体范围内,任意取样点的品位,一般都不应小于边界品位。

(3) 最低工业品位

最低工业品位,是指在边界品位圈定的矿体范围内,合乎工业开采要求的平均品位的最低值。即是说,根据目前工业技术水平,当矿石的品位低于某个数值时,便没有利用的价值,则这一数值的矿石品位叫最低工业品位。或者说,用边界品位圈定的矿体或矿体中某个块段的平均品位,必须高于最低工业品位才有开采价值,否则无开采价值。

【注意】：

① 边界品位和最低工业品位也是相对概念，是可以变化的。

② 品位的表示方法实例：湛江铁矿、赤铁矿品位大于 30％，金岑铁矿、磁铁矿品位 56.24％，辉铜山铜矿品位 2.04％，湘西金矿品位 3～5 g/t，秦岑金矿品位 15 g/t，红花沟金矿品位 14.46 g/t（平均）。

（四）矿石和围岩的性质

矿石和围岩的性质主要包括有：硬度、坚固性、稳固性、碎胀性、结块性、氧化性、自燃性及含水性等。

（1）矿岩的硬度

矿岩的硬度，是指矿岩抵抗工具侵入的性能。矿岩的硬度取决于矿岩的组成，即取决于矿岩颗粒的硬度、形状、大小、晶体结构以及颗粒间的胶结结构情况等，矿岩的硬度除了对凿岩有很大影响外，还影响矿岩的坚固性和稳固性。

（2）矿岩的坚固性

人们在长期的实践中认识到，有些岩石不容易破坏，有一些则难于破碎。难于破碎的岩石一般也难于凿岩，难于爆破，则它们的硬度也比较大，概括地说就是比较坚固。因此，人们就用岩石的坚固性这个概念来表示岩石在破碎时的难易程度。坚固性的大小用坚固性系数来表示。

通常用的普氏岩石分级法就是根据坚固性系数来进行岩石分级的。如：① 极坚固岩石 $f=15～20$（坚固的花岗岩、石灰岩、石英岩等）；② 坚硬岩石 $f=8～10$（如不坚固的花岗岩、坚固的砂岩等）；③ 中等坚固岩石 $f=4～6$（如普通砂岩、铁矿等）；④ 不坚固岩石 $f=0.8～3$（如黄土，f 仅为 0.3）。

矿岩的坚固性也是一种抵抗外力的性质，但它与矿岩的强度却是两种不同的概念。强度是指矿岩抵抗压缩、拉伸、弯曲及剪切等单向作用的性能；而坚固性所抵抗的外力是一种综合的外力（如抵抗锹、稿、机械碎破及炸药的综合作用力）。

（3）矿岩的稳固性

① 矿岩稳固性的概念

稳固性是指矿岩在一定暴露面积下和在一定时间内不自行垮落的性能。或者说，稳固性是指矿岩在空间允许暴露的面积大小和允许暴露的时间长短的性能。

影响矿岩稳固性的因素十分复杂，与矿岩的成分、结构、构造节理状况、风化程度以及水文地质条件都有关系，还与矿岩在开采过程中形成的实际情况有关（如巷道的方向、开采深度等）。

稳固性对于采矿方法、支护方法、掘进方式的选择等都有很大影响。

② 稳固性与坚固性的关系

两者既有联系，又有区别。一般在节理发育、构造破碎的地带，矿岩的坚固性虽然可能好，但稳固性大为下降。因此，稳固性与坚固性不能混同起来。

③ 矿岩稳固性分类

大致可分为五类：

a. 极不稳固的——不允许有暴露面积。要求在掘进及开采时必须超前支护，否则会垮落。（非金属矿条件）

b. 不稳固的——允许暴露的面积在 50 m² 以内。也即允许有较小的暴露面积,随着回采,要立即进行支护。

c. 中等稳固的——允许有一定的暴露面积,为 50～200 m²,一般不支护,或作临时支护,即可安全地进行生产。

d. 较稳固的——允许有较大的暴露面积,为 200～500 m²,一般不支护。

e. 极稳固的——允许有很大的暴露面积,为 800 m² 以上。不必支护,可以长时期不垮落。

【注意】稳固性不仅与暴露面积和时间有关,而且与地压大小、节理发育程度、节理方向、暴露面积及形状等有关。

(4) 矿岩的碎胀性

矿岩的碎胀性,是指矿石和围岩破碎之后的体积比原体积增大的性质。碎胀性可用碎胀系数来表示(又叫松散系数):

$$碎胀系数 = \frac{破碎后的体积}{原体积(破碎前的体积)} > 1$$

一般坚硬矿岩松散系数为 1.4～1.6(或 1.2～1.6)。

松散系数的大小,主要取决于破碎之后矿岩的粒度组成和块体的形状。初装入容器(矿车、箕斗等)内的矿岩块,因矿岩块之间空隙较大,则松散系数值可达 1.8～2.0(产生了二次松散)。

(5) 矿岩的结块性

结块性是指采下的矿岩遇水受压,经过一定的时间,又结成整块的性质。人们通常见到的黏土矿物、滑石或高硫矿遇水受压,经过一段时间后,易出现结块现象。结块性对放矿、装卸、运输等生产环节造成困难,甚至影响到某些采矿方法的顺利使用。具有结块性的矿石在采场中,在凿井中存放时间不宜过长。

(6) 矿石的氧化性

矿石的氧化性是指硫化矿石在水和空气的作用下,变成了氧化矿石的性质。在硫化矿石中掺杂入氧化矿石后,降低了选矿的回收率。因而硫化矿与氧化矿石切记不要混在一起。

(7) 矿岩的自燃性

自燃性是指高硫化矿石(含硫量在 18%～20% 以上),当其透水性及透气性良好的条件下,具有自燃发生的性能。

高硫化矿在井下氧化时,放出大量的热,经过一段时间,温度升高,会引起井下火灾,特别是粉状的高硫化矿与空气接触的面积大,更容易引起火灾。

由于上述原因,对于高硫化矿床必须采取快采快处理的办法开采,以减少矿石的损失。

(8) 矿岩的含水性

含水性是指矿岩裂缝和孔隙中含水的性质。矿岩含水性直接影响到矿石的提升、运输、矿仓内储矿。矿岩含水过多,会使排水费用增加。

(9) 其他性质

① 重度——重度是指单位体积原岩的重力。一般岩石的重度为 23～30 kN/m³。

有色金属矿石中金属含量较少,其重度与岩石差不多或稍大些。黑色金属矿石中金属含量较高,重度可达 35 kN/m³ 左右(或更大)。

② 块度——原岩崩落后则形成矿块,或岩石块,其尺寸的大小称为块度。块度通常用三

个相互垂直方向的平均尺寸来表示(或用最大方向的尺寸表示),即 B、L、H 的平均值,如图 3-2 所示。

对于一定的装运、破碎等设备,对矿岩的最大块度有一定的要求。为了保证矿山持续生产,必须使矿石的最大块度与装运等设备的要求相适应。

通常用合格块度来表示限制采出矿石的块度,矿石块度超过合格块度时,则要求进行二次破碎。

合格块度,即允许的矿石最大块度。通常合格块度为 $250\sim500$ mm,也有 600 mm。它是根据开采及加工的工艺和设备要求来确定的。随着机械化水平的提高,合格块度有增大的趋势。

③ 自然安息角——松散矿岩自然堆积时,其四周将形成倾斜的堆积坡面,把自然堆积坡面与水平面相交的最大角度,称为该矿岩的自然安息角(图 3-3)。

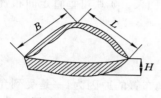

图 3-2　岩石块度图

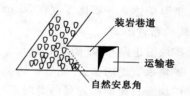

图 3-3　岩石自然安息角

(五) 金属矿床分类及其工业特征

1. 金属矿床分类

金属矿床的矿体形状、厚度及倾角,对于矿床开拓和采矿方法的选择有直接的影响,因此,金属矿床一般按其矿体形状、倾角和厚度三个因素进行分类(此三个要素习惯上称为矿体三要素)。

(1) 按矿体形状分类

① 层状矿体——这种矿体是一层一层的。多源于沉积或变质沉积矿床。特点是:

a. 层状矿床的品位、倾角和厚度变化不大,比较稳定。

b. 矿床规模比较大。

c. 多见于黑色金属矿床。

② 脉状矿体——这类矿体主要是由于热液和气化作用,将矿物充填于地壳的裂隙中生成的矿床。特点是:

a. 矿脉与围岩接触处有蚀变现象。

b. 矿床赋存条件不稳定。

c. 有用成分含量不均匀(品位变化大)。

有色金属、稀有金属及贵重金属硫矿床多属此类。

③ 块状矿体——这类矿体主要是充填,接触高代分离和氧化作用形成的。特点是:

a. 形状很不规则。呈不规则的透镜状、矿株等形状。

b. 矿体大小不一。

c. 矿体与围岩的界限不明显。

某些金属矿床(铜、铅、锌等)属此类。我国的南京梅山铁矿也属此类矿。

（2）按矿体厚度分类

矿体厚度的概念：矿体厚度是指矿体的上盘与下盘之间的垂直距离或水平距离。前者称为矿体的真厚度，后者称为矿体的水平厚度。对于急倾斜矿体，常采用水平厚度；对于缓倾斜、水平或倾斜矿体，常采用垂直厚度（也即真厚度。若文中不加说明时，一般指真厚度）。

分类：可分五类。

① 极薄矿体——矿体厚度在 0.8 m 以下。（一个肩宽）开采时要采一部分围岩，才能保证正常的工作宽度。（用浅孔凿岩开采方法）

② 薄矿体——矿体厚度为 0.8～4.0 m。考虑近似水平矿床，用木支护时支护高度不得超过 4 m，超过 4 m，支护作业困难很大。（用浅孔回采方法）

③ 中厚矿体——矿体厚度为 4.0～10.0 m。此时矿块沿走向布置，多用浅孔回采。

④ 厚矿体——矿体厚度为 10～30 m。一般用深孔回采。

⑤ 极厚矿体——矿体厚度在 30 m 以上。采用深孔回采。矿块可垂直走向布置。

矿块的布置形式：

① 矿块沿走向布置[图 3-4(a)]。

② 矿块垂直走向布置[图 3-4(b)]。

③ 矿块垂直走向布置且凿走向矿柱。矿块垂直走向布置的原因为：一是受到允许的暴露面积限制；二是受到凿岩设备及运搬矿石设备的限制。

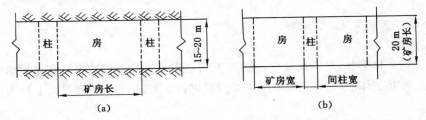

图 3-4 矿块沿走向布置与垂直走向布置
(a) 沿走向布置；(b) 垂直走向布置

（3）按矿体倾角分类（与矿石运搬方式有关）

① 水平矿体——矿体倾角小于 5°（包括微倾斜矿体）。可使用有轨或无轨运搬设备直接进入采场运搬矿石。

② 缓倾斜矿体——矿体倾角在 5°～30°。可采用人力或电力，运输机等机械设备运搬矿石。

③ 倾斜矿体——矿体倾角在 30°～55°。可借助于溜槽、溜板或外力抛掷等方法，进行自重运搬矿石。

④ 急倾斜矿体——矿体倾角大于 55°。可利用矿石自重的重力运搬方法运搬矿石。

【注意】以上分类方法是相对的，随着其他无轨机械设备的发展，分类界线将会变化。

2. 金属矿床的特点

（1）矿床赋存条件不稳定；

（2）矿石品位变化大；

（3）地质构造复杂；

（4）矿石和围岩的硬度较大；

（5）矿床的含水性。

二、金属矿床地下开采概述

（一）井田及其划分原则

1. 井田、矿田和矿区的概念

（1）划归一个坑口开采的矿体，叫井田。

（2）划归一个矿山企业开采的全部矿床或其一部分，叫矿田（如金岭铁矿、招远金矿等）。

（3）划归一个公司或矿务局开采的矿体，叫矿区。

一个矿田可以包括若干个井田，有时一个矿田就等于一个井田。

矿区、矿田、井田的关系示意图如图 3-5 所示。

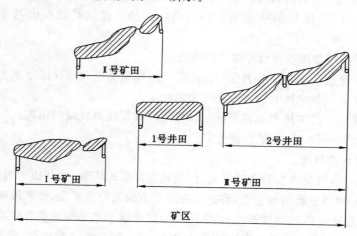

图 3-5　矿区、矿田、井田的关系示意图

2. 井田的大小范围

井田的大小是矿床开采中的重要参数。

（1）对于倾斜和急倾斜矿床，井田尺寸一般用沿走向长度和沿倾斜长度或垂直深度来表示。

（2）对于水平和微倾斜矿床，则用长度和宽度来表示。

（3）当矿床范围不大，矿体又比较集中时，为了生产管理方便，可以用一个井田开采。

（4）当矿体范围很大，或矿体比较分散，如果仍然用一个井田开采全部矿床的话，则所开掘的巷道工程量大，生产地点过于分散，因而会造成经济上的不合理，此时可划分几个井田开采。

（5）划分井田时应当考虑几个方面的问题：

① 照顾到自然赋存条件及地表地形条件。往往以地面的河流、湖泊、铁路干线、水库等来划分。

② 照顾到生产管理上的方便。

③ 要考虑到国民经济的需要。

④ 考虑技术经济的合理性。总之,要进行综合分析。

3. 关于矿岩的走向与倾向的概念

(1) 走向线——岩层的层面与水平面的交线叫该岩层的走向线。对不规则的矿体来说,矿体的理想中心面与水平面的交线叫该矿体的走向线。

(2) 走向——走向线的水平方位角叫走向。由于走向线是平面上的一条线,所以能用它与正北方向所夹的角度来表示它的方向。如某岩层露头在地质平面图上的上向为北东 60° (NE60°),就表示该岩层方向是从正北算起向东数 60°角。

(3) 走向长——矿体沿走向的长度,称为矿体的走向长。

(4) 倾斜线——在岩层平面内垂直走向的线叫倾斜线。

(5) 倾斜——倾斜线的方向叫倾斜(或倾向)。倾斜也是用倾斜线在水平面上的投影与正北或正南的夹角来表示,走向和倾斜在平面内的投影成垂直关系。

(6) 倾角——倾斜线与水平面形成的夹角叫倾角。也就是岩层面与水平面所形成的夹角。

(7) 关于延深、埋藏深度和赋存深度的概念。

① 延深——是指矿体在深度上分布情况。可用埋藏深度和赋存深度来表示。

② 埋藏深度——指矿体上部界线到地表的深度。

③ 赋存深度——指矿体上部界限到下部界限的垂直距离或倾斜距离。

(二) 阶段、矿块和盘区、采区的概念

1. 阶段和矿块的概念

(1) 阶段——阶段就是在开采缓倾斜、倾斜和急倾斜矿床时,在井田中每隔一定的垂直距离,掘进与走向一致的主要运输巷道,将井田在垂直方向划分为矿段,该矿段叫做阶段。

(2) 阶段高度——阶段高度是指上、下两个阶段运输平巷之间的垂直距离。

阶段高度变化范围——阶段高度变化范围很大。对于缓倾斜矿体,阶段高度通常小于 20~30 m;对于急倾斜矿体,阶段高度通常为 50~60 m,个别也有达到 80~120 m。对于不同的采矿方法,所需求的阶段高度是不同的。如图 3-6 所示。

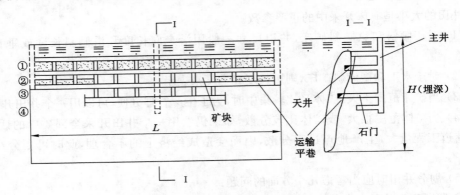

图 3-6　阶段的划分图
①——采完阶段;②——回采阶段;③——采准阶段;④——开拓阶段

(3) 影响阶段高度的主要因素——阶段高度主要取决于赋存条件、采矿方法。只要条件

许可,适当的增加阶段高度,可以减少阶段数目,降低开拓、采准工程量,减少矿石损失和贫化。因此,近年来阶段高度有增加的趋势。

(4) 矿块——在阶段中沿走向每隔一定距离,掘进天井连通下、上两个相邻的阶段运输平巷,将阶段再划分为独立的回采单元,这样的回采单元叫做矿块。

矿床的赋存条件不同,则开采矿块的方法也不同。

2. 盘区和采区的概念

(1) 盘区

① 当开采水平和微倾斜矿床时(即矿体倾角<5°的矿床),如果矿床的厚度不超过允许的阶段高度,此时,在井田内不再划分为阶段。为了方便,将井田用盘区运输巷道划分为长方形的矿段,把该矿段称为盘区

② 盘区的范围——盘区是以井田边界为其长度,而以两个相邻盘区运输巷道之间的距离为其宽度,如图 3-7 所示。

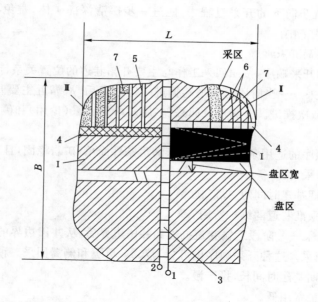

图 3-7　盘区划分图

Ⅰ——开拓盘区;Ⅱ——采准盘区;Ⅲ——回采盘区;

1——主井;2——副井;3——主运输巷道;4——盘区运输巷道;5——回采巷道;6——采区;7——切割巷道;

B——矿床的宽(即井田宽);L——矿床的长(井田长)

(2) 采区

① 在盘区中沿走向每隔一定距离,掘进回采巷道连通相邻两个盘区运输巷道,将盘区再划分为独立的回采单元,把该独立的回采单元称为采区。

② 采区范围——上、下以阶段平巷为界,其高度为阶段高度,长度以采区天井(或上山)为界。长度根据采矿方法不同,可变化在 10～40 m 至 30～60 m。

③ 当开采缓倾斜矿床时,可有两种情况:当矿体厚度不大时,采区可沿走向布置;当矿体厚度很大时,采区可沿上部走向布置。

（三）井田阶段的开采顺序

1. 阶段的开采顺序

可有两种方式：

（1）下行式开采顺序——自上而下进行开采。即先采上阶段，而后开采下阶段。也可以同时开采几个阶段。采用多阶段同时开采，虽然可以增加工作线长度和提高矿井生产能力，但也造成生产管理分散，巷道维护工作量大，占用设备数量多，各种管线、轨道不能及时回收复用，污风串联，经营管理费用增加等一系列问题。一般同时回采的阶段数目可保持为1～2个，不应超过3～4个。

（2）上行式开采顺序，仅在开采缓倾斜矿床时的某些特殊情况下使用。例如，地表无废石场（存放废石的场地），必须将上部的废石充填于下部的采空区；或者以深部采空区作为蓄水池用等。

在生产实际中，一般多采用下行式开采顺序。下行式开采的优点是：可以节省初期投资，缩短基建时间；在逐步向下的开采过程中，能进一步探清深部矿体，避免浪费；生产安全条件好；适用的采矿方法范围广。

2. 阶段中矿块的开采顺序

阶段中矿块的开采顺序，按照回采工作与主要开拓巷道的位置关系，可分为三种。

（1）前进式回采——当阶段运输平巷掘进一定距离后，从靠近主要开拓巷道的矿块开始回采，向井田边界依次推进。分为双翼回采（多用）、单翼回采（少用）和侧翼回采（当地形受到限制时用）。

前进式回采顺序的适用条件——当矿床满足条件简单，矿岩稳固，且要求较早在阶段中开展回采工作时可以采用。

优点：矿井初期基建时间短，投产快。

缺点：增加了采准巷道的维护费用。

（2）后退式回采——阶段运输巷道掘进到井田边界后，从井田边界的矿块开始，向主要开拓巷道方向依次回采。这种开采顺序也可分为双翼、单翼和侧翼回采三种。

缺点：矿井初期基建时间长，投产慢。

优点：巷道维护费用低。

（3）混合式回采——是指初期采用前进式开采，当阶段运输平巷掘进完毕后，再改为后退式开采，或既前进，又后退同时开采。

优点：兼顾了前两种回采顺序的优点。

缺点：生产管理比较复杂。

3. 相邻矿体的开采顺序

一个矿床如果有许多彼此相距很近的矿体，那么在开采其中一个矿体时，将会影响邻近的矿体。在这种情况下，确定合理的开采顺序，对于生产的安全和资源的回收都有很重要的意义。

（1）当矿体倾角（α）小于或等于围岩的崩落角（β（或 γ））时，应当采取从上盘向下盘推进的开采顺序。这样的开采顺序是：先采矿体Ⅱ后采矿体Ⅰ，使采空区的下盘围岩不会移动，故而不会影响下盘矿体Ⅰ的开采。若反之，就会影响矿体Ⅱ的开采。如图3-8所示。

（2）当矿体倾角大于围岩崩落角，两矿体又相距很近时，此时无论先采哪个矿体，都会

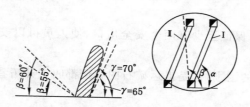

图 3-8　矿体倾角小于围岩的崩落角

因采空区围岩移动而相互影响。

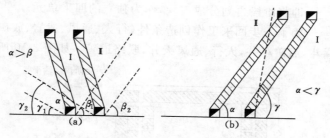

图 3-9　矿体倾角大于围岩的崩落角

（3）当围岩不够稳固时，为了加快回采速度，并且为了缩小采空区对围岩的影响，则往往上盘矿体与下盘矿体同时回采。也即对矿体群进行平行开采的办法。但这种方法仅适用于矿体比较少的情况下。

（4）在同一个井田的数个矿体，往往有贫富不均、厚深不均、大小不一及开采条件难易不同等复杂条件。在这种条件下，应遵循以下原则开采，即：贫富兼采，深厚兼采，大小兼采，难易兼采。若不以此原则开采，将会破坏合理的开采顺序，造成严重的资源损失。

（四）矿床的开采步骤

金属矿床地下开采的步骤可以分为：开拓、采准、切割与回采四个步骤，这些步骤反映了不同的工作阶段。

1. 开拓工作

（1）开拓工作定义——是指从地面掘进一系列巷道达到矿体，使矿体连通地面，形成人行、通风、运输、排水、供电、供风、供水等系统。

（2）开拓的目的：

① 把井下将要采出的矿石、废石运到地表。

② 把废水和污浊的空气排到地表。

③ 把人员、材料及设备运到井下进行生产。

井筒（竖井、斜井）、平硐、石门、井底车场、井下大的硐室、主要阶段运输巷道、主溜矿井、充填井等，都属于开拓巷道。

井底车场——井底车场是井下井口附近一些硐室、巷道的总称（如：水仓、水泵房、井下变电站等）。

石门——由井筒通向各个需要开采的矿体所掘进的巷道。

井下主要硐室——指井下火药库、井下破碎硐室、翻矿硐室等。

【注意】：

① 人行系统必须要保证至少有两个安全出口，使人员可以安全进入，上、下方便，有完好的人行设备。

② 主、辅开拓巷道的区别，凡是提运矿石的巷道都叫主开拓巷道。

2. 采准工作

（1）采准工作定义——它是指在已经开拓完毕的矿床里，掘进采准巷道。将阶段划分成矿块作为独立的回采单元，并在矿块内创造人行、凿岩、放矿、通风等条件。

（2）采准工作的任务：

① 划分矿块——即将阶段再划分成矿块，作为独立的回采单元。

② 创造条件——为下一步回采工作创造条件（行人、通风、凿岩、放矿等条件）。

采准巷道如漏斗，溜矿小井，人行、通风天井，联络道等。如图 3-10 所示。

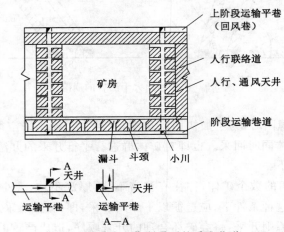

图 3-10　采准工作所需要的采准巷道

（3）采准系数及采准比：

由于矿床赋存条件和所用的采矿方法不同，所掘进的采准巷道类型、数量和位置都不同。而用什么方法来衡量采准工作量的大小呢？为此，通常用采准系数和采准比两项指标来表示。

① 采准系数（K_1）：

K_1 是指每 1 000 t 矿块采出矿石总量所需要掘进的采准、切割巷道的米数。即：

$$K_1 = \frac{\sum L}{T} \times 1\ 000 \ \text{m/1 000 t}$$

式中　$\sum L$ ——指一个矿块中采切巷道的总长度，m；

T ——指一个矿块的采出矿石总量，t。

T 是已经考虑了矿石损失贫化以后的矿石总量，而不是矿块的矿石总重量。

② 采准工作比（K_2）：

K_2 是指矿块中采、切巷道采出矿石量与矿块采出矿石总量的比值。即：

$$K_2 = \frac{T'}{T} \times 100\%$$

式中 T'——矿块中采切巷道的采出矿石量,t;

T——矿块中采出矿石总量,t。

③ K_1 与 K_2 的比较:

采准系数 K_1——它只反映矿块的采切巷道的长度,而未反映出这些巷道的断面大小(即体积)。

采准工作比 K_2——它只反映脉内采准巷道和切割巷道,而未反映出脉外的采切巷道工作量。

因此,使用 K_1 还是 K_2 要根据具体情况而定,有时用其中之一表示,有时 K_1、K_2 同时用,互相补充,使之能反映出矿块的采准工作量。

3. 切割工作

(1) 切割工作定义——切割工作是指在已经采准完毕的矿块里,为大规模回采矿石开辟自由面和自由空间的工作。

(2) 切割工作内容——为了达到上述目的,就必须掘进一系列巷道,有的还要在巷道基础上加以扩大。

如:拉底巷道、开辟拉底空间、开掘切割天井、形成切割立槽、在漏斗颈基础上把漏斗辟开等,这些工作都是为大规模采矿创造条件的。切割工作包括:① 开凿切割巷道:a. 拉底巷道(切割平巷、横巷等);b. 切割天井(或切割上山等)。② 在切割巷道基础上扩大自由面工作:a. 拉底(水平自由面);b. 辟漏(形成喇叭面);c. 开立槽(形成垂直自由面)。

4. 回采工作

(1) 回采工作定义——当切割工作完成以后,可以进行大量的采矿工作,通常把大量采矿工作叫做回采工作。

(2) 回采工作的具体内容:

回采工作包括:落矿、运搬和地压管理三个主要工作。

① 落矿工作:

落矿工作的含义——落矿是以切割空间为爆破自由面,用凿岩爆破的方法崩落矿石。

落矿方式——一般是根据矿床的赋存条件,所采用的采矿方法及凿岩设备,选用浅孔、中深孔、深孔及药室等落矿方法。

浅孔落矿——孔深不大于 $3\sim5$ m,孔径 $30\sim46$ mm。中深孔落矿——孔深在 15 m 以上,孔径 $50\sim70$ mm。深孔落矿——孔深在 15 m 以上,但一般不超过 $25\sim30$ m,孔径 $90\sim110$ mm。药室落矿——它是在一定规格的硐室里,装上炸药,直接爆破落矿的方法(不打回采炮孔)。

② 矿石运搬工作:

矿石运搬工作的含义——是指在矿块内,把爆破崩落下来的矿石运到运输巷道,并装入矿车中的工作,运搬工作仅仅限于矿块内(即采场内),采场之外的叫运输。

矿石运搬方式——有两种方式:

a. 重力运搬:如用普通漏斗放矿的浅孔凿矿法就是重力运搬。

b. 机械运搬:如用电铲、装运机、铲运机、汽车、胶带运输机等设备运搬矿石。

在矿块回采中,采用哪一种运搬方式比较合适,主要取决于选用的采矿方法和矿床的赋存条件以及所选用的运搬机械等。

③ 地压管理工作：

地压管理工作在采矿工作中占有重要的地位。

矿石采出以后，在地下形成采空区，经过一段时间后，矿柱和上、下盘围岩就发生变形、破坏、崩落等现象，把这种现象叫地压。

在回采过程中，必须要控制地压和管理地压，并且要清除地压产生的不良影响，以保证生产的安全性，把这些工作算为地压管理工作。

地压管理有三种方法：

a. 凿矿柱支撑采空区；

b. 用充填料充填采空区；

c. 用崩落的围岩来管理地压。

5. 矿床开拓、采准、切割、回采的关系

矿床开拓、采准、切割、回采的关系是彼此超前的关系，即开拓要超前于采准，采准要超前于切割，切割超前于回采。而究竟超前多少，这是由三级矿量来决定的，一般矿山遵循的三级矿量是"316"，即开拓三年，采切一年，待采矿量半年。

6. 三级矿量的含义

① 开拓矿量——是指开拓工作完成以后所圈定的矿量。也即开拓巷道水平以上所控制的矿量。开拓矿量的边界是：由已开拓的巷道水平起，向上只能推算一个中段的高度，沿走向算至巷道揭露点上。开拓矿量服务年限要保证 3~5 a。

② 采准矿量——采准矿量是开拓矿量的一部分。凡是在已开拓的矿体范围内，按设计规定的采矿方法所需要开掘的采准巷道已开掘完毕，形成了矿块的外形尺寸，以此范围圈定的矿量叫采准矿量。采准矿量服务年限应保证 1~3 a。

③ 待采矿量——待采矿量是采准矿量的一部分。它是做完辅助采准工作以后，所圈定的矿量。也就是指切割工作全部完毕，可以立即进行回采工作的矿量。待采矿量服务年限一般要保证 0.5~1.0 a。

第二节 金属矿床的地下开采方法及其工艺

1. 采矿方法定义

什么是采矿方法？为了回采矿块中的矿石，在矿块和围岩中所进行的采准、切割、回采工作的总和，称之为采矿方法。采矿方法重点研究矿块（或采区）开采的方法。

采矿方法包括：采准、切割和回采，也就是说，采准、切割工作在时间与空间上的顺序以及与回采工作进行有机的合理的配合工作，叫做采矿方法。

2. 采矿方法分类的依据

人们使用的采矿方法很多，为了使用上的方便，有必要进行分类。而分类的方法也有多种，目前通用的分类方法是按地压管理方式不同来分类的。因为地压管理方法是以矿岩的物理力学性质为根据的，同时又与采矿方法的适用条件、组成要素、回采工艺等有着密切关系，并且最终会影响到采矿方法的安全、效率和经济效果。

3.采矿方法分类

$$\text{(1) 空场法}\begin{cases} \text{① 房柱法} \\ \text{② 浅孔留矿法} \\ \text{③ 分段法(赞比亚方案)} \\ \text{④ 阶段矿房法} \end{cases}$$

$$\text{(2) 充填法}\begin{cases} \text{① 干式充填法} \\ \text{② 水式充填法} \\ \text{③ 胶结充填法} \end{cases}$$

$$\text{(3) 崩落法}\begin{cases} \text{① 有底柱崩落法} \\ \text{② 无底柱分段崩落法} \\ \text{③ 翼式崩落法} \end{cases}$$

一、空场采矿法

空场采矿法,是一种将矿块划分为矿房和矿柱,先采矿房、后采矿柱的采矿方法,如图 3-11 所示。

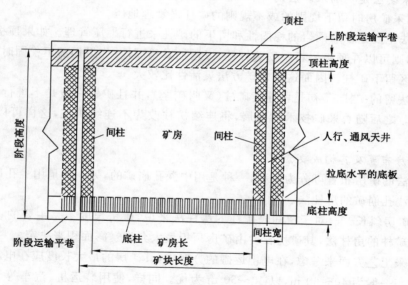

图 3-11　空场采矿法巷道分布

（1）空场采矿法特点

空场采矿法分两步骤回采。

① 空场法在回采过程中,是把矿块划分为矿房和矿柱两部分来开采。

② 在回采矿房时,采场以空场形式存在。

③ 它是用矿柱和围岩体的稳固性来维护采空区。

④ 矿房采完以后,要及时回采矿柱,并及时处理采空区(及时指的是有计划的处理)。

一般情况下,回采矿柱与采空区处理是同时进行的。有时为了改善矿柱回采条件,事先对矿房进行充填,然后用其他方法回采矿柱。

⑤ 在回采过程中,采场主要依靠暂留的矿柱或永久矿柱进行自然支撑,有时辅以人工矿柱支撑。

(2) 空场采矿法的适用条件

① 适用于开采矿石和围岩都很稳固的矿床。

② 采空区在一定时间内,允许有较大的暴露面积。

(3) 空场采矿法分类

空场采矿法目前应用比较广泛的几种方法是:

① 房柱法(包括全面法)。

② 浅孔留矿法。

③ 分段法(赞比亚方案)。

④ 阶段矿房法。

⑤ 其他采矿方法及其变形方案。

(一) 房柱采矿法

1. 房柱采矿法的特点

房柱采矿法是空场采矿法的一种,它是在划分矿块的基础上,矿房和矿柱互相交替排列,而在回采矿房时留下规则的或不规则的矿柱来管理地压。

房柱法主要是依靠围岩的稳固性和留下的矿柱来进行地压管理。如果顶板岩石的稳固性较差时,则可以在顶板岩石中安装杆柱,以增加其稳固性;如果局部不稳固时,则可以在这些局部地区留下矿柱。因而这种采矿方法灵活性比较大。

房柱法留的矿柱,最初是留连续矿柱(又叫矿坚),并且矿柱一般是不进行回采的,作为永久损失。之后随着采矿技术的发展,将连续矿柱改为不连续矿柱,这样可以提高矿石回收率。

2. 矿房布置及其构成要素

房柱法的矿房布置可分为两种,一种是用中深孔崩矿的,另一种是用浅孔崩矿的。我国多数使用浅孔崩矿的房柱法。

(1) 矿房斜长——对于留间隔矿柱的房柱法来说,矿房长度不是主要的设计参数。留长条连续矿柱的房柱法,其矿房长度由矿房顶板最大允许暴露面积来决定。

从回采工艺方面来考虑,在电耙运搬的方案中,其矿房的最大长度应在电耙的有效耙运距离之内。一般为 40~60 m,以 40~50 m 为优。同样,使用装运机、汽车等无轨运输设备时,其矿房长度也应当与设备的经济运距一致。如果是独头推进的矿房,其矿房长度还应当考虑到通风条件的限制。

我国大多数矿山采用电耙运搬矿石,因而矿房一般是沿倾斜方向布置的。

(2) 矿房宽度——矿房宽度主要取决于顶板允许暴露的跨度大小(暴露面积大小)。但是,与矿体厚度及矿体倾角也有关系。留永久性间隔矿柱时,矿房宽度应尽可能等于矿房顶板允许暴露的最大安全跨度。根据矿体厚度和围岩的稳固性,矿房的宽度变化在 8~20 m。

(3) 矿柱尺寸:

① 房柱法的矿柱尺寸取决于矿柱的强度,也就是矿柱能够承受的最大平均压力。当然,这直接与作用在矿柱上面的载荷大小有关。

此外,矿柱尺寸还与矿柱的作用和矿柱在以后是否要回收有关。如果以后要回收,则可以留的大一些,可以留连续矿柱;否则,留小一点。

再者是与矿体厚度有关,矿体厚度增大,则留的矿柱尺寸也应当增加。当矿体厚度<5 m时,可以考虑留间断矿柱。当矿体厚度比较大时,应当留大约5 m宽的连续矿柱。

② 一般情况下,矿柱尺寸为$\phi=3\sim7$ m,矿柱间距为$5\sim8$ m。

③ 房柱法所留矿柱的矿量还是比较多的。留连续矿柱时,矿柱矿量占40%左右;留间断矿柱时,矿柱矿量占15%~20%。

④ 阶段间柱宽度:一般为$3\sim5$ m(阶段间柱是顶柱与底柱的统称)。

3. 房柱法的采准和切割工作

(1)阶段运输巷道

阶段运输巷道可布置在脉内,也可布置在脉外(图3-12所示,布置在脉外)。

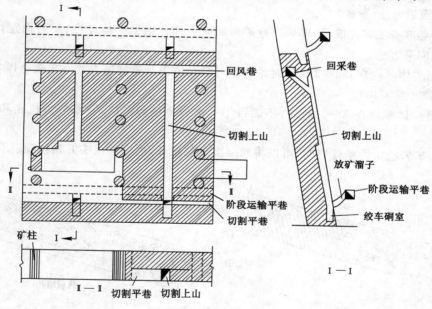

图3-12 阶段运输巷道布置在脉外

① 脉外采准的优点是:

a. 可以在放矿溜井中贮存部分矿石,从而减少电耙道耙矿与运输平巷运输之间的相互影响;

b. 有利于回采矿柱和采场通风;

c. 当矿体形状不规则时,可以保持运输平巷的平直,有利于提高运输能力等。

目前,我国金属矿山多采用脉外采准方式。

② 脉外采准的缺点是:增加了岩石掘进工作量。

(2)放矿溜井

每个矿房内都开掘一个溜矿井,不放矿的溜矿井可以用于通风、行人、送料,溜井布置在矿房的中心线位置。溜井的断面为2 m×2 m。

(3)上山

沿矿房中心线并紧贴底板掘进上山(对于缓倾斜矿体,所开天井,一般称为上山)以利于行人、通风和运搬设备及材料,同时作为回采时的自由面。上山断面为 2 m×2 m。

（4）切割平巷

在矿房下部边界处掘进切割平巷。

切割平巷既作为起始回采的自由面,又可作为去相邻矿房的通道,也可以作为电耙道用。

（5）联络平巷

各矿房间掘进联络平巷,作回风用。

（6）电耙硐室

在矿房下部的矿柱中,掘进电耙硐室。

4. 房柱法的回采工作

（1）回采方法（落矿）

在采切准备工作完成后,即可进行矿房回采工作。根据矿体厚度、矿岩稳定性不同,则有不同的回采方法。

① 当矿体厚度在 2.5～3.0 m 时,一般不拉底,可以巷道掘进方式一次采全厚,用浅孔留矿方式落矿（图 3-13）。

② 当矿体厚度在 3～5 m 时,不能再用一次采全厚的办法,需要分为拉底和挑顶两步回采。

a. 当矿岩稳定性条件好时,可以将底一次全部拉开,然后再从头开始挑顶（图 3-14）。

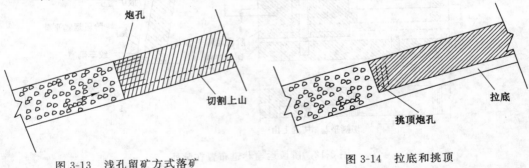

图 3-13　浅孔留矿方式落矿　　　　　　　图 3-14　拉底和挑顶

b. 当矿石稳定性较差时,不应将底一次全部拉开,而应逐渐拉底,拉一段接着就挑顶,但要求拉底超前于挑顶（图 3-15）。

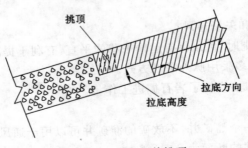

图 3-15　拉底超前挑顶

c. 当矿体厚度在 3～5 m 内可以这样回采,如果再厚一些,仍然用这种方法就会产生困难,主要是顶板管理很困难。如:Ⅰ.若顶板稳固性差,需要用锚杆支护,若矿体厚度大于5 m就很困难。Ⅱ.撬毛困难,太高看不清,撬不上。这样工作安全性不好。

③ 当矿体厚度在5~10 m,可以采取其他措施回采。如划分为若干台阶来回采。

a. 倒台阶回采。即站在矿石堆上进行凿岩爆破。为了通风好,应在采场中先开凿巷道,使风流贯通(不拉底时)。

b. 正台阶回采。不拉底应先开通风巷道,此巷道可以贴底板沿倾斜掘进,也可以在顶板方向沿矿体倾斜方向掘进。当矿石与顶板岩石界线明显时,使用正台阶比较好。这种方式在台阶上堆积矿石,往下要倒运矿石,可以用电耙子。在国外也可用自行设备。另外,这种回采方法对顶板管理方便,若顶板稳固性差时,打锚杆较方便。

④ 当矿体厚度大于10 m时,使用房柱法开采,在国外比较多见(如美国和加拿大等)。

国外近年来由于无轨自行设备的迅速发展,广泛采用轮胎式和履带式凿岩、装载、运搬设备,这样就大大提高了生产效率。

而我国主要是设备问题还没解决,下向孔岩粉往外排除很困难,因而国内对于原矿体应用房柱法开采还少见。

我国良山铁矿采用锚杆预控顶中深孔房柱法开采(图3-16)。它不是打下向中深孔,而是打上向垂直扇形孔,矿房不拉底,但切顶。在矿房底部开切割平巷和凿岩上山,在凿岩上山中向上打垂直扇形中深孔。矿房端部开立槽,作为爆破崩矿的自由空间。切顶的目的是为了安装锚杆,支护顶板。

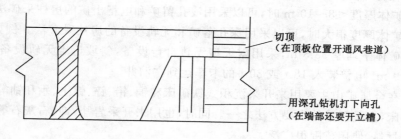

图 3-16　锚杆预控顶中深孔房柱法开采

（2）矿石运搬工作（也即出矿）

崩落下来的矿石,可采用14 kW、28 kW、30 kW或55 kW电耙进行耙运。

用电耙子将矿石耙到溜井中,再放入阶段运输巷道中装车拉走。也有的直接(借助于装车台)耙入矿车中。（国外还采用>55 kW电耙）

耙矿与运输巷道的位置关系有多种形式,如以下三种:

① 运输巷道在脉外,用放矿溜子装车。

② 运输巷道在脉内,耙道底板与平巷顶板在同一水平。

③ 平巷与耙矿水平在同一水平。（装车要架设装车台）

（3）通风工作

对于房柱法,应当有专门的通风巷道(通风平巷和通风井),否则工人劳动条件差。

一般情况下,新鲜风流从盘区巷道进入矿房,而废风经回风平巷、回风井排出地表。房柱法的空区四通八达,必须很好管理才能达到预期的通风效果。应当注意,风流方向应当与耙矿方向相反,以保证工人少吸烟尘。

(4) 顶板管理工作

顶板管理方法一是留矿柱,二是用锚杆支护。而围岩本身的稳固性也是很重要的方面。

① 留矿柱支护:

当顶板岩石稳固性较差时,可以在顶板岩石中安装杆柱,以增加其稳固性。当顶板局部不稳固时,可以在局部地区留下矿柱。当矿房顶板遇到断层或跨度较大时,可以预留临时矿柱。在靠近矿房的下部地压比较大,因此,一般在矿房下部 1/3 左右的地方留第一排矿柱。矿柱的间距为 5～8 m,矿柱尺寸为 ϕ3～7 m 也可用来支护。

② 采用锚杆支护(也可以用木支柱)。

锚杆是利用打入岩层中的杆体来加固岩层。它的优点是:安装杆柱工作迅速及时,支护过程可全部机械化;成本低,劳动强度低,生产能力提高;它占据的空间小,有利于通风;同时支架材料的运搬、装卸、贮存的费用都可降低;没有火灾危险。由于优点多,故国内外广为利用。

锚杆的种类很多,有砂浆锚杆、楔缝式金属锚杆、涨壳式锚杆、树脂锚杆,现在又应用桁架式锚杆以及摩擦锚杆。

5. 房柱法的适用条件

(1) 房柱法是回采矿石和围岩稳固的水平和缓倾斜矿体的一种有效的采矿方法。

(2) 当矿体厚度比较薄(<3～4 m),顶板岩石很稳固,且在矿体中夹有局部贫矿或废石,应用全面法更为合适。

(3) 当矿体厚度<8～10 m 时,可以采用浅孔留矿和电耙出矿的房柱采矿法。

(4) 当矿体厚度很大时,可以采用深孔落矿和无轨设备的房柱采矿法。例如:加拿大加斯佩斯铜矿矿体平均厚 33.5 m,采用露天型无轨自行设备,斜坡道走无轨设备。崩下的矿石用 1.1～1.9 m³ 电铲装入 18 t 或 30 t 的卡车运到主溜井。

房柱法在金属矿山主要用来开采沉积式铁矿床和铜、铅、锌、铝土、汞和铀等有色金属和稀有金属矿床,也是开采的主要方法之一。同时,也用来开采岩盐、钾、石灰石等非金属矿物原料和建筑材料,使用范围很广泛。

6. 对房柱采矿法的评价

(1) 主要优点

① 劳动组织简单,矿房生产能力高(矿块生产能力可达 120～150 t/a);② 采准工作量小(5～7 m/kt);③ 坑木消耗量少,在回采矿房时几乎不消耗木材(0.000 9～0.002 m³/个);④ 矿石贫化率比较小(4%～5%);⑤ 采矿成本低;⑥ 作业安全,通风良好;⑦ 有利于实现机械化开采,可以采用高效率的采、装机械设备(近年来已出现在房柱法中使用 8 m³ 铲斗的装运机和 50 t 的自卸汽车。在地下采矿方法中,开采大型原矿体的房柱法的机械化程度和劳动生产率常常是最高的)。

总体上看,房柱法是一种有发展前途的采矿方法。

(2) 主要缺点

① 矿石损失比较大,由于在矿块中留有许多矿柱,而这些矿柱所占矿量为 15%～20%(留间断矿柱时),或更多,甚至达 40%,这些矿柱一般是不回收的。

② 当矿体厚度比较大时,顶板管理比较困难。

③ 很难进行选别回采。

（3）房柱法的发展方向

① 设法减少矿柱比重。如在条件许可的情况下,尽可能将连续矿柱改为不连续矿柱;或在回采矿房时,部分地回采矿柱;或者安装杆柱,加强维护顶板,可增大矿房尺寸,以相对减少矿柱矿量。

② 研究适合于我国矿床赋存条件的房柱采矿法,凿岩、装载和运搬高效率的机械化设备。

总之,房柱法是一种机械化程度比较高、生产能力和劳动生产率也比较高的采矿方法,通常用来开采水平或缓倾斜的矿体,国内外金属矿山都广泛使用这种方法。

（二）留矿采矿法

留矿法在我国占有相当大的比重,根据 1971 年有色金属矿山统计,留矿法占总产量的 40％,其中浅孔留矿法占 36％,占据各类采矿方法的首位。如图 3-17 所示。

1. 浅孔留矿法概述

（1）浅孔留矿法特点

① 它是空场法的一种,具有空场法的共同特点。它也是将矿块划分为矿房和矿柱,分两步骤回采,先采矿房,后采矿柱。

② 这种采矿方法工人可以直接在矿房中大暴露面下工作。

③ 浅孔留矿法是自下而上分层回采矿房,使用浅孔崩落矿石。

④ 每次采下的矿石,靠矿石自重从漏斗放出 1/3 左右,留下 2/3 矿石作为下次凿岩爆破工作的临时工作台。当矿房全部采空后,再将留下的 2/3 矿石全部放出(这叫大量放矿)。暂留下的矿石并不能作为地压管理的主要手段。

⑤ 凿岩工人是站在留矿堆上进行作业的。

（2）浅孔留矿法目前使用情况

① 有些书中将留矿法不列为空场采矿法的一种,而是专门列为一类与空场法平行。又将留矿法分为浅孔留矿法和深孔留矿法两类。实际上,深孔留矿法在矿块结构、回采工艺等方面,与阶段矿房法基本相同,回采矿房时,工人并不在采场中作业,对放矿量没有严格要求,可以全部放出,也可以暂时留一部分,以调节出矿量,无必要单列一类。

留矿法就应指的是浅孔留矿法,留矿就是起临时工作台作用,并不起支撑围岩的作用。因而,留矿法应该属空场法一种。

② 当矿石和围岩稳固,矿体厚度小于 5～8 m 的急倾斜矿体,在我国广泛地采用浅孔留矿法开采。

2. 浅孔留矿法典型方案

（1）阶段高度——一般为 30～60 m,以 30～50 m 居多。

影响阶段高度的主要因素有:

① 矿床勘探类型(探采结合)

一般情况下,矿床的勘探类型越高,勘探网度就越密,勘探阶段的高度越小。为了充分利用勘探巷道作为采矿巷道,原则上应当使采矿阶段与勘探阶段高度一致起来。因此,矿床的勘探类型越高,阶段高度越小。根据我国的经验,用留矿法开采第四类型的矿床,宜采用 40～50 m 的阶段高度。

② 围岩的稳固程度

一般地说,当围岩的稳固性好,可以采用较高的阶段高度;当围岩不太稳固时,则应采用

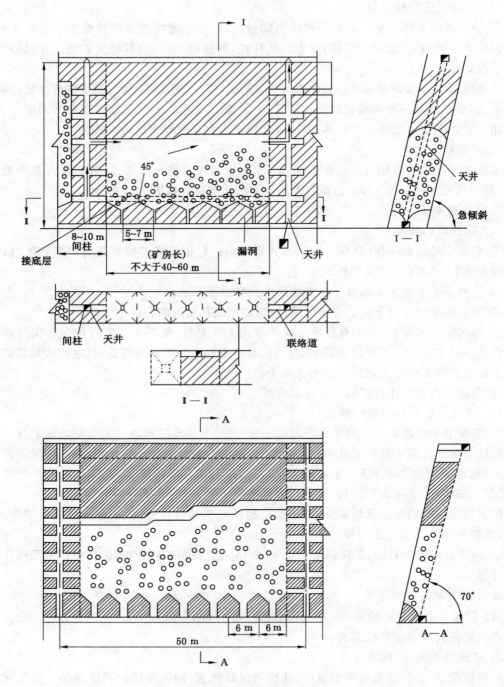

图 3-17 浅孔留矿法

较小的阶段高度,这是因为:矿房上盘岩石的暴露面积不宜太大,暴露的时间不宜太长,因此应采用较低的阶段高度。

上盘岩石的暴露面积是由阶段高度和矿房沿走向的长度决定的,因而阶段高度大,一方面矿房量大,另一方面回采工作面的推进速度随着阶段高度的增加而减小。因此,在围岩不太稳固的条件下,只宜采用 30～40 m 的阶段高度;在围岩很稳固、矿脉比较规整的条件下,可以采用 40～50 m 的阶段高度,甚至更大。

③ 矿体倾角

矿体倾角的大小对放矿影响很大,当阶段高度较大时影响更加明显。因此,对于倾角不太陡,但还可以用留矿法开采的矿床,适宜采用 30～40 m 的低阶段。

例如大吉山钨矿,阶段高度 50 m,开采倾角 60°～70°以上的矿体,回采和放矿都很顺利,但开采 60°～65°的矿脉,往往矿房上采到 30 m 左右时,放矿就开始发生困难。

④ 其他采矿方法对阶段高度的要求

有许多矿床,由于矿体赋存条件和开采技术条件不一致,往往要采用多种采矿方法。此时,决定阶段高度时,要照顾到其他采矿方法的需要。

⑤ 天井掘进条件

用普通法掘进天井时,掘进的困难程度随着天井高度的增加而增加。一般情况下,当掘进工作面上升到 25～30 m 高时,通风和材料设备的运搬便渐趋困难,掘进效率降低。

对于薄矿脉开采,目前天井掘进还是用普通掘进法开凿(20 m 左右厚度矿体,也有用普通法开采的,如弓长岭铁矿)。因为用吊罐法很难跟踪矿脉,不但探矿作用差,而且回采时不好使用。因此,在开采薄矿脉时,一般不宜采用太大的阶段高度。

总体上看,虽然影响阶段高度的因素有多种,但是在能够保证安全和顺利回采的条件下,应当采用较大的阶段高度,以增加矿房矿量,从而减少矿石损失。阶段高度越小,矿柱占矿块的矿量相对越大。今后随着机械化程度的提高,采矿强度加大,阶段高度也在增加。

(2) 矿块长度——一般不大于 40～60 m。

用留矿法开采薄矿体和中厚矿体,其矿块长度稍有区别。在我国薄矿体留矿法的矿块长度仅在 25～120 m 之间,比较常用的是 40～60 m,中厚矿体矿块长度为 20～80 m。影响矿块长度的因素有多种,主要有以下几个方面:

① 矿石和围岩稳固程度(主要因素)

从我国大多数情况来看,可以用留矿法开采的矿体,顶板暴露面积一般可达 300～400 m²,矿石特别稳固的情况下,也可以达到 500～600 m²,甚至更大一些。

当阶段高度已定的条件下,沿走向布置的矿块,上盘岩石的暴露面积随矿块长度而变化。从我国大多数留矿法矿山来看,在阶段高度为 40～50 m 时,矿块长度可用 40～120 m。围岩稳固性差的中厚以上矿体,一般不应采用留矿法;围岩稳固性较差的薄矿脉,若用留矿法时,应将矿块长度大大地缩小。

② 通风防尘条件的限制

当矿块两端各开一个天井时,风流是经平巷由一个天井入风进入工作面,贯穿矿房后,经另一天井上升到回风平巷排出。这种通风方式的矿块长度宜为 40～60 m,若过长时,增加了阻力,不利于排尘。另外,还造成多台凿岩机同时工作,不然达不到必要的回采强度,这样必然造成在下风流方向的工人受污风影响。

③ 电耙的有效耙运距离限制

当采用电耙出矿时,则受到电耙的耙矿距离限制,电耙的有效耙运距离为 50 m 以内。因此,矿块长度应在此范围内为宜。

（3）矿柱尺寸：

矿柱尺寸到目前为止主要凭经验来确定。

① 顶柱厚度——对于薄矿脉，由于矿房的跨度很小，如果留顶柱，一般只留 2～3 m 已足够。对于中厚以上的矿体，一般都要留顶柱。当矿石比较稳固时，且矿房跨度不太大时，一般留 3～6 m。如果矿石稳固性差些，或者矿房跨度很大时，应当留 5～6 m。

② 底柱高度——底柱高度与底部结构的类型、与漏斗的间距有关。因为两个相邻漏斗喇叭口之间的三角矿柱是随漏斗口之间的距离加大而变高的。

底柱高度还取决于矿体厚度和矿石及围岩的稳固性。当矿体比较薄时，也可采用人工落底来代替矿石底柱。一般薄矿体底柱高度可为 4～6 m（某些条件下，还可以小一些，为 2.5～3.5 m），中厚以上矿体留 8～10 m。

③ 间柱宽度——间柱宽度取决于矿体厚度，矿石和围岩的稳固性，以及天井的服务期限。也与矿房的跨度有关。中厚以上矿体，当矿岩很稳固、矿房跨度不太大时，间柱留 8 m 即可。薄矿体留 2～6 m。

④ 人行联络道间距——一般为 5 m。

⑤ 漏斗间距——一般为 5～7 m（当条件很好时，间距可以小一些，为 3～5 m），断面为 1.8 m×1.5 m，或 1.8 m×1.0 m。

漏斗布置的原则：

a. 为了减少平场工作量，漏斗尽量开掘在靠近矿体下盘处。

b. 当矿房宽度小于 7 m 时，可以布置一排漏斗；当矿房宽度大于 7 m 时，可以布置两排或多排漏斗。但要求每个漏斗所担负的面积不超过 50 m²。

c. 当矿体倾角小时，漏斗应尽量靠下盘布置。

d. 当矿体倾角<60°时，靠一盘处可以不设置漏斗，仅开下盘漏斗，而留下的三角矿柱，等以后与其他矿柱一起进行回采。实际上，此时大部分矿石都从下盘漏斗放出，上盘漏斗放出的矿石很少，为减少采准工作量，故可以不开。

3. 采准工作

浅孔留矿法的采准工作主要包括：阶段运输平巷、通风人行天井、联络道等。

（1）阶段运输平巷

【注意】有些运输巷道属于开拓巷道，有些属于采准巷道，探采结合。作业典型方案，不能确定它是开拓时开掘的还是采准时开掘的。完整的矿块不能缺少阶段运输巷道，故采准巷道中列入阶段运输平巷。

影响阶段运输平巷位置的因素主要是：

① 矿脉和两盘岩石的性质；

② 矿脉的厚度及矿石的工业价值；

③ 围岩的矿化情况；

④ 平巷的支护方法，使用期限以及平巷运输矿量的大小。

当开采薄矿脉时，矿脉一般位于巷道的中央。这样有利于探矿，不易丢失矿脉，因而在生产中应用比较多。

平巷偏于矿脉的下盘时，对于开拓天井和布置放矿漏斗都比较方便。如果上、下盘岩石有矿化现象时，平巷应尽量偏于有矿化的一侧，以便可顺便回收部分金属矿。

采用脉外布置时,平巷应尽量布置在矿脉的下盘侧,这样有利于放出采场内的矿石和减少下盘部位的平场工作量。

总之,当矿体比较深时,阶段运输平巷一般布置在矿体中并靠下盘接触线处;当开采中厚以上矿体时,运输平巷可以掘进在下盘岩石中。采用脉外采准时,使运输巷道比较平直,有利于运输工作。尤其当运输繁忙时,更可显示出它的优越性等。

(2)通风人行天井

① 天井的位置——天井多布置在间柱中,其目的是为将来回采间柱创造条件,也有的根据具体情况,将天井布置在岩石中,或一个在矿房中央,另一个布置在矿房一侧的围岩中。

天井可布置在脉内中间,也可布置在靠下盘侧(脉内),这主要看矿脉的宽度及整个矿块内各巷道的布置情况。如弓长岭铁矿留矿法的天井布置在间柱中的矿脉中间,即如图 3-18 所示。

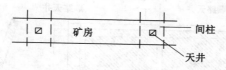

图 3-18　布置在间柱中的天井图

② 对于厚度较小的矿体,天井可分为先进天井和顺路天井。a. 先进天井——指在矿块回采之前,在矿岩中掘进的天井;b. 顺路天井——指随着回采在采场内用横撑支柱所架设的天井。

先进天井通常有两种布置形式,一种是中央先进天井,另一种是侧边先进天井。

开掘中央先进天井的优缺点及适用条件:

优点:

Ⅰ. 开凿中央先进天井可以改善通风条件;

Ⅱ. 可以利用中央先进天井作自由面,向两侧掘进形成阶段工作面比较方便,不必再进行专门的掏槽;

Ⅲ. 有利于运送材料和设备,也是增加了一个安全出口。

缺点:中央先进天井口处顶板管理比较困难。

适用条件:当矿房长度比较大,超过 50 m,为了改善采场通风条件和保证安全作业条件,往往在矿房中央开凿天井。

架设顺路天井的优点及适用条件:

优点:

Ⅰ. 增加了安全出口;

Ⅱ. 改善了工作面通风条件;

Ⅲ. 缩短了准备和结束工作时间。

适用条件:当开采薄矿脉时,往往架设顺路天井。

矿块一侧掘进天井、另一侧设顺路天井的浅孔留矿法,不留间柱,只留顶底柱,如图 3-19 所示。

在矿房中央掘进天井、两侧设顺路天井的浅孔留矿法,不留间柱,只留顶底柱,如图 3-20 所示。

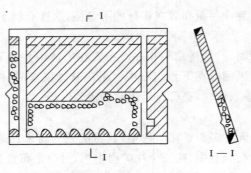

图 3-19　矿块一侧掘进天井图

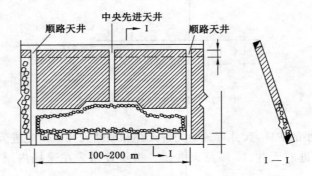

图 3-20　矿井中间掘进天井图

（3）人行通风联络道

垂直方向,在人行天井两侧,每隔 4～5 m 开一条联络道,使天井与矿房贯通。联络道断面可为 1.8 m×1.5 m,或 1.8 m×1.8 m。

【注意】矿房两侧的人行通风联络道是否要错开的问题:关键问题不是错开或不错开,而是如何保证矿房内有两个安全出口,只要始终保持有两个安全出口,不错开也可以。弓长岭铁矿浅孔留矿法有的采场联络道是错开的,有的未错开。

4. 切割工作

（1）切割工作的目的

为正式回采工作创造自由面。

（2）切割工作包括的内容

① 开掘拉底巷道,形成拉底空间。

② 开掘漏斗颈,在开好斗径的基础上,把漏斗劈开,形成喇叭状,以利出矿。

③ 一般沿走向每隔 5～7 m 开凿一个漏斗,为了减少平场工作量,漏斗应当尽量开在靠矿体下盘侧,以利于减少平场工作量。漏斗颈高度一般为 1.0～2.0 m,边坡角应在 45°以上,如图 3-21 所示。

④ 拉底高度一般为 2.0～2.5 m,拉底的宽度一般应等于矿体厚度。对于薄和极薄矿脉,为保证放矿顺利,宽度不应小于 1.2 m。

⑤ 拉底和辟漏工作往往是联系起来进行施工的。

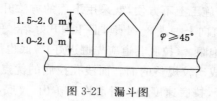

图 3-21 漏斗图

有的矿山如弓长岭铁矿,是先把底拉开,然后再辟漏,是自斗颈向上打眼辟漏的施工方法。

(3) 切割方法

① 薄矿脉拉底辟漏方法

对于薄矿脉,广泛使用人工假底的底部结构形式。此时,切割工作比较简单,具体施工方法如下:

a. 在阶段运输平巷中打上向垂直炮孔,孔深 1.8～2.2 m,所有的炮孔一次爆破。

b. 爆破第一次炮孔之后,站在矿石堆上,打好第二次炮眼,孔深 1.5～1.6 m,然后运走第一次崩下的矿石,同时架设好人工假巷和装好木质漏斗。在假巷上铺一层木板、草垫之类的带弹性的东西。

c. 爆破第二次打好的炮孔,崩下的矿石从漏斗中放出一部分、留下一部分,然后平整好工作面,拉底工作结束。

② 不打拉底平巷的辟漏拉底方法

这种方法适用于矿体厚度大于 2.5～3.0 m 的条件下。具体施工方法如下:

a. 在运输平巷的一侧,以 40°～45° 的倾角,打上向第一次炮孔,其下部炮孔的高度由运输设备高度决定(矿车、机车)。上部炮孔,在运输平巷的顶角线上与漏斗侧的钢轨在同一垂直面上。

b. 第一次炮孔爆破之后,站在矿堆上一侧以 70° 倾角打上向第二次炮孔,将第二次打的炮孔爆破后,把矿石运走,然后架设好工作台,再打上向第三次炮孔,并装好放矿漏斗,最后再进行爆破,崩下第三次炮孔,矿石从漏斗中放出运走,然后继续打第四次炮孔。爆破以后的漏斗颈高为 4.0～4.5 m(此时达到了拉底水平顶板的高度)。

c. 在漏斗颈上部以 45° 倾角向四周打炮孔,扩大斗颈,最终使相邻的斗颈连通,同时完成拉底和辟漏工作。

③ 打拉底平巷的拉底辟漏方法

这种方法适用于厚度较大的矿体。具体施工方法如下:

从运输平巷的一侧向上掘进漏斗颈,从斗颈上部向两侧掘进高 2 m 左右,宽 1.2～2.0 m 的拉底平巷,然后将其开帮至矿体边界,同时从拉底水平向下或从斗颈中向上打倾斜炮孔,将上部斗颈扩大成喇叭状的放矿漏斗,如图 3-22 所示。

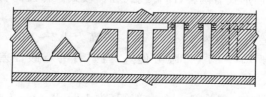

图 3-22 打拉底平巷的拉底辟漏方法示意图

按这种方法有些矿山嫌施工上不方便，就采用下面的方法开掘。它是由运输平巷直接向里进两炮（2 m多），然后垂直向上掘进3～4炮，把斗颈开好，装好漏斗闸门，并将喇叭口劈开。辟漏时，多数是由下向上打炮眼。（拉底巷道应先掘进好）拉底也可以采用深孔拉底，这种方法效率高。但是，总不容易形成比较规整的面。而浅孔拉底的优点正是在于能够保证规格。但浅孔拉底的劳动效率比较低，拉底速度慢。目前许多矿山，拉底辟漏还是采用浅孔方法来开掘。如图3-23所示。

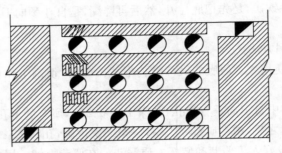

图3-23 浅孔拉底方法

5. 回采工作

浅孔留矿法的回采工作包括：凿岩、装药爆破、通风、局部放矿、撬毛、平场和大量放矿等。矿房回采是自下而上分层进行的，每一分层的高度一般为2～3 m。采用浅孔崩矿。

（1）凿岩

① 凿岩方式

浅孔留矿法的凿岩方式有两种，即上向孔和水平孔。

a. 上向孔：当矿石比较稳固时可采用。

优点：凿岩效率高，工人操作容易。

缺点：工人直接在受震动的矿体下工作，安全性差，劳动条件差（凿岩时水往下流）。同时凿岩时换钎杆次数多，影响凿岩效率。打上向孔一般使用01-45型凿岩机，打前倾75°～85°的炮眼崩矿。

b. 水平孔：当矿石稳固性差些时尽量用水平孔。

优点：凿岩爆破后形成的工作面比较平整、光滑，工作时安全性比较好。

缺点：凿岩效率比上向孔低；崩落矿石大块比上向孔多。

目前在薄和极薄矿脉中用留矿法开采的采场中，多数采用上向孔。近年来，有些矿山在赋存条件比较稳定的矿脉中推广使用水平孔。如弓长岭铁矿采用水平孔，用7655型凿岩机。

② 工作面布置形式

浅孔留矿法的工作面形式有两种，即直线式和梯段式。梯段的长度根据打水平孔和上向孔的不同而有所区别。

a. 打上向孔时：梯段长一般为10～15 m，梯段高为1.2～1.5 m，上向孔的深度为1.3～1.8 m。上向孔一般前倾75°～85°（打眼方便）。当矿石的爆破性差时，炮眼可超深0.05～0.1 m。如图3-24所示。

b. 打水平孔时：梯段长一般为2～4 m，梯段高为1.5～2.0 m，水平孔的深度为2～3.5 m，水平孔一般上倾5°～8°（便于排出岩粉），如图3-25所示。

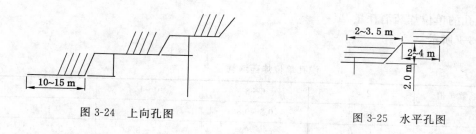

图 3-24　上向孔图　　　　　　　　　　　　图 3-25　水平孔图

参考落矿参数:炮眼直径——目前多采用 32~36 mm;炮眼排距——1.0~1.2 m;炮眼间距——0.8~1.0 m;最小抵抗线——$W=0.6~1.6$ m。

③ 炮孔排列形式

a.“一”字形排列——适用于矿石破碎性较好,矿岩量分离的条件下,如图 3-26 所示。

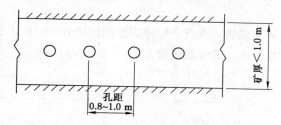

图 3-26　炮孔“一”字形排列

b.“之”字形排列——适用于矿石的爆破性较好的条件,且用于矿脉厚 0.7~1.2 m 的条件,这种形式能够比较好地控制采幅宽度,如图 3-27 所示。

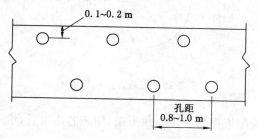

图 3-27　炮孔“之”字形排列

c.平行排列——适用于矿石坚硬,矿体与围岩接触界线不明显或难于分离的厚度较大的矿脉,如图 3-28 所示。

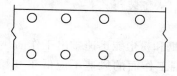

图 3-28　炮孔平行排列

(2)装药爆破工作

① 浅孔的单位炸药消耗量

如表 3-1 所示。

表 3-1　　　　　　　　　　　　浅孔单位炸药消耗量表

坚固性系数 f 值	2～4	6～8	10～14	＞14～16
δ_1	0.15～0.2	0.2～0.3	0.3～0.4	0.4～0.6
δ_2	0.15～0.2	0.2～0.25	0.25～0.3	0.35～0.4

② 浅孔装药系数

实际经验证明,炮眼的装药系数不宜太小,最好能达到 $60\%～70\%$。如果装药系数太小,则炸药在矿石中分布不均匀,崩下的矿石大块比较多。

③ 起爆方法

主要采用导火线点燃火雷管一次点火顺序起爆的起爆方法。使用电雷管起爆的较少。现在许多矿山都使用薄铁皮做成三通管连接的办法,如图 3-29 所示。

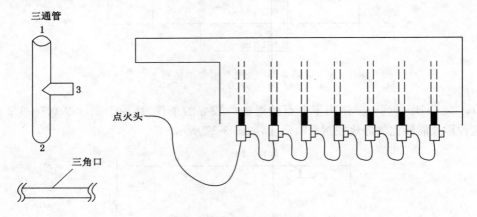

图 3-29　三通管连接起爆图

在每根导火线的外端附近横切一个三角形槽,使药芯露出后,沿三通的 1～2 孔穿入三通,使药芯露出部位正对三通管的孔了。

④ 炸药

多用铵油炸药或硝铵炸药。

⑤ 起爆药包

置于自孔底起第二个药包处,人工装药。

(3) 通风工作

爆破以后要加强通风,使炮烟和粉尘能迅速排出工作面。工作面的风量应当保证满足排尘、排烟的需要。为此,要求采掘工作面的风速不应低于 0.15 m/s,空气的含氧量不得少于 20%。矿房的通风系统,一般是从上风流方向的天井进入新鲜风流,通过矿房工作面以后,经天井排到上部回风平巷。

电耙道的通风应形成独立的系统,防止污风串入矿房中。

(4) 局部放矿工作

矿石崩落以后,由于矿石碎胀,为了保证有一定的工作空间,必须放出部分矿石。按规定应放出崩落矿石的 1/3,余下 2/3 作为继续工作的临时工作台(一般坚硬矿石的碎胀系数为 1.5)。

应注意:① 在局部放矿时,不允许人员在放矿漏斗上方作业,以保证人身安全。② 局部放矿时,应有计划地进行,使平场工作量减少,防止形成空洞。一旦发现产生了空洞,应及时处理。

(5) 平撬工作

在局部放矿以后,工人进入采场后,首先应撬去工作地点的浮石,否则会影响工人的安全生产。

平撬工作既重要又比较繁重。到目前为止,还没有什么好的机械化设备来进行这项工作。当矿体倾角较平缓时,平场工作量也随之增加(大量矿石堆积在下盘侧)。

有些矿山采取了一些措施来解决平场工作问题。如有的在靠下盘的矿堆里埋放炸药,用爆破的方法将下盘矿石抛掷到上盘。但这种方法消耗的炸药量大,抛掷效果也不好(埋浅了效果不好,埋深了工作量大)。

因此,合理地布置漏斗,对减少平场工作量是很重要的。因而,随着矿体倾角变缓,应使漏斗的位置尽量向下盘方向布置。(有的矿用电耙平场)

在厚矿体中,每个漏斗的受矿面积最好控制在 36 m² 以内,最大不应超过 50 m²。

(6) 大量放矿工作

当把矿房内的矿石全部采完后,要进行大量放矿工作,把原来留下的 2/3 碎石全部放出来。

6. 对浅孔留矿法的评价及其适用条件

适用条件:

(1) 适用于开采矿石和围岩稳固的急倾斜薄和极薄矿体。

(2) 要求矿石无氧化性、结块性和自燃性。

(3) 要求矿体产状稳定、形状比较规整(否则会增加矿石的损失贫化)。

主要优点:

(1) 浅孔留矿法结构简单,管理方便,工艺简单,生产技术易掌握。

(2) 采切工程量比较小,厚矿体 7~12 m/kt,薄矿体 10~20 m/kt。

(3) 利用重力放矿,采场运搬矿石不需要其他机械设备。此处指普通漏斗的留矿法。

(4) 矿石损失贫化比较低,无粉矿损失,采矿成本低(指矿房回采),损失率 5%~6%,贫化率 8%~10%。

主要缺点:

(1) 所留矿柱的矿量占的比重较大(占 40%~50%,有的达 60%)。而回采这些矿柱时损失比较大,有的损失达 50%。

(2) 当围岩不够稳固时,特别是开采薄矿体时,贫化率大。

(3) 平场工作量比较繁重,又不容易实现平场工作的机械化。

(4) 工人直接在暴露的矿石下工作,安全性较差。

(5) 对矿石的块度要求均匀,否则容易卡漏(要求浅孔的合格块度不大于 350 mm)。

(6) 出矿受到落矿等作业的限制,使日出矿能力低。

7.有待研究解决的问题

(1) 应研制适合于开采脉状矿体的采掘设备、平撬设备、二次破碎设备以及浅孔装药机械设备,从而减轻工人的劳动强度,改善作业条件,提高采矿强度。

(2) 研制和推广必要的观测仪器(如检查顶板的仪表)。

8.主要技术经济指标

(1) 采场生产能力——100～150 t/d;

(2) 工作面工效——12～25 t/(工·班);

(3) 矿石损失率——5%～8%;

(4) 矿石贫化率——8%～10%;

(5) 采切工程量——厚矿体:7～12 m/kt;薄矿体:10～20 m/kt;

(6) 凿岩效率——厚矿体:50～80 t/(台·班);薄矿体:20～50 t/(台·班)。

9.主要材料消耗

① 炸药——厚矿体:0.25～0.4 kg/t;薄矿体:0.6～0.8 kg/t;

② 雷管——0.35～0.5 个/t;

③ 导火线——0.3～0.5 个/t;

④ 钎子钢——0.02～0.03 kg/t。

(三) 分段矿房法

1.分段矿房法的特点

分段采矿法也是空场采矿法的一种,它是在划分矿块的基础上,沿矿块的垂直方向再划分为若干分段,在每个分段水平上布置矿房和矿柱,各分段采下的矿石,分别从各分段的出矿巷道运出。也就是说,各分段既凿岩,同时也出矿。

分段法的每个分段是一个独立的回采单元。

分段法的矿房回采结束后,可以立即回采本分段的矿柱(顶柱和间柱),并同时处理采空区。

2.分段矿房法典型方案

(1) 赞比亚某铜矿开采技术条件

矿体平均真厚度 8 m(垂直厚度);矿体倾角 30°～90°;矿石和围岩均较稳固;该矿体是走向很长的条带状铜矿床。

(2) 矿块构成要素

① 阶段高度——40～60 m。

② 每个阶段划分为三个分段,分段高度为 15～20 m。

③ 每个分段分为矿房和矿柱,矿房沿走向长 35～40 m,沿倾斜长 25～45 m,间柱宽 6 m。分段间凿斜顶柱,其真厚度为 5 m。

(3) 采准工作

① 从阶段运输平巷掘进斜坡道,使各分段互相连通,可行驶无轨设备及用无轨车辆运送人员、设备及材料等。

② 放矿溜井——沿走向每隔 100 m 掘进一条放矿溜井,溜井与各分段运输平巷相通。

③ 分段运输平巷——每个分段水平都在下盘脉外掘进一条分段运输平巷。

④ 装矿横巷——从分段运输平巷沿走向每隔 13 m 开掘一条装矿横巷。

⑤ 矿柱回采平巷——在分段运输平巷上部掘进矿柱回采平巷。

⑥ 凿岩平巷——靠近上盘的脉内掘进凿岩平巷。

⑦ 间柱凿岩硐室均在靠下盘脉外开掘。

⑧ 顶柱凿岩硐室均在靠下盘脉外开掘。

(4) 切割工作

① 切割横巷——在矿房的一侧掘进切割横巷,使得凿岩平巷和矿柱回采平巷相连通。

② 切割天井——从堑沟巷道到分段矿房的最高处,掘进切割天井。

③ 堑沟拉底平巷——装矿横巷与堑沟拉底平巷相通,堑沟拉底平巷开掘在靠矿体下盘处。

④ 切割立槽——在切割横巷中钻凿环形深孔,以切割天井为自由面,爆破后便形成切割立槽。

(5) 回采工作

① 从切割立槽向矿房另一侧进行回采工作,在凿岩平巷中打环形深孔。

② 在堑沟拉底平巷中打上向扇形炮孔,和上部回采炮孔同时爆破。

③ 崩落下来的矿石,从装矿横巷用 3.8 m³ 的铲运机运输到分段运输平巷内最近的溜井中,溜到阶段运输巷道中装车运出。

(6) 矿柱回采

当一个矿房回采结束以后,立即回采一侧的间柱和斜顶柱。

① 回采间柱的深孔凿岩硐室,布置在切割横巷靠下盘的侧部。

② 回采斜顶柱的深孔凿岩硐室,开掘在矿柱回采平巷的一侧,对应于矿房中央部位。

③ 回采矿柱的顺序是,先爆破间柱,并将崩下的矿石放出之后再爆破顶柱。爆破顶柱时,由于受外力抛掷作用,顶柱崩落的大部分矿石溜到堑沟内放出。

3. 分段矿房法的适用条件及主要优缺点

(1) 适用条件

分段矿房法适用于矿石和围岩中等以上稳固的倾斜(30°～55°)和急倾斜(＞55°)原矿体开采。

(2) 优点

① 使用无轨装运设备,应用时灵活性大,回采强度高。

② 矿房回采完后,允许立即回采矿柱和处理采空区。这样既提高了回采矿柱的矿石回收率,又较好地进行了采空区处理,从而为下分段回采创造了良好的条件。

(3) 缺点

① 采准工作量大,因为每个分段都要掘进分段运输巷道、凿岩巷道、矿柱回采硐室和切割巷道等。

② 大部分巷道都开掘在岩石中,副产矿石少。

随着无轨设备在我国的推广使用,分段矿房法用于开采中厚和厚倾斜矿体,将是一种有效的采矿方法。特别是当其他条件较好只因倾角缓(40 多度)时,用其他方法采不合适时,用此方法可采出。

4. 技术经济指标

(1) 矿石回收率 80% 以上,贫化率不大。

（2）用无轨运输设备出矿,其矿房日产量平均为 800 t/d,区段的月产能力达到 4.5 万～6 万 t/月。

（四）阶段矿房法

阶段矿房法是用深孔落矿的采矿方法,它也是把矿块划分为矿房和矿柱两部分进行回采,先采矿房,后采矿柱,最后也要有计划地进行矿柱回采和空区处理。

根据落矿方式的不同,阶段矿房法可以分为两种,即水平深孔落矿阶段矿房法和垂直深孔落矿阶段矿房法。下面分别介绍:

1. 垂直深孔落矿阶段矿房法

（1）分段凿岩阶段矿房法

① 概述

分段凿岩阶段矿房法,是分段凿岩、阶段出矿的一种采矿方法,在我国应用比较广泛。如图 3-30 所示。

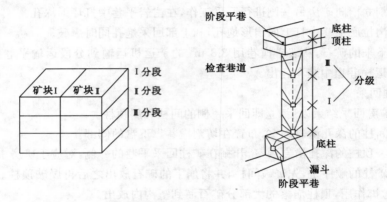

图 3-30　分段凿岩阶段矿房法示意图

目前我国的金岭铁矿、国民铁矿、河北铜矿的银辉铜山矿、华铜铜矿、大庙铁矿等都采用分段凿岩阶段矿房法。这种方法的特点是:

a. 属于空场法的一种,具有空场法的共同特点,也是分两步骤回采,先采矿房,后采矿柱,最后按预定计划处理凿下的空区。

b. 这种方法是把矿房全高划分为若干分段,并在分段巷道中凿岩落矿的自然支撑的采矿方法。是在分段巷道中向上打垂直扇形中深孔的方法(工作面是垂直的)。

c. 要开立槽。由于这种采矿方法的工作面是垂直的,因而在回采工作开始之前,除了在矿房底部要进行拉底和辟漏之外,还必须开切割立槽,并以切割立槽为爆破自由面进行落矿。

d. 崩落的矿石借自重落到矿房的底部放出(即阶段出矿,而不是分区出矿,与前面讲的分段矿房法不同)。随着工作面的推进,采空区不断扩大。

e. 矿房内不留矿石,保持为一个空场,工人在小断面巷道内工作,不进入采空区内,比较安全。

② 分段凿岩阶段矿房法典型方案(沿走向布置矿块)

a. 构成要素

I. 矿块布置:

　　根据矿体的厚度,矿房的长轴可沿走向布置或垂直走向布置。一般当矿体厚度小于 15 m 时,矿房沿走向布置。当矿石和围岩极稳固时,该界限可以增加到 20～30 m。一般如果矿体厚度大于 20～30 m 时,矿块应垂直走向布置。

　　Ⅱ. 阶段高度:

　　阶段高度受围岩的稳固性、矿体产状稳定程度以及高天井掘进技术的限制。分段凿岩阶段矿房法的阶段高度一般为 50～70 m,由于这种方法的采空区是逐渐暴露出来的,故而阶段高度可以大一些。

　　从国外发展情况来看,有增大阶段高度的趋势。有的阶段高度高达 120～150 m。这是由天井掘进技术不断发展所引起的。

　　增加阶段高度的优点是:

　　——使矿房所占矿量比重增加,这意味着回收率和其他一些技术经济指标可以得到改善。

　　——可以减少开拓和采准工作量。

　　——阶段高度增加,则相应减少了顶底柱所占矿量比重,意味着最难回收的这部分矿石量减少了。

　　Ⅲ. 矿房长度:

　　矿房长度根据围岩的稳固性和矿体允许的暴露面积来决定。同时,矿房长度与矿体倾角有关,矿体倾角越缓,则上盘岩石对矿柱的压力也越大,此时,矿房长度应减小。一般情况下,矿房长为 40～60 m。如果用电耙出矿的话,还应当改进电耙的有效耙运距离。

　　Ⅳ. 矿房宽度:

　　当矿房沿走向布置时,矿房宽度等于矿体厚度。

　　当矿房垂直走向布置时,矿房宽度一般为 15～25 m。

　　Ⅴ. 分段高度:

　　分段高度与凿岩方式以及所用的凿岩设备能力有关。

　　——浅孔凿岩时,分段高度不大于 6 m。

　　——中深孔凿岩时,分段高度可为 8～10 m。

　　——深孔凿岩时,分段高度可为 15～20 m,或更大一些。

　　Ⅵ. 矿柱尺寸:

　　——顶柱厚度,顶柱的厚度由矿岩的稳固性以及矿体厚度决定。一般为 6～10 m。

　　——间柱宽度,沿走向布置时,一般为 8～12 m,垂直走向布置时,一般为 10～14 m。垂直走向布置时间柱宽度比沿走向布置时间柱宽度大的原因是,矿体厚度大要承受更大压力。当矿体为急倾斜、厚度不大、矿岩很稳固时,间柱宽度可以取小值。

　　——底柱高度,底柱高度主要取决于底部结构的形式、矿岩的稳固性。由于回收底柱最困难,矿石损失和贫化比较大,因而在条件许可的情况下,应尽量降低底柱高度。

　　当采用电耙处理底部结构时,底柱高度可取 7～11 m 当由放矿漏斗直接放矿装车时,底柱高度可取 4～6 m。

　　Ⅶ. 漏斗间距:

　　一般为 5.5～6 m,也有 7 m 的。

　　b. 采准工作

　　分段凿岩阶段矿房法采准巷道包括:阶段运输巷道、分段凿岩巷道、人行通风天井、放矿溜井、电耙道、漏斗颈等。

Ⅰ. 阶段运输巷道——阶段运输巷道的位置根据整个阶段运输巷道的布置来决定。一般沿矿体下盘接触线布置。

Ⅱ. 人行通风天井——人行通风天井多数布置在间柱中,断面可为 1.6 m×2.2 m 等。要求凡是有人员工作通行的地方,都应该送进新鲜风流。

Ⅲ. 电耙巷道——由人行天井掘进电耙巷道。电耙巷道断面可为 2.2 m×2.2 m 或2.5 m×2.5 m。

Ⅳ. 凿矿小井——由运输巷道一侧向电耙巷道开掘凿矿小井。断面可为 2 m×2 m,应注意凿井口在耙道中的位置关系。如图 3-31 所示。凿矿小井上口不要正对漏斗口,应错开 2.0 m 以上。

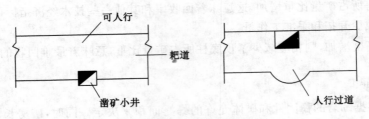

图 3-31 凿矿小井的布置

Ⅴ. 分段凿岩巷道：

——由天井掘进分段凿岩巷道。

——分段巷道断面由选用的凿岩设备决定。如用 YG-80 时,断面可为 2.8 m×2.8 m。

——分段巷道根据凿岩爆破工作的需要布置,与落矿工作有密切关系。

——分段巷道的数目及位置要根据矿体厚度、探矿工程需要、矿体与围岩接触的性质以及围岩稳固性而定。

每个分段可布置 1～2 条分段巷道,通常靠下盘布置以减小炮孔深度,提高凿岩效率。如图 3-32(a)所示。

当矿体下盘与围岩接触带不够稳固,上盘围岩与矿体不易分离以及需要沿矿体上盘布置探矿巷道时,才沿矿体上盘布置分段巷道。如图 2-32(b)所示。

当矿体厚度较大时,分段巷道可布置在矿体中央,向两侧凿岩[见图 3-32(c)]。当遇到矿体形状复杂,矿岩易分离等情况时,可以沿矿体上、下盘各布置一条凿岩巷道[见图 3-32(d)]。

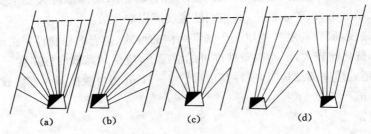

(a)   (b)   (c)   (d)

图 3-32 分段巷道布置图

矿体的倾角越小,则分段凿岩巷道越应靠下盘布置。其目的是使炮孔深度相差不大,以便提高凿岩效率。

Ⅵ. 漏斗颈——漏斗颈一次掘进完毕(漏斗可分次辟开,能满足崩落矿石的需要即可)(漏斗颈断面可为 2 m×2 m)。

c. 切割工作

切割工作包括:掘进拉底巷道、切割横巷、切割天井、拉底和辟漏以及开立槽。

Ⅰ. 切割天井的位置一般布置在矿房的中央,或者是布置在矿房的一侧,应当是矿体最厚的部位,且靠下盘的接触线上。

切割天井的位置根据矿体与上、下盘围岩接触情况、探矿要求以及切割槽形成的方法决定。如图 3-33 所示。

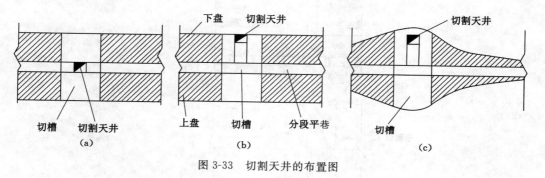

图 3-33　切割天井的布置图

Ⅱ. 拉底巷道、拉底和辟漏工作。

在拉底之前先开掘拉底巷道,对于分段凿岩阶段矿房法,拉底和辟漏是同时进行的。

由于工作面是垂直的,矿房下面的拉底和辟漏工作不能一次完成,而是随着工作面的向前推进而完成拉底和辟漏工作(一般拉底和辟漏工作超前于回采 1~2 个漏斗即可)。

拉底方法一般采用浅孔从拉底巷道向两侧扩帮,辟漏可以从拉底空间向下或从漏斗颈向上进行。

漏斗辟开后,崩下的矿石留一部分,作为分段装药爆破的工作台,在最小的一个分段打平行眼时进行该操作。如果采用堑沟底部结构,开堑沟与上部回采炮孔同时爆破即可。

Ⅲ. 开立槽。开立槽的工作很重要,立槽的矿量一般占矿房矿量的 10%~15% 以上。形成立槽是回采矿房工作中极为重要的工序,必须保证施工质量。

——切割立槽位置的选择:

· 切割立槽可以位于矿房的中央或一侧。若立槽位于矿房中央,不可能利用相向爆破时的撞击力来改善爆破质量。切割立槽布置在矿房的一侧时,有可能利用外力将矿石抛掷到靠近溜矿井的一侧,以减少运搬距离,提高出矿效率。

· 当矿体形状有变化时,切割立槽应位于矿体最大部位,以利于创造良好的爆破自由面。

· 当矿块是垂直走向布置时,切割立槽应当开掘在靠上盘的一侧位置,当上盘岩石稳固性比较差时,则可开在靠下盘的一侧,使上盘岩石最晚暴露出来,以确保安全。

——开掘切割立槽的方法:

· 浅孔拉槽法。在拟定开立槽的部位,用浅孔凿矿法上采。用切割天井做通风人行天井,采下的矿石从漏斗溜放到电耙巷道中。大量放矿后形成切割立槽。

·水平深孔拉槽。水平深孔拉槽是在拉槽部位的底部进行拉底,以切割天井作为凿岩天井,打水平扇形深孔,分次爆破后形成切割立槽。如图 3-34 所示。

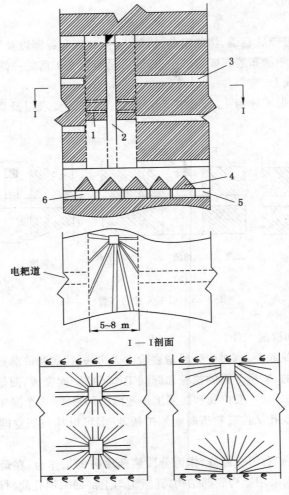

图 3-34　水平深孔拉槽法

1——中深孔;2——切割天井;3——分段巷道;4——漏斗;5——颈斗;6——电耙巷道

切割立槽的宽度一般为 5～8 m,由于立槽宽度较大,爆破时的夹制性较小,容易保证立槽的质量。用深孔拉槽效率高,作业条件好。

这种拉槽方法适用于矿石比较稳固的条件。

【注意】开立槽时必须要凿一部分矿石(在底部),其目的是为了安全,保护矿柱起缓冲层作用,不能把矿石放光。

当矿体比较厚时,可以开两个切割天井。(保持孔深合理,提高拉槽质量)

·上向深孔拉槽法。拉槽时,先掘进切割平巷,在切割平巷中打上向平行中深孔,以切割天井为自由面,爆破后形成立槽。切割立槽的炮孔可以逐排爆破,多排同次爆破,或全部炮孔一次爆破,目前矿山采用多排同次爆破的方法。如图 3-35 所示。

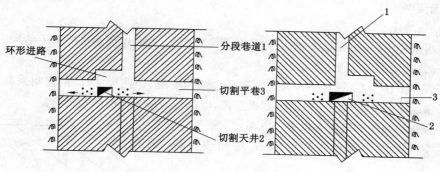

图 3-35　上向深孔拉槽法

d. 回采工作

切割工作完成之后,则可以依切割立槽为爆破自由面,在分段巷道中用平柱式凿岩机打上向扇形炮孔,进行正式回采工作。矿房回采工作主要包括落矿、出矿、通风及地质管理工作。

I. 落矿

落矿可以在分段巷道中用扇形炮孔进行,也可以在分段巷道两侧的敞开进路中打平行炮孔落矿。

——自敞开进路中向上打垂直平行孔:

优点:大块少,爆破效果好。

缺点:凿岩机移动频繁;限制了最小抵抗线长度;安全性差;增加了巷道工程量。

——在分段巷道中打垂直向上扇形炮孔:

优点:比在敞开进路中作业安全性好,劳动生产率高。同时减少了采准工作量。

缺点:炮孔布置不如平行孔均匀,爆破效果比平行孔差,大块多。矿石损失大,矿房边界矿石不易采干净。

为了解决炮孔布置不均、丢矿,对于厚度较大的矿体,可以沿矿体上、下盘矿岩接触线各开一条分段巷道,或者采取混合布置方式。

II. 出矿工作

崩落的矿石借自重落到底部结构上经漏斗溜放到电耙道,用 28 kW 或 55 kW 电耙把矿石耙入溜井,下放到阶段运输平巷中装矿车运走。耙斗容积为 0.3～0.5 m³。

当矿体的倾角小于 50°～60°时,残凿在下盘的矿石不易放出,而且残凿的矿石随着阶段高度的增加而急剧增加。为了充分回收矿石,应当开凿下盘漏斗,使凿在下盘的矿石顺利放出。或者用电耙把凿在下盘的矿石耙到漏斗处(但此时要求矿体倾角小于 45°)。

绝大多数小中段采矿法都采用深孔落矿,但大块多,二次破碎工作量比较大,所以多数采用带有二次破碎巷道的底部结构,但这种形式的底部结构已很少使用,因为采准工作量大,维修工作量大,安全性也差。

III. 通风工作

矿房回采时,必须保证作业地点风流畅通。特别是在分段凿岩巷道和电耙巷道里,应保证风流畅通。

多数矿山为了避免上、下风流混淆,大多采用集中凿岩、分次爆破的办法,这样使出矿时的污风不致于影响凿岩工作。

Ⅳ. 采场地压管理

当矿房采完以后,造成很大空区,如果矿岩一旦发生垮落,可能会产生巨大的冲击气浪,造成灾害,故管理地压工作很重要。

地压管理工作主要是指:一方面是要选择合理的矿房、矿柱尺寸,严格控制采空区的暴露面积和暴露时间;另一方面,要及时处理采空区,以保证回采工作的顺利进行。

保护顶板稳固性的措施有以下几方面:

——有的矿山将顶柱布置成拱形,增加顶柱稳固性。

——还有的矿山开凿切顶巷道,在切顶巷道中钻凿水平深孔,使之形成平整的顶板,减少矿柱应力集中现象,并防止上向深孔超深而破坏顶柱。如图 3-36所示。

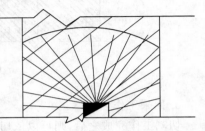

图 3-36 切顶巷道开凿示意图

——如果矿房是垂直走向布置,上盘稳固性稍差时,可以采用由下盘向上盘推进或在上盘暂凿三角矿的方法来减小上盘的暴露时间和面积。如图 3-37 所示。

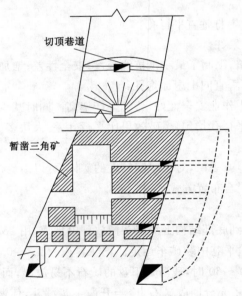

图 3-37 下盘向上盘推进或在上盘暂凿三角矿图

③ 垂直走向布置矿房的分段凿岩阶段矿房法

当开采厚和极厚的急倾斜矿体时,矿房垂直走向布置。这种方案基本上与沿走向布置的上中段法相同。矿房的宽度由矿岩的稳固性程度决定。一般变化在 8～20 m 至 25～30 m。

④ 分段凿岩阶段矿房法评价

a. 适用条件:

适用于矿岩稳固的厚和极厚的急倾斜矿体。

b. 主要优点:

——工人在小断面巷道中工作,回采工作比较安全。

——回采强度比较大,在一个采场内,工作面比较多,因此,用这种采矿方法开采时,采场可以相对少一些。

——工作循环比较简单,通风条件好。

——坑木消耗量少,采矿成本低。

c. 主要缺点:

——采准工作量大:采准比为 5～15 m/kt(比留矿法大),在正常情况下,一个采场要开掘 500～700 m 采切巷道,施工常常要半年左右时间。

——在分段巷道内,不易实现巷道掘进的机械化。

——矿柱所占矿量比较大,且回采矿柱损失贫化又比较大。(损失率达 10%～15%,甚至可达 20%,贫化率达 10%～15%)

——采用中深孔落矿,大块率高,要进行二次破碎,此工作量大。

——不能进行手选和分采。

d. 主要技术经济指标:

——矿块生产能力:140～180 t/a;

——凿岩效率:中深孔为 40～60 m/(台·班);

——运矿效率:电耙 110～150 t/(台·班);

——采矿工效:30～50 t/(工·班);

——贫化率:4%～8%;

——损失率:10%～15%;

——采切工程量:6～8 m/kt;

——主要材料消耗:

炸药单耗——0.1～0.3 kg/个;雷管单耗——0.2～0.3 个/t;导火线单耗——0.2～0.6 m/t;合金片单耗——0.02～0.05 g/t;钎子钢单耗——0.02 kg/t;坑木消耗——0.000 9～0.03 m³/t。

(2) 阶段凿岩阶段矿房法

① 特点

a. 此方法的回采工作面是垂直的,在回采工作开始之前,除了在矿房底部拉底、辟漏外,还必须开凿切割立槽,并以此为自由面进行落矿。崩落的矿石借自重落到矿房底部放出,如图 3-38 所示。

b. 这种方法在结构上与分段凿岩阶段矿房法有所不同。该方案是在顶柱下部开掘凿岩巷道,在凿岩巷道中,钻凿下向垂直深孔。凿岩深度是整个阶段。它不再划分为分段,不开掘分段巷道。

② 优点

a. 采准工作量比小中型法少。

b. 凿岩巷道布置简单,凿岩集中在一个水平上作业,架设和移动凿岩设备都比较方便。

c. 装药工作量比较省力。

③ 主要缺点及使用情况

a. 下向孔带来的缺点——I. 偏斜方向难以控制,炮孔越深,偏斜度越大;II. 易产生大块。

b. 这种方法在国外有使用的,而目前国内还未得到采用。主要原因一是上述缺点的存在;

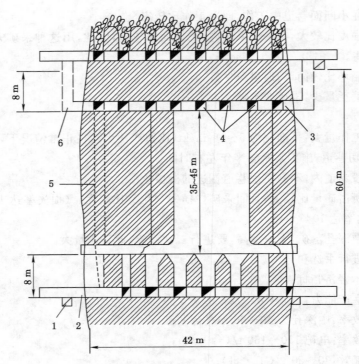

图 3-38　阶段凿岩阶段矿房法

1——运输平巷;2——耙矿平巷;3——凿岩横巷;4——凿岩平巷;5——天井;6——通风联络道

二是国内无打下向孔的设备。

2. 水平深孔落矿阶段矿房法

（1）特点

此方案也属空场法的一种,也是分两步骤回采,先房、后柱,再处理空区。这种方法不再把矿块的全阶段划分成分段开采,而是在凿岩天井中或凿岩硐室中打水平深孔,进行水平落矿,它是在 2 个阶段崩落矿石,崩落的矿石直接落在阶段底部结构上。该方法工人不进入采空区内,安全性好,工人凿岩是在小断面天井或硐室内工作。此方法,顶柱是矿房采完之后才暴露出来,因而顶柱暴露的时间比较短,故而可以采用较大的矿房尺寸。

（2）典型方案

① 构成要素及矿块布置

a. 矿块布置:

一般当矿体厚度在 20～30 m 以下时,矿块沿走向布置;大于 20～30 m 时,矿块垂直走向布置。

沿走向布置矿块时,矿房的矿量可占矿块矿量的 50%～70%,同时采准和切割工程量也比较少,而垂直走向布置矿块时,矿房矿量只占矿块矿量的 40%～50%。故只要是矿石和围岩稳定性允许,应当尽量采用沿走向布置。又由于这种方法多适用于厚大矿体,因而多由垂直走向布置矿块。

b. 阶段高度——对于这种方案,阶段高度比较大,一般为 60～80 m。增加阶段高度可以增加矿房矿量,减少顶底柱矿量的比重,同时又可以减少阶段采准工作和切割工作量。

　　c. 矿房长度——一般 20～50 m（沿走向布置时）（垂直走向布置时，矿房长等于矿体厚度）。

　　矿房长度受到矿岩稳固性、允许的暴露面积和暴露时间、矿体倾角的影响，同时矿房长度还受到矿体沿走向的变化及断层情况以及所使用的凿岩设备、运搬设备的影响。

　　d. 矿房宽度——矿块垂直走向布置时，矿房的宽度一般为 10～30 m。矿块沿走向布置时，矿房宽等于矿体厚度。

　　矿房宽度除了要参考允许暴露面积、矿体厚度、矿块高度之外，还与深孔的布置方式、漏斗受矿面积以及回采顺序有关。如果矿房是由上盘向下盘推进，上盘围岩暴露时间长，则矿房宽度就不宜太大；如果是从矿房中央向两盘回采，则矿房宽度可以大一些。

　　e. 矿柱尺寸：

　　Ⅰ. 间柱宽度——一般为 10～15 m。

　　间柱的储量占全矿块储量的 15％～35％，并且承受大部分岩石压力，因此必须要具有足够的强度。

　　间柱的大小和强度又取决于矿石的强度、围岩的压力、矿体厚度和矿体倾角、矿块高度、间柱回采时间以及间柱回采方法等。另外，还应当考虑间柱内是否开凿巷道，以及矿房深孔爆破的影响。一般经验认为，间柱宽度不应小于深孔最小抵抗线的 3 倍（水平深孔最小抵抗线为 2.5～3.5 m）。

　　Ⅱ. 顶柱厚度——一般为 6～8 m。

　　顶柱厚度是依据顶柱存在的期限、矿石强度、矿体厚度以及顶柱中是否开掘巷道等因素决定的。

　　Ⅲ. 底柱高度——底柱高度主要取决于所使用的底部结构形式。有漏斗底部结构的底柱高度为 8～13 m；无漏斗底部结构的底柱高度为 5～8 m。

　　影响底部结构的因素主要是：

　　——矿岩的稳固性（允许的暴露面积）。

　　——矿柱的稳固性及矿柱的回采方法（因为矿柱回采时的条件很差，在确定矿块结构尺寸时，要求尽量增加矿房尺寸、减少矿柱尺寸）。

　　——与所使用的采掘设备有关。

　　——与回采强度有关。

　　② 采准工作

　　此方案的采准巷道主要包括：脉外运输平巷及横巷、二次破碎巷道（多数为电耙道）、凿岩天井（通风天井）及凿岩硐室、联络道等。

　　a. 阶段运输平巷及横巷——一般布置在脉外，上、下盘各开一条沿脉巷道，中间隔一定距离开穿脉巷道连通，构成环形运输。例如弓长岭铁矿是环形运输，穿脉间距为 100 m。

　　b. 电耙道（二次破碎巷道）：

　　一般电耙道布置在运输水平之上 4～5 m 高的地方。用电耙将矿石耙入溜矿井中，然后在运输水平装车。

　　c. 凿岩天井：

　　凿岩天井是由运输横巷掘进的，使它与上部回风巷道连接。凿岩天井的位置选择很重要，它对于提高凿岩效率和矿石回收率都有较大影响。因此，在布置凿岩天井时，既要考虑减少采准工作量,又应当使深孔布置的合理。根据实际经验,凿岩天井布置在矿房的角上比较好,它能够较好地控制矿房边界,可以防止留残矿现象。如图 3-39 所示。

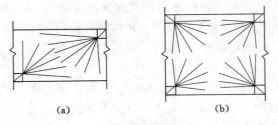

图 3-39　与上部回风巷道连接的凿岩天井

如果凿岩天井布置在矿房中央,由于靠近间柱和下盘部分的自由面不够充分,在这些地方就易产生"炮根"(残矿),使矿房上部逐渐变小。如图 3-40 所示。

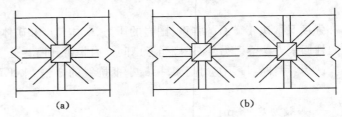

图 3-40　布置在矿房中央的凿岩天井

布置凿岩天井的距离,应当满足合理炮孔深度的要求。

当使用中深孔时,孔深不应超过 10～12 m。当使用深孔时,孔深不应超过 20 m。在合理孔深范围内,凿岩效率比较高。

d. 凿岩硐室:

当采用 YQ-100 深孔钻机凿岩时,一般需要开凿专门的凿岩硐室。硐室直径为 3.5～4.0 m,高 2.0～2.2 m。为了保证上、下相邻凿岩硐室的底板有足够的稳定性,可采用以下几种布置形式。要求上、下凿岩硐室之间的距离不能太小,应大于最小抵抗线。

——两个凿岩天井的硐室交错布置。每个凿岩天井的硐室担负一个分层的深孔钻凿工作。

——增加凿石硐室的间距,使每个硐室可以打两排孔。

——在一个天井中的上、下相邻凿岩硐室错开布置,避免在同一位置上、下重叠。

从总体看,在布置凿岩硐室时,应当注意如下几点:

——使炮孔深度合理。

——使炮孔能够控制矿房边界。

——开掘的凿岩硐室、天井及联络道应尽量不过多地削弱间柱的稳固性。

——上下相邻硐室之间的矿柱要有一定高度,以保持硐室的稳固性。

③ 切割工作

切割工作主要包括开掘拉底巷道、拉底空间和辟漏(具体的浅孔拉底辟漏的方法与浅孔留矿法相同)。

　　关于平底结构介绍如下：平底的施工比较复杂。首先在电耙巷道水平中掘两条耙运巷道和一条凿岩巷道，凿岩巷道沿矿房一侧的边界掘进。耙运巷道位于距离矿体边界 2 m 处的矿柱中。在耙运巷道中每隔 3 m 开一个放矿巷道（即出矿口）。与此同时，在电耙道以上 10～12 m 处开一条拉底巷道。到此，拉底所需的采准工作完成了。

　　采准之后，首先在矿块中央沿拉底全高开一个切割立槽，作为拉底的自由面；然后在凿岩巷道和拉底巷道中，分别以水平炮孔和扇形炮孔进行凿岩爆破工作，即可形成平底。另一种形成平底结构的施工方法是用中深孔开掘方法，如图 3-41 所示。

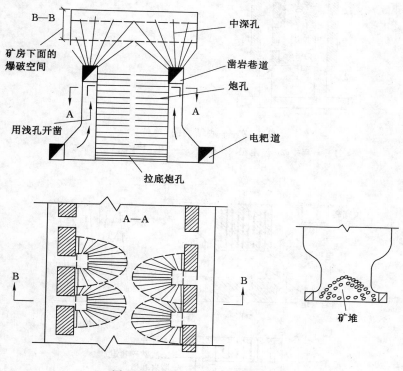

图 3-41　中深孔开掘的平底结构

　　用水平深孔施工方法：

　　a. 平底结构（图 3-42）：

　　Ⅰ. 平底结构的特点——平底结构的拉底水平与二次破碎水平在同一高度上。采下的矿石在拉底水平上形成一个三角矿堆。上面的矿石借自重经放矿口溜到电耙巷道中去。（实质上，平底结构是在堑沟基础上的扩大形式）

　　Ⅱ. 平底结构的优、缺点：

　　优点：简化了底部结构；减少了采准工作量；提高了切割工作效率；改善了放矿条件；减少了底柱矿量。

　　缺点：底柱上的三角矿堆不能及时回收，要等下阶段回采矿堆时才能回收，故这种形式使矿石损失贫化增加；对底柱切割的很厉害。

　　Ⅲ. 适用条件——当矿石相当稳固时，可采用平底结构。

　　b. 用垂直向上扇形炮孔开凿方法。如图 3-43 所示。

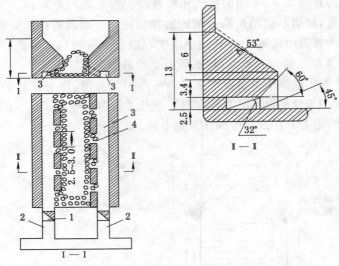

图 3-42　平底结构图（单位：m）

1——溜井；2——电耙绞车硐室；3——电耙巷道；4——放矿口

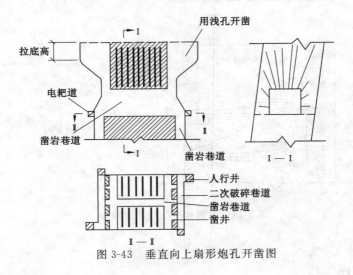

图 3-43　垂直向上扇形炮孔开凿图

④ 回采工作

a. 落矿：落矿方式可分为中深孔落矿和深孔落矿两种，具体如下：

Ⅰ. 中深孔落矿：

——用中深孔落矿时，其凿岩爆破工作是在凿岩天井中的平台上或吊盘上进行的。

——水平扇形中深孔的最小抵抗线为 1.5～2.0 m。

——为了避免二次破碎时污风影响凿岩工作，一般情况下，一个矿房中的炮孔全部打完后再进行分次爆破（集中凿岩，分次爆破）。

——打水平孔，也要上倾 5°～7°，其目的是：方便凿岩；有利于排岩粉；防止孔位下移——钎杆重量造成的。

Ⅱ. 深孔落矿：

——用深孔落矿时,凿岩工作是在凿岩硐室中进行的。

——水平扇形深孔的最小抵抗线为 2.5～3.5 m。

钻凿深孔硐室规格要求:若打一排孔时,硐室高 2.0～2.2 m;若打两排孔时,硐室高 2.8 m。

深孔爆破时应注意一个问题。即第一次爆破时,由于拉底空间不大,同时要保护底柱的稳固性,一般先爆破 1～2 排孔,以后可以逐渐增加排数。

b. 出矿:

I. 每次爆破下来的矿石可以全部放出,也可以暂留在矿房中,但是并不作为维护围岩的一种手段,只起到调节出矿量的作用。

II. 阶段矿房法一般都采用电耙出矿。

由于采用深孔落矿,大块可达 20%～30%,因而二次破碎量较大,这对出矿效率影响很大。二次破碎工作在电耙道中进行,一般是糊几个药包崩大块,目前矿山多采用浮放小药包崩大块办法。

c. 回采时的通风:

回采中矿房内通风比较简单,在凿岩时,凿岩天井都和回风巷道相通,通风条件比较好。

在放矿时期,二次破碎水平应有专门的回风巷道,以保证二次破碎后的炮烟能很快排出。

3. 对阶段矿房法的评价

(1) 适用条件

① 阶段矿房法要求矿石和围岩稳固,特别是围岩应当有足够的稳定性。② 要求矿体比较规正。③ 要求是急倾斜、厚矿体。④ 适用于开采价值不高的矿体。

(2) 主要优点

① 矿块生产能力高,有的矿山可达 300～400 t/d。② 劳动生产率高,凿岩工劳动生产率可达 25～33 m³/班。③ 坑木消耗少(0.000 2～0.000 5 m³/个)。④ 回采时作业安全。⑤ 通风条件好,卫生条件好。⑥ 采矿成本低。

(3) 主要缺点

① 矿柱所占矿量比较大(达到 35%～60%),而回采矿柱时,矿石损失和贫化又都比较大。如果用爆破方法回采矿柱时,则矿石损失可达 40%～60%。

② 大块率比较高,达 20%～30%(有的达到 35% 左右)。这样就增加了二次破碎工作量,以及增加了材料消耗量并使出矿条件恶化。

③ 生产实践证明,用这种方法开采,下盘丢矿比较严重。因为上盘在爆破时自由而充分,而下盘每次爆破都留下一块,越留越多。

(4) 有待于解决问题和发展方向

① 应当根据矿床赋存条件,正确选择矿块的构成要素,尽量增加矿房矿量的比重,减少矿柱矿量。并完善矿柱回采工艺,降低损失贫化。

② 为了防止下盘丢矿,应当沿下盘接触线掘进天井,在凿岩时控制崩矿范围。

③ 合理选择落矿参数,减少大块。

④ 改进凿岩工具和设备,解决上水平巷道掘进机械化。特别是天井联络道和凿岩硐室的掘进和出矿比较困难,体力劳动繁重,应加以改进。

(5) 主要技术经济指标

① 矿块生产能力——200～300 t/d;② 凿岩效率——深孔 12～18 m/(台·班);③ 运矿

效率——电耙90～110 t/(台·班);④ 采矿工效——25～44 t/(台·班);⑤ 贫化率——10%～15%;⑥ 损失率——10%～20%;⑦ 采矿工程量——2～4 m/kt;⑧ 每米孔崩矿量25～35 t/m;⑨ 主要材料消耗:炸药——0.15～0.3 kg/个;导火线——0.1～0.3 m/个;钎子钢——0.02～0.03 kg/个;雷管——0.2～0.3 g/个;合金线——0.02～0.03 g/个;坑木——0.000 2～0.000 5 m³/个。

二、充填采矿法

1. 充填采矿法特点

凡是随着回采工作面的推进,逐步用充填料充填采空区的方法叫做充填采矿法。

充填采矿法也将矿块划分为矿房和矿柱分两步骤回采,先采矿房,后采矿柱。矿柱回采可用充填法,也可以考虑用其他方法。

矿房的回采是采一分层,把矿石运出,随后充填这一层,然后再采一层,再充填一层。依此循环,直到全矿房采完为止。一采一充或两采一充。

2. 充填的目的

(1) 进行地压管理

利用形成的充填体进行地压管理,用于控制围岩崩落和地表下沉,并为回采工作面创造方便和安全条件,保护地表建筑物,缓和大面积地压活动。

(2) 杜绝内因火灾

有些矿山用这种方法来预防有自燃性的矿床(内因火灾或其他灾害)。

如我国湘潭锰矿,矿体的直接顶板为叶片状黑色页岩,崩落后在有水和空气的条件下,经30～50 d后发生自燃。采用充填法后,杜绝了内因火灾。

(3) 为回采矿柱创造条件

矿房采完以后空场能否及时进行充填,直接导致矿柱能否进行回采,由此将直接影响矿山三级矿量的平衡和均衡生产。如我国凡口铅锌矿,用水平分层充填法回采了两侧均为水泥尾砂、胶结充填体的矿柱。

(4) 为深部、水下开采创造条件

用于深部开采、水下采矿以及预防冲击地压。

3. 充填材料及充填料的输送方法

(1) 充填材料来源

① 地表堆积的废石;② 掘进坑边的废石;③ 选矿厂的尾砂;④ 冶炼厂的炉渣;⑤ 戈壁集料;⑥ 从地表属门采石等。

(2) 充填材料的输送方法

可以通过矿车或其他机械运输,也可用风力、水力输送。目前,水力输送应用比较广泛。

4. 充填采矿法分类

(1) 按充填料的性能和充填工艺特点分类:胶结充填和非胶结充填。非胶结充填又可分为:干式充填和水砂充填。

(2) 按矿块回采工作面的推进方向和回采工艺特点分类:① 上向分层充填采矿法;② 下向分层充填采矿法;③ 壁式充填采矿法;④ 削壁充填法;⑤ 支架充填法。

5.充填采矿法的适用条件

(1) 开采品位较高的富矿,并且要求有比较高的回采率和比较低的贫化率;或开采稀贵金属。

(2) 赋存条件和开采技术条件比较复杂的矿床,如:① 水文地质条件、矿体形状比较复杂;② 矿体埋藏较深而且地压较大;③ 矿石或围岩有自然发火的危险;④ 地表或围岩不允许有大面积沉陷或剧烈移动而需要特殊保护;⑤ 露天和地下同时进行开采。

(3) 适用于开采矿石稳固、围岩不稳固的矿床。如果能采用特殊的支护方法或下向分层充填法,也可以用来开采矿石不稳固的矿体。

(4) 适用于开采急倾斜矿体。因为急倾斜矿体便于向采场输送充填料,并且可以减少充填不到的空间及充填料接顶的面积。然而,如果能采用水力或风力充填,也可以用于缓倾斜薄矿脉的开采。

6.充填采矿法与其他采矿方法比较

(1) 充填采矿法的优点

① 采、切工程量小,灵活性大。

② 矿石损失、贫化小。

③ 能够比较有效地维护围岩,减少围岩的移动和防止大量冒落。

④ 对于薄矿脉或多品种矿石可以进行选别回采。

⑤ 可以防止矿床开采的内因火灾。

(2) 充填采矿法的缺点

① 回采工艺和充填工艺复杂。

② 充填和采矿互相影响,如果回采作业机械化不能妥善解决,则生产效率和生产能力都比较低。

③ 充填料的开采、加工、输送及其他一系列消耗使矿石成本较高。开采、运输与堆积充填料这些工作所需要的费用占采矿成本的 40%～50%。

④ 劳动强度大。

(一) 干式充填采矿法

1.干式充填采矿法的特点和适用条件

(1) 特点

① 将矿块划分为矿房和矿柱,先采矿房,后采矿柱,两步骤回采。矿房是自下而上分层回采,随着回采工作面的向上推进,逐层充填采空区维护上、下盘围岩,同时为继续上采创造作业条件。

② 干式充填采矿法多用废石作为充填料,充填料利用主充填井下放到井下,再用其他运输方式送到工作面进行采场充填工作。

③ 矿房回采到最后一个分层后,要进行接顶充填。

④ 矿柱回采工作是在采完一批矿房以后或采完一个阶段后进行。

(2) 适用条件

① 适用开采品位高、价值高的矿石(采矿体厚度小于 4 m)。

② 适用于开采矿石稳固,而围岩不稳固的急倾斜薄到中厚的矿体;矿体太厚时,充填工作量大,输送充填料和在矿房中铺平充填料的工作太繁重。

③ 缺乏水力充填的廉价材料。

④ 矿山开采中自然涌水量大,不宜采用水力充填法开采。

⑤ 缺乏水源地区的矿山,用水力充填法供应不上水。

(3) 干式充填法分类

按工作面形式不同,可分为三类,即:

① 上向水平分层干式充填法。

② 倾斜分层干式充填法。

③ 削壁充填采矿法。

2. 干式充填采矿法典型方案(上向水平分层干式充填采矿法)

(1) 上向水平分层干式充填采矿法特点

属于干式充填法的一种,与干式充填法总的特点基本相同。它也是两步骤回采,自下而上分层回采。随着工作面向上推进,逐层充填采空区,用以支撑上、下盘围岩并造成不断上采的作业条件。

当矿房采到最后一个分层后,要进行接顶充填。矿房采完后,再有计划地回采矿柱。

(2) 矿块构成要素

① 矿块布置方式

矿块布置方式分为沿走向和切走向两种。

a. 沿走向布置——当矿石与围岩比较稳固的条件下,矿体厚度又不超过 10~15 m 时,采用沿走向布置。

b. 矿块垂直走向布置——矿体厚度大于 10~15 m 时,用切走向布置。(由所给尺寸可看出,此数值比空场法要小。因为围岩不稳固,允许暴露的面积小,因而以 10~15 m 为界)

② 矿房长度

矿房的长度一般宜控制在 50 m 以内。如果矿体厚度超过 50 m,则在矿体的垂直走向方向布置两排矿房,在两排矿房之间留沿走向的纵向矿柱。

干式充填采矿法典型方案如图 3-44 所示。

③ 阶段高度

a. 阶段高度一般为 30~60 m(常用的是 35~45 m)。

b. 阶段高度过大,在生产中会产生一些困难,如:当矿体厚度不大,而矿体倾角变化大时,会引起架设溜矿井的困难;当矿体很厚,出矿量很多时,溜井下部磨损大,维护困难(钢溜井可通过 10 万~15 万 t 矿石,预制混凝土溜井一般达不到 10 万 t 矿石)。

阶段高度大,则回采速度慢,当回采上部分层时,矿石的稳固性降低。

阶段高度的取值方法:a. 当矿体倾角比较大,倾角和厚度变化不大,矿体、轮廓规则时,采用较大的阶段高度;b. 当矿床勘探类型越高时,阶段高度可以取的越小。

④ 矿房的水平暴露面积

矿房的水平暴露面积主要取决于矿石的稳固性。当矿石稳固时,水平暴露面积多在300~500 m²;当矿石很稳固时,可达到 800~1 200 m² 或更大(个别矿山达到 2 000 m²)。

⑤ 矿柱尺寸

a. 间柱宽度:间距宽度取决于间柱的回采方法和矿岩的稳固性以及矿体厚度。用充填法回采间柱时,可留 7~10 m。

当矿石和围岩不太稳固且地压较大时,则应取较大的尺寸。间柱留的过小,受的压力大,不易回采矿柱;间柱留的过大,则又形成较大的采空区。

当矿体很薄时(3～4 m的薄矿脉),也可以不留间柱,此时采用在矿房之间浇灌混凝土隔墙的办法。

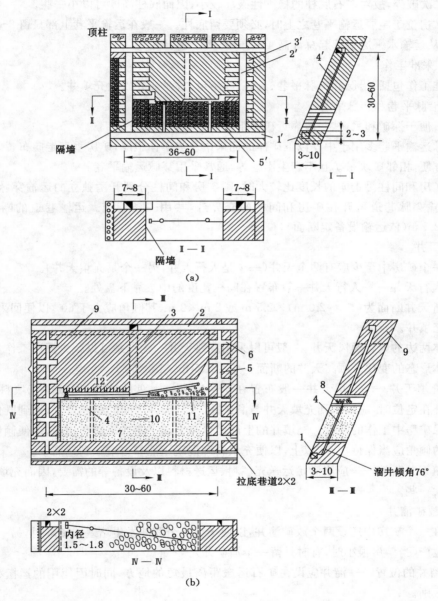

图 3-44 干式充填采矿示意图(单位:m)

1′——沿脉平巷;2′——人行天井;3′——联络道;4′——充填天井;5′——溜矿井;
1——阶段运输平巷;2——回风巷道;3——充填天井;4——放矿溜井;5——人行通风天井;
6——联络道(间距4～6 m);7——隔墙;8——底板;9——顶柱;10——充填料;11——崩下矿石;12——炮孔

b. 顶柱厚度:当上部运输巷道需要保护时,则应当根据矿石的稳固性和矿房的大小,保留 3~5 m 厚的顶柱。不留顶柱可以简化回采步骤,因而可以减小矿石的损失和贫化,但需要建造人工假巷。

c. 底柱高度:对于充填采矿法,由于采准巷道布置简单,在底柱中的巷道很少,并且不在其中进行二次破碎,故对矿石底柱的稳固性破坏较小,因而底柱高度可以小一些。

当矿房位于主要运输平巷之上时,必须要留底柱。一般在运输平巷上部只留 2~3 m 高的底柱(即从运输水平底板算起总计高 4~5 m)。

(3) 采准工作

采准工作包括:沿脉和穿脉平巷、天井、联络道、放矿溜井以及充填井。

① 沿脉平巷和穿脉平巷

为了便于探矿和采矿,一般靠近矿体下盘或上盘边界掘进。

沿脉运输平巷多用于中厚以下矿体的回采中。当矿体很厚,矿房垂直走向布置时,为了布置溜井方便,相邻矿块采矿互不产生影响等,通常采用穿脉运输平巷。

当矿房和间柱沿走向的长度比较大时,则矿房和间柱分别开凿独立的运输穿脉巷道。相反,则运输穿脉巷道可开在矿房和间柱的交界外,共用一条巷道。运输巷道的断面一般为 2.1 m×2.5 m(依运输设备定断面)。

② 天井

在一个矿房中至少应有两个天井(一个是人行天井,另一个是充填天井)。

a. 人行天井——人行天井一般布置在间柱宽度的中央靠下盘处。

人行天井断面为(1.5~2.0 m)×2.5 m 或 2 m×2 m,其倾角应大于 60°,以便回采矿柱时可以改作充填井。

矿体两边的人行通风天井,一般可以采用顺路天井。优点是可以减少掘进工作量,同时能适应矿体形态的变化。顺路天井的断面一般为 1.5 m×1.5 m。

b. 充填天井——充填天井一般布置在矿房中央靠上盘的地方,以减少充填料的运搬距离。另外在定位时,应考虑到充填天井与溜矿井、人行天井之间的相互位置,做到既便于工作,而又确保矿房中工作的安全。充填井的上部出口与上部平巷或短横巷相通,以便倾倒充填料。充填井的倾角应当保持在 60°以上,以便充填料和混凝土能靠自重顺利地溜下。

充填天井断面——应当满足运送充填料、运送材料以及设备等的需要,因而充填天井的断面应当大一些。

③ 放矿溜井

a. 在一个矿房中应设两个放矿溜井,以便于当一个溜井发生堵塞或破坏时,另一个溜井还能继续生产(当矿房很小时,有时只留一个溜矿井)。

b. 溜井的位置——溜井应设在矿石运搬距离最短的地方,同时因使用的运搬机械不同,应有所区别。

c. 溜井断面——通常为圆形断面,内径为 1.5~1.8 m,它是由矿石的块度及出矿量大小确定的。

d. 溜井砌筑——溜井可用混凝土浇灌或预制混凝土砖砌筑,或者用钢板焊接成圆筒(如焦家金矿、红花沟金矿都用钢板)。

e. 溜井的倾角应当大于 60°。

溜井的下口与平巷或横巷相通,并设有放矿闸门。

④ 联络道

自拉底水平的底板起,在天井中每隔 4～6 m 垂高布置一条联络道,使之与矿房相通。两个天井的联络道,在垂直位置错开布置较好,以免充填时两个天井中的联络道同时被堵死。联络道要和天井掘进同时完成。联络道断面为 1.5 m×2 m～1.8 m×2 m。

(4) 切割工作

对于干式充填采矿法,切割工作只有一个拉底工作。在拉底之前,先在拉底水平掘进一条拉底巷道,它是先由人行天井第一条联络道掘进一条短巷,与溜矿井相通,然后利用溜矿井出矿,同时把拉底巷道(在矿房中)掘进完毕。拉底水平位于运输巷道上部 2～3 m 处,拉底巷道断面为 1.8 m×2.0 m～2 m×2 m。

在拉底巷道的基础上,向矿房两边扩大至矿房边界。在拉底区的底板要浇灌一层厚 0.3～0.5 m 钢筋混凝土作为下阶段回采的保护层。

拉底的方法可分为无底柱拉底方法和有底柱拉底方法两种:

① 无底柱拉底方法(人工底柱)

a. 无底柱拉底方法适用于开采贵重金属的薄矿脉。

b. 拉底方法是,从运输平巷开始,在矿房范围内将平巷开帮,扩大到矿房边界,再往上挑顶,使总高度达到 5～6 m。将矿石运出后,在底层铺 0.3 m 厚的钢筋混凝土底板,在此底板上人工浇筑运输平巷,其他空间用充填料充填满,再浇 0.2 m 厚的底板即可,如图 3-45(a)所示。

② 留底柱的拉底方法

在运输巷道顶上留有 2～3 m 的矿石底柱,在底柱上拉底,先从井中的联络道掘进一条切割巷道(短巷)和放矿溜井连通,以利于用溜井出矿。利用切割巷道拉底,在拉底巷道的基础上,扩帮形成高为 2～2.5 m 的拉底空间。然后在上面浇筑一层 0.3～0.5 m 厚的钢筋混凝土底板。如图 3-45(b)所示。

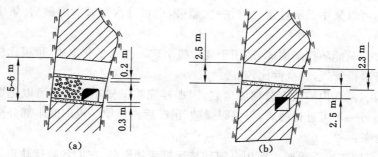

图 3-45　两种拉底方法图

(a) 不留底柱拉底;(b) 留底柱拉底

上述两种拉底方法,各有优缺点。

无底柱拉底方法的优点是:可以免除回采底柱的困难,提高矿石回收率。缺点是:工作繁重,劳动量大,效率低。

留底柱拉底方法的优点是:效率高,拉底时对巷道的运输工作影响较小。缺点是:回采底柱的损失比较大。

（5）回采工作

回采工作一般是按分层进行的，每采完一层，就充填一层，使工作空间始终保持 2.0～2.2 m 的高度。这样每采充一次便形成一个工作循环。每一分层的回采作业是相同的。

每一个工作循环包括：落矿、撬毛、运搬矿石、充填、浇注混凝土隔墙和底板、加高溜矿井和顺路天井等。由此可见，缩短一个回采循环时间，即可提高充填法技术经济效果。

① 落矿的分层高度——目前国内主要用浅孔崩矿，分层高度为 1.5～2.0 m；如果用中深孔崩矿，则分层高度可达 4～5 m；或可采用两次以致多次浅孔崩矿，逐步形成。

加大分层高度有优点，也有不足。

优点：a. 可减少辅助作业量（如清场、浇注工作，吊迁设备等）。b. 可提高劳动生产率和采矿程度，降低采矿成本。

缺点：a. 撬毛工作困难：因采空区的空间高达 6～7 m，工人观察、检查顶板困难，处理浮石也难，故安全性差。b. 若用中深孔落矿，则必然增加大块，增加了破大块工作量，影响电耙出矿效率，且污染空气。c. 若用人工浇注隔墙时，则由于隔墙高度增大，造成浇注工作劳动强度大，困难显著增加。在条件许可情况下，可以采用高分层回采。

采用高分层的必要条件和应采取的措施是：

a. 矿石和上盘围岩很稳固；

b. 有自行式升降台，可随时检查顶板和处理浮石；

c. 有输送混凝土浇注隔墙的机械设备；

d. 使用高效率的凿岩设备，加大炮孔密度，减少大块率。

② 凿岩爆破工作：

凿岩方式有两种：a. 利用上向式凿岩机打上向孔；b. 打水平孔。一般多用上向孔，孔深 1.6～2.0 m，孔间距 0.8～1.2 m。

前后排炮孔错开布置，以充填井为自由面崩矿，每分层分为 2～3 次爆破。

打上向孔，可以集中把眼打定，然后一次爆破，也可分次爆破。爆破后，集中出矿，适合用电耙出矿。

打水平孔时，只能随打随崩矿，适用于装矿机出矿。打水平孔崩矿，顶板比较平整，撬渣工作量小，有利于顶板管理，安全性比较好。

对于充填法，采场内一般不分梯度凿岩，因那样充填工作不利。但可以先爆破一半，之后充填这一半，而另一半可进行凿岩，打完眼爆破，出矿后再充填。也即两半部分交替进行作业。

③ 矿石运搬：

目前国内充填法矿石运搬主要用电耙和装运机两种设备，它们各有优缺点。

电耙的优点是：坚固耐用，操作简单，维修费低，运搬能力大（一台 28 kW 电耙，平均生产能力可达 120～150 t/台），用电耙在采场内既可出矿，又可用来耙平混凝土料，也可用来铺平充填料，效率高。

缺点是：靠边处矿石耙不干净，要人工辅助清理，经常移动滑轮。需要有高强度的混凝土底板，否则会增加矿石的损失贫化。

装运机的优点是：运输灵活，能比较干净地把矿房内的矿石装运出去。

缺点是：不能耙平充填料，也不能用来铺设混凝土。

④ 混凝土浇注工作：

干式充填法的混凝土浇注工作有三项——浇注底板、隔墙及放矿溜井,有时也要浇注人工假底和顺路天井。

a. 浇注底板:

为了提高矿石回收率和改进作业条件,要在充填料上(每一分层回采完以后)铺一层厚为8～10 cm 的混凝土,人工浇注混凝土时,效率低,劳动强度大。

另一种方法是把搅拌好的混凝土从充填井下放,倒入采场中,然后用电耙耙(耙斗翻过来放着)再辅助少量人力劳动即可完成。

一个 300～500 m² 的矿房,一个班时间可以铺完混凝土底板。

对混凝土底板强度要求——一般要求在落矿之前轴向抗压强度不小于 2 MPa,且应在铺设后 2～3 个班内达到此强度。

b. 浇注混凝土隔墙(有的矿山叫护壁):

隔墙的作用——将间柱和充填料分开,为以后回采间柱创造条件,以降低矿石损失和贫化。

隔墙的厚度——各个矿山不一,一般为 0.5～2.0 m。

目前多数矿山是先充填矿房,而后砌筑隔墙。即首先用混凝土预制件做好隔墙的模板,之后进行充填工作,当进行到一个分层还差 0.2 m 时停止充填,改为进行浇注混凝土底板工作,与此同时把混凝土注入隔墙内,使底板和隔墙同时完成,这样工作效率比较高。

⑤ 充填工作:

充填的主要目的——利用充填料支撑两盘围岩和作为工人作业的工作台。每采完一层后要进行充填,否则采完的空区高度加高一层,对采矿作业不方便,且不安全。

充填工艺——矿房采完,完成一部分准备工作后(如浇注隔墙、加高溜矿井及顺路天井等),从充填井向矿房下放充填料,待充填量达到设计要求的高度时停止,扒平表面,然后铺一层混凝土底板。至此,充填工作结束,又可开始下一次新的循环。

干式充填所用的材料——多用废石,即井下掘进的废石,或开辟专用的采石场掘进废石。对充填料块度要求:块度不要太大,一般不超过 300～350 mm,以及考虑运送上的困难。要求充填料中含硫不应太高,以及含黄沙量应少,含黏结性的物质应少。

3. 干式充填系统

干式充填系统如图 3-46 所示。

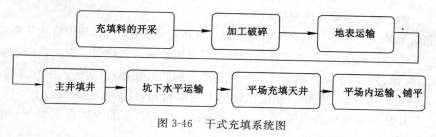

图 3-46 干式充填系统图

实际生产中,当开采深度不大,且地表采石条件方便时,可采用多充填井下料,这样可以减少坑内水平运输工作。

当采用主充填井下料方式时,为了不与运矿系统互相干扰,充填井多布置在矿体上盘,力求形成单独充填运输系统。当充填工作量较大时,还应设置专门的水平巷道来运送充填料。

4. 对干式充填采矿法的评价

干式充填法对于支撑围岩、控制地压是一种比较有效的办法。它适用于中小型矿山进行采矿。但干式充填法不是十分理想的方法。

(1) 优点

① 适用范围比较广泛,不仅开采极薄矿脉可用,且也可用来开采薄矿脉、中厚矿脉。

② 工艺比较简单,容易掌握,也不需要很多配套设备,投资少。

③ 对充填料种类组成要求不严,故充填料来源较广。

④ 当开采薄矿脉时,采掘围岩量已够充填空区,无须建专门的充填系统。

⑤ 巷道不受泥水污染,不支付其他额外费用(与水力、胶结充填法比)。

⑥ 可直接利用井下掘进的废石充填空区。

(2) 缺点

① 充填作业不连续,故效率低,延续时间长,不便于形成自动化作业线。

② 充填体不够致密,沉降系数较大(10%～25%),接顶差。

③ 井下废石消耗量大,一般都要掘进专门巷道输运充填料。否则,常与运矿互相干扰。

④ 采矿中粉尘大,污染井下空气,卫生条件差。

⑤ 劳动条件差,劳动强度大,效率低。

⑥ 充填面不易平整,铺设垫板也比较困难。

⑦ 充填成本高。

(3) 改进方向

① 干式充填体的收缩率较大,接顶较差。应综合研究减小收缩率的措施,以及接顶新工艺。

② 在电耙出矿以后,清场工作仍然未完成,延续时间长,应研究有关机械设备。

③ 对于干式充填法的矿山压力缺乏深入研究,采矿方法的参数多凭经验确定,有必要进一步研究。

④ 应研究适合于缓倾斜、极薄矿脉分层充填法特点的小型充填机械设备。

(二) 水力充填采矿法

1. 水力充填法概况

近年来,水力充填采矿法在我国地下金属矿山使用的越来越多,呈逐渐增加的趋向,这是由于充填工艺的不断改进而促进发展的。

水力充填采矿法是将适当的充填料与水混合成浓度均匀的砂浆,利用自然压头或泵压,通过管道或与管道相接的钻孔,把充填料输送到需要充填的回采工作面。充填料经过脱水之后,即形成充填体,而脱去的水则由顺路天井流入巷道水沟和沉淀池,最后进入水仓并排至坑外。

水力充填采矿法与干式充填采矿法在结构上基本相同,只是在充填系统上不同。水力充填采矿法也把矿块分成两步骤回采,先采房、后采柱。矿房自下而上或自上而下分层回采,分层水力充填;矿柱也用同类方法回采。

2. 水力充填法在我国使用情况

我国采用充填法本来比较早,但采用水力充填法却很晚,直到 20 世纪 60 年才发展起来,而水力充填法用于金属矿山开采就略多一些。

水力充填法是由干式充填演变来的。当时发现选厂的尾矿对人们造成危害,冶炼出来炉渣也成了灾害。如何处理？人们就用这些东西为人类服务，把这些有害之物卷入地下，为了增加充填体的程度，人们对充填料又进行了一定的加工配制。

3. 水力充填系统

水力充填中，由于采用的材料不同，使得系统中一些环节也有差异，但基本的工艺过程是一致的。水力充填系统大致如图 3-47 所示。

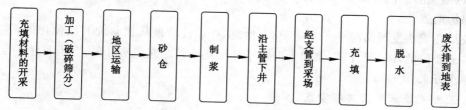

图 3-47　水力充填系统

4. 对水力充填采矿法的评价

（1）主要优点

① 水力充填采矿法对于矿体赋存条件要求不严格，一般矿体均可使用。

② 充填体比较致密，抗压能力强，能比较有效地防止围岩移动和控制矿山压力。

③ 矿石回收率高，贫化率低。

④ 能开采有自燃性的矿床，可防止内因火灾。

⑤ 可以有效地利用尾砂、废石。

（2）主要缺点

① 回采工艺复杂。

② 采场生产能力和劳动生产率低。

③ 采矿成本高（水泥及钢材等）。

④ 回采强度低。

⑤ 需要用大量的充填用水，而这些水从充填体中脱出后，又带着大量污泥和细砂，漏入巷道和水沟，增加了排水设施和排水费用，加速了水泵的磨损，增加了巷道和水沟的清理工作量。

⑥ 恶化了井下坑道环境卫生。

（3）改进方向

① 提高充填体的强度。例如，是否可以考虑用振动器来增大强度。据有关试验，如果不加振动器，则尾砂的空隙率为 35%，加振动器以后，空际率可达 18%～20%。

② 寻求更有效的接顶工艺。据有关资料，美国专利介绍了一种加热后能膨胀数倍的粒状聚苯乙烯材料，把此材料填入空区，这种膨胀后的材料有足够的强度，可以牢固地支护采空区大面积顶板。而加拿大采用加压注浆的充填法。

③ 应继续寻求廉价而来源充足的混凝土材料。目前水泥用量大，来源还是比较困难的。

④ 进一步简化充填料的制作工艺。

（三）胶结充填采矿法

1. 概述

胶结充填采矿法是在水力充填采矿法的基础上发展起来的。从水力充填法可知其存在不少缺点，干式充填缺点也不少，它们都未能很好地解决充填体的压缩沉降问题，也没有为回采矿柱创造安全方便的条件,因而还不能彻底防止岩层移动问题。因而人们研究出胶结充填法。

胶结充填法特点——属充填法之一,它是在充填料中加入适当的胶凝材料,使松散的充填料凝结成具有一定强度的整体,用以改善矿柱的回采条件,并使回采方案具有较大的灵活性,用以适应复杂的开采技术条件。胶结充填的目的还在于降低矿石损失和贫化,同时更严格地保护地表。

胶结充填法发展简况——它是于 20 世纪 50 年代后期从加拿大开始使用的,并逐步获得推广。我国的凡口铅锌矿,使用上向水平分层尾砂胶结充填法开采,金川龙骨矿也使用胶结充填法开采。

2. 胶结充填采矿法典型方案

(1) 矿块划分及矿柱尺寸

胶结充填采矿法的实质在于:把矿体划分成矿房和矿柱,分两步回采,先用胶结充填法回采Ⅰ部分,然后用干式充填或水力充填法回采第Ⅱ部分。

矿房和矿柱的尺寸,是根据矿石和围岩的稳固程度来考虑的,同时还应考虑到胶结充填法的成本高。因此,在矿岩稳定性允许条件下,只要人工矿柱Ⅰ能保证第Ⅱ部分回采的安全性,则第Ⅰ部分就应采用较小尺寸,第Ⅱ部分都应采用较大尺寸。实际上Ⅰ部分胶结充填法回采后,形成了人工矿柱,为回采第Ⅱ部分创造了条件。

(2) 构成要素及采准、切割、回采工艺

胶结充填采矿法的构成要素、采准、切割及回采工艺和水力充填法基本相同,不再重述,下面仅介绍不同之处。

① 不设滤水井:一般不设滤水井,个别矿山(如焦家金矿)设滤水井。由于胶结充填料中采用了高强度等级的水泥和絮凝剂,如果再让它滤出大量水分,反而不利于水泥的硬化。但也不能使水量过多,水过多会使充填体形成蜂窝状,从而降低充填体强度。

胶结充填法主要是用溢流脱水。

② 溜井的形成:溜井不必专门砌筑,只要事先打好模板即可,但当采用低强度等级材料充填时,还要专门砌筑溜井。

③ 当矿块回采时,在阶段运输水平全面拉开,用混凝土砌筑人工巷道和人工辅柱。矿块的回采是一直采到上阶段的混凝土辅柱为止,不留顶柱。

④ 接顶方法——在许多情况下,要求保护好地表,不允许岩层有较大移动和地表陷落,因而接顶问题成为关键问题之一。接顶的方法有以下几种:

a. 人工接顶方法——即把最后一个充填分层分为若干个 1.5 m 宽的分条,然后一个分条、一个分条地浇注。浇注之前,先立好模板(1.0 m 高),之后随着浇注体的加高而逐渐加高模板。胶结充填料是用铁铲送到模板里的。当充填到距顶板只剩下 0.5 m 左右时,再用石块或混凝土砖抹砂浆砌筑接顶,使残余的空间完全填满。这种接顶方法可靠,但劳动很繁重,效率低,消耗木材量很大。

b. 砂浆加压接顶方法——即用液压泵将砂浆沿管道压入接顶空间,使接顶空间填满的办法。接顶前要严格做好接顶空间的密封工作(堵塞顶板和帮上的裂缝等)。这种方法只要压力够用,效果比较好。

c. 采用混凝土泵和混凝土浇注机风力充填接顶方法——我国龙固矿进行过试验。结果表明,效果良好,实测顶板留下的空隙很小,仅有几厘米,而这几厘米还是由于混凝土体硬化收缩的结果。

　　d. 喷射式接顶法——日本用这种方法接顶,它是把充填管道铺设在接顶充填空间的顶板上,适当加大管道中的砂浆流的剩余压力,使排出的砂浆具有一定的压力和速度,使之形成向上的砂浆流,促使充填料充满接顶空间。

　　(3) 胶结充填使用的材料

　　胶结充填材料包括:胶凝材料、粗骨料、细骨料和水。

　　① 胶凝材料——我国用水泥。② 粗骨料——碎石、卵石(粗骨料粒径一般为 5～50 mm)。③ 细骨料——河沙、尾砂(西北地区有些矿山用戈壁集料)(细骨料指粒径为 0.15～5 mm 的砂料。分级后的尾砂、细骨料粒径为 0.03 mm)。

　　3. 对胶结充填采矿法的评价

　　(1) 评价

　　胶结充填采矿法是近年来发展起来的新工艺。胶结充填法对于防止岩层移动和地表沉陷,提高矿柱回采的回收率和降低贫化率,保证工作安全方面有较好的效果。它是有发展前途的一种采矿方法。存在的一些问题是暂时的,随着科学技术的发展,将会逐步加以解决。

　　(2) 适用范围

　　① 开采贵重金属、稀有金属、有色金属的富矿体。

　　② 开采有自燃危险的有色金属富矿体,便于杜绝内因火灾。

　　③ 露天和地下同时开采富矿。

　　④ 优先开采矿床中的富矿区,并尽可能保护上部暂缓开采的贫矿。

　　⑤ 在河床或水下开采富矿。

　　⑥ 提前开采保安矿柱。

　　⑦ 地表需要特殊保护。

　　(3) 存在的问题

　　① 充填成本高——胶结充填成本费用为 20 元/m³ 以上。充填费用占采矿直接成本的比例如表 3-2 所示。

表 3-2　　　　　　　　　　　　　　　　充填费用占比

充填方法	国内	国外
胶结	35%～50%	50%
水力	15%～25%	5%

　　成本高的原因:a. 采用了较贵的水泥(每 1 m³ 充填料中用 150～350 kg 水泥,在充填成本中,水泥费用占 40% 以上)。b. 采用了成本很高的压气输送胶结材料。

　　② 水泥的离析问题——造成水泥离析的原因在于水分过大,在输送时水分大、浓度小。多数矿山用的浓度为 40%～50%(质量浓度)。解决办法是加入适量的絮凝剂。

　　③ 采充不协调问题——从矿山实际情况看,充填赶不上回采的要求。直接影响着采场生产能力的提高(平均日产仅 45～50 t)。应研究充填料的输送方法和充填工艺。

　　④ 胶结充填与水力充填之间的矛盾——目前我国多用胶结充填法采矿房,而用水力充

填法采矿柱。生产初期胶结充填工作量大,而后期水力充填工作量大,很不平衡,造成充填系统和技术管理上的复杂化。若只用胶结充填,成本太高。

⑤ 改善了回采间柱和条件,但回采阶段矿柱仍然很复杂,若筑混凝土底柱速度慢,影响生产任务完成。

三、崩落采矿法

崩落采矿法是一种回采过程中,不分矿房、矿柱,随回采工作面推进,以强制或自然崩落的围岩充填采空区,实现采场地压管理的采矿法。沿矿体边界挖有环形运输巷道;在矿体的上盘或下盘开挖切割巷道形成切割空间,在堑沟中向上凿钻扇形炮孔进行爆破,后退回采,其特征在于运输巷道和堑沟巷道,通过切割槽连通环形运输巷道和装矿巷道,简化了采场结构,实现了一巷道多种用途,减少了采掘工作量,降低了采矿成本,科学管理地压。

1. 概述

带假顶低分段的分段崩落采矿法于 19 世纪 90 年代首先用于美国。分层崩落采矿法使用得更早。20 世纪 50 年代我国开始使用崩落采矿法,1990 年主要地下有色金属矿山用崩落采矿法采出的矿石占 37.8%。1991 年大型地下铁矿用崩落采矿法采出的矿石占 98.46%。崩落采矿法的发展趋势是:分层崩落采矿法将有一部分被下向分层充填采矿法等代替,简化有底柱分段崩落采矿法和阶段崩落采矿法的结构,增大无底柱分段崩落采矿法的分段高度和回采进路间距,目的是提高开采作业的机械化水平和减小采准工作量。

2. 方法类别

崩落采矿法分为单层崩落采矿法、分层崩落采矿法、分段崩落采矿法和阶段崩落采矿法。在单层崩落采矿法和分层崩落采矿法中,围岩滞后崩落或被假顶隔离,崩落岩石不覆盖崩下矿石;在分段崩落采矿法和阶段崩落采矿法中,崩落的矿石直接被崩落岩石覆盖或侧面包围,放矿时两者同时向放矿口运动,随意放矿会引起崩落岩石提前大量混入矿石中。

(1) 壁式崩落法

适用于开采顶板不够稳固、厚度不大的缓倾斜层状矿床。它的特点是一次开采矿体全厚。根据工作面的布置形式,壁式崩落法分为:长壁崩落法、短壁崩落法和进路崩落法。

(2) 分层崩落法

将矿块在垂直方向划分为小于 3 m 的分层,自上而下逐层回采。回采工作在假顶保护下进行。本法的缺点是:木材消耗量大,工序复杂,劳动生产率低,成本高,通风条件差;优点是:贫化率低(3%~5%),回收率高(可达 90%~95%)。过去曾广泛应用,现在已逐步由其他高效采矿方法取代,应用比例很小。

(3) 阶段崩落法

特点是在阶段全高上借助凿岩爆破或重力崩落矿石,并在崩落覆盖岩层下通过矿块的底部结构放出矿石。阶段崩落法分为阶段强制崩落法和阶段自然崩落法。

3. 崩落采矿法特点

(1) 崩落法不再把矿块划分为矿房和矿柱,而是以整个矿块作为一个回采单元,按一定的回采顺序,连续进行单步骤回采。

(2) 在回采过程中,围岩要自然或强制崩落,矿石是在覆盖岩石的直接接触下放矿。因此,这种采矿方法对放矿进行科学管理是十分必要的。

（3）崩落法的开采是在一个阶段内从上而下进行的。与空场采矿法不同。

崩落采矿法能实现单步骤连续回采,消除回采矿柱时安全条件差、损失与贫化大的弊端,但其首要前提条件是地表允许陷落,而且由于放矿是在覆盖岩石下进行的,总体损失与贫化率较高,因此,一般适应于价值不高的矿体或低品位矿体的回采。

适用条件:

一般地讲,崩落法对矿体赋存条件、矿岩的物理力学性质等都具有比较广泛的适应范围。理想的适用条件是——上盘围岩能呈块状自然崩落,矿石中等以上稳固的急倾斜原矿体。地表允许塌落是使用这种方法的必要前提。由于这种方法在开采时矿石损失贫化大,因而它不用于开采高价、高品位的矿床。

4. 崩落区管理

对矿体围岩崩落引起的山崩和地表塌陷区汇水的管理——在陡峭高山区,围岩崩落容易引起山崩。山崩时滚石会破坏建筑物和堵塞河流等。为了避免可能发生的灾害,需要系统观测有关部位岩石的应力和应变,以及地形变化,并对灾害及时预报和采取防治措施。对于汇水面积大、降水量大和地表黄土层厚的矿山,地表水和它所携带的黄泥将从塌陷区流入井下引起灾害,应采取防水、排水、剥离黄土和向塌陷区回填废石等措施。回填废石时,需将废石表面压实,并使废石表面有一个能使水流走的斜坡。

5. 崩落岩石层

对于单层崩落采矿法,崩落岩石层厚度应等于被崩落岩石层厚度加上矿体厚度,即被崩落的整体岩石层在崩落时碎胀所形成的厚度应等于矿体厚度。只有这样,崩落的岩石层才能支撑到上面岩层,从而减轻回采工作空间中支柱所承受的顶板压力。对于分层崩落采矿法,为了保护假顶不被冒落的大块覆盖岩石冲击破坏,一般应留 8～10 m 厚的崩落岩石层。当围岩崩落未达到地表时,为防止围岩大量崩落所产生的空气冲击波造成事故,对于分层崩落采矿法、分段崩落采矿法和阶段崩落采矿法,崩落岩石层厚度不宜小于 20 m。在向崩落岩石挤压爆破矿石的条件下,为了不使矿石崩到崩落岩石层上面,崩落岩石层厚度不应小于被挤压爆破矿石层的高度。

崩落岩石层的形成方法有:(1)自然崩落采空区围岩。(2)以切割槽或空场为补偿空间进行中深孔爆破或深孔爆破。(3)在由露天开采转入地下开采时,用深孔或硐室爆破边坡上的岩石或向空场中充填废石。

第三节　金属矿床地下开拓方式

一、开拓方法分类

矿床开拓方法大致可分为单一开拓和联合开拓两大类。凡用某一种主要开拓巷道开拓整个矿区的开拓方法,叫做单一开拓法;有的矿体埋藏较深,或矿体深部倾角发生变化,矿床的上部用某种主要开拓巷道开拓,而下部则根据需要改用另一种开拓巷道开拓,这种方法叫做联合开拓法。常用的开拓方法见表 3-3。除此之外,斜坡道开拓以及其相关的联合开拓也逐渐增多。

表 3-3 开拓方法分类表

开拓方法		主要开拓巷道的形式和位置
单一开拓法	平硐开拓	1.矿体走向;2.平硐与矿体走向相交
	竖井开拓	1.竖井穿过矿体;2.竖井在矿体上盘;3.竖井在矿体下盘;4.竖井在矿体侧翼
	斜井开拓	1.斜井在矿体下盘;2.斜井在矿体中
联合开拓法	平硐盲竖井开拓	矿体上部为平硐、深部为盲竖井
	平硐盲斜井开拓	矿体上部为平硐、深部为盲斜井
	竖井盲竖井开拓	矿体上部为竖井、深部为盲竖井
	竖井盲斜井开拓	矿体上部为竖井、深部为盲斜井
	斜井盲竖井开拓	矿体上部为斜井、深部为盲竖井
	斜井盲斜井开拓	矿体上部为斜井、深部为盲斜井

二、开拓方法

主要开拓巷道是决定一个矿床开拓方法的核心,其选择在矿山设计中是至关重要的。主要开拓巷道类型的选择由以下几个条件来决定:

(1)地表地形条件。不仅要考虑矿石从井下(或硐口)运出后,通往选矿厂或外运装车地点的运输距离和运输条件,同时要考虑附近是否有容积较充分的排废石场地。此外,还需要考虑地表永久设施(如铁路)、河流等影响因素。

(2)矿床赋存条件。它是矿山选择开拓方法的主要依据,如矿体的倾角、侧伏角等产状要素对决定开拓方法有重要意义。

(3)矿岩性质。这里主要指的是矿体围岩的稳固情况。为减少因矿岩稳固程度差或成巷后地压活动的影响而增加的工程维护费用,在选择开拓方法时,必须考虑矿岩性质。

(4)生产能力。就前述所介绍的开拓方法,因主要开拓巷道与巷道装备不同,其生产能力(提升或运输)也不同。一般来说,平硐开拓方法的运输能力最大,竖井高于斜井。

另外,开拓巷道施工的难易程度、工程量、工程造价和工期长短等,虽然不能作为确定开拓方案的重要依据,但决不可忽视。尤其是小型矿山,往往存在施工力量不足和技术素质较差、施工管理跟不上等情况。因此,当地的施工力量和特点,在巷道类型的选择上也应一并考虑。下面介绍较常用的开拓方法。

(一)平硐开拓法

以平硐为主要开拓巷道,是一种最方便、最安全、最经济的开拓方法。但只有在地形有利的情况下,才能发挥其优点,即只有矿床赋存于山岭地区,埋藏在周围平地的地平面以上才能使用。

采用平硐开拓水平,平硐以上各中段采下的矿石,一般用矿车中转,经溜矿井(或辅助盲竖井)下放到平硐水平,再由矿车经平硐运出地表,如图 3-38 所示。上部中段废石可经专设的废石溜井再经平硐运出地表(入废石场),或平硐以上各中段均有地表出口时,从各中段直接排往地表。

图 3-38 中的 154 m 中段为主要运输中段,主平硐 1 就设在这里。上部各生产中段废石

经 224 m 和 194 m 巷道直接运出地表,生产矿石经由溜矿井 2 放到 154 m 水平,再经主平硐 1 运出硐口。

平硐开拓方法又有以下几种方案:

1.与矿体相交的平硐开拓方案

这种开拓方案又有上盘平硐和下盘平硐两种形式。图 3-48 所示是下盘平硐开拓,上盘平硐开拓如图 3-49 所示,这种方案的矿石运输方式与图 3-48 相同,只有因上部中段无地表出口(如条件适宜,也可直通地表),人员、设备、材料等由辅助盲竖井 4 提升到上部各中段。为通风需要,在 490 m 水平与地表相通。

在图 3-48 和图 3-49 中,如果各段通往矿体的平巷工程量不大,该方案的优点是较为突出的,各中段可同时开工,特别是为上下中段的溜井等工程施工创造了有利条件,且可达到压缩工期、缩短基建周期的目的。同时,掘进过程中通风等作业条件也比较好。

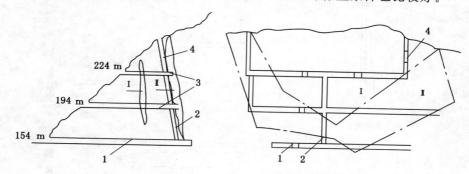

图 3-48　下盘平硐开拓法示意图

Ⅰ,Ⅱ——矿体编号;1——主平硐;2——溜井;3——上部中段平巷;4——回风井

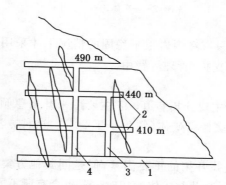

图 3-49　上盘平硐开拓法示意图

1——主平硐;2——中段平巷;3——溜井;4——辅助盲立井

通常应该是平硐与矿体走向正交,这无疑是最理想的。然而,现场条件往往不能如愿。如有以下情况者,就需要考虑平硐与矿体斜交的方案:① 与矿体走向正交时,由于地势不利而加长了平硐长度;② 与矿体正交时,平硐口与外界交通十分不便,尤其是没有足够的排废石场地和外部运输条件;③ 欲使平硐与矿体走向正交,但需通过破碎带。这种不得不采用平硐与矿体斜交的方案已成为一般通用的方案。

2. 沿矿体走向的平硐开拓方案

当矿体的一端沿山坡露出或距山坡表面很近,工业场地也位于同一端,与矿体走向相交的平硐开拓方案又不合理时,可采用这种开拓方案。该方案有两种常见的形式。

(1) 平硐在矿体下盘。只有矿体厚度很大且矿石不够稳固时才用这种方法。从矿床勘探类型来看,适用于走向较稳定的矿体,即Ⅰ、Ⅱ勘探类型矿体;或者矿体勘探密,尤其是矿体产状在走向方面摸得较清楚。否则因矿体走向不太清楚,会造成穿脉工程过大。图3-50所示的下盘沿脉平硐开拓方案,由上部中段采下的矿石经溜井4放至主平硐1并由主平硐运至地表,形成完整的运输系统。人员、设备、材料等由85 m平巷、45 m主平硐送至各工作地点。

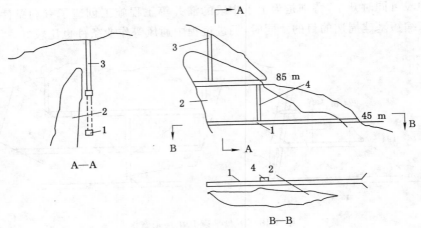

图 3-50　沿走向平硐开拓示意图
1——平硐;2——矿体;3——风井;4——溜井

(2) 平硐在矿体内。只有在围岩很不稳固的情况下才采用这种方法,否则将增加平巷和平硐的掘进成本及巷道支护、管理等费用。

(二) 竖井开拓法

竖井开拓法以竖井为主要开拓巷道。它主要用来开采急倾斜矿体(一般矿体倾角大于45°)和埋藏较深的水平和缓倾斜矿体(倾角小于20°)。这种方法便于管理,生产能力较高,在金属矿山使用较普遍。

矿体倾角等是选择竖井开拓的重要因素,但是同其他方案选择一样,也受到地形的约束。由于各种条件的不同,竖井与矿体的相对位置也会有所不同,因而这种方法又可分为穿过矿体的竖井开拓、上盘竖井开拓、下盘竖井开拓和侧翼竖井开拓四种开拓方案。

1. 穿过矿体的竖井开拓方案

竖井穿过矿体的开拓方案如图3-51所示。这种方法的优点是石门长度都较短,基建时三级矿量提交较快;缺点是为了维护竖井,必须留有保安矿柱。这种方案在稀有金属和贵重金属矿床中应用较少,因为井筒保安矿柱太多。在生产过程中,编制采掘计划和统计三级矿量时,这部分矿量一般是要扣除的,有可能在矿井生产末期进行回采,且要采取特殊措施,这样不仅增加了采矿成本,而且回采率极低。因此,该方案的应用受到限制,只有在矿体倾角较小(一般在20°左右)、厚度不大且分布较广或矿石价值较低时方可使用。

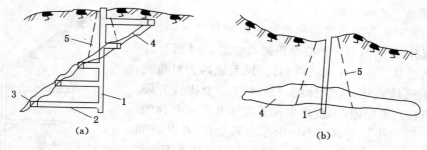

图 3-51　穿过矿体的竖井开拓示意图

1——竖井；2——石门；3——平巷；4——矿体；5——移动界线

2. 下盘竖井开拓方案

下盘竖井开拓是开拓急倾斜矿体常用的方法。竖井布置在矿体下盘的移动界线以外（同时要保留安全距离），如图 3-52(a)所示。从竖井掘若干石门与矿体连通。此方案的优点是井筒维护条件好，又不需要留保安矿柱；缺点是深部石门较长，尤其是矿体倾角变小时，石门长度随开采深度的增加而急剧增加。一般说来，矿体倾角 60°以上采用该方案最为有利，但矿体倾角在 55°左右，作为小矿山亦可采用这种方法。因小矿山提升设备小，为开采深部矿体，可采用盲竖井（二级提升）来减少石门长度[见图 3-52(b)]。

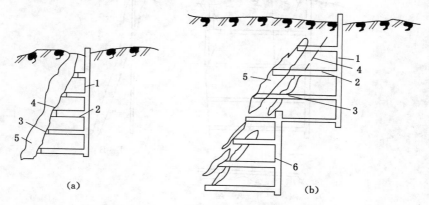

图 3-52　下盘竖井开拓示意图

(a) 下盘竖井开拓方案；(b) 下盘竖井开拓方案（二级提升）

1——竖井；2——石门；3——平巷；4——移动界线；5——矿体；6——盲竖井

3. 上盘竖井开拓方案

竖井布置在矿体上盘移动带范围之外，掘进石门使之与矿体连通。这种开拓方案的适用条件是：(1) 从技术上看，不可能在矿体下盘掘进竖井（如下盘岩层含水或较破碎，地表有其他永久性建筑物等）。(2) 上盘开拓比下盘开拓在经济上更合理（矿床下盘为高山，无工业场地，地面运输困难且费用高），如在图 3-53 所示的地形条件下，上盘开拓就更为合适。上盘竖井开拓与下盘竖井开拓相比，有明显的缺点：上部中段的石门较长，初期的基建工程量大，基建时间长，初期基建投资也必须增加等。鉴于上盘竖井方案本身所存在的缺点，一般不采用这种开拓方案。

4. 侧翼竖井开拓方案

侧翼竖井开拓方案是将主竖井布置在矿体走向一端的移动范围以外（并留有规定的安全距离），如图 3-54 所示。

凡采用侧翼竖井的开拓系统，其通风系统均为对角式，从而简化了通风系统，风量分配及通风管理也比较方便。由于前面所提到的原因，小型矿山凡适用竖井开拓条件的，大都采用侧翼竖井开拓方案。如山东省某金矿，矿体倾角 40°，厚度 8~14 m，矿体走向长度 400 m，上部采用了下盘斜井开拓方案，设计深度 +5~−120 m。后期发现深部矿石品位高，且矿体普遍变厚，地质储量猛增，因此在二期工程中，设计能力由原来的 150 t/d 增加到 250 t/d；中段高度由原来的 25 m 增加到 30 m；采用对角式通风系统，由原来两侧回风井（图 3-55 中的 9、7）改为一条回风井 8。这样，二期工程由于采用了侧翼竖井开拓方案，节省了主回风井，使工期安排更为合理。

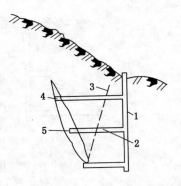

图 3-53　上盘竖井开拓示意图
1——上盘竖井；2——阶段石门；
3——移动界线；4——中段脉内平巷；
5——矿体

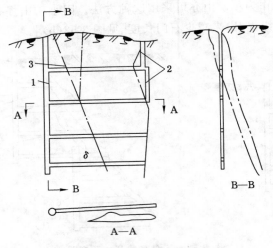

图 3-54　侧翼竖井开拓示意图
1——竖井；2——回风井；3——移动界线

在金属矿床的竖井开拓中，除下盘竖井开拓方案外，侧翼竖井开拓应用较多。

与下盘竖井开拓方案相比，这种方案存在以下缺点：① 由于竖井布置在矿体侧翼，井下运输只能是单向的，因而运输功大；② 巷道掘进与回采顺序也是单向的，掘进速度和回采强度受到限制。

这种开拓方案通常的适用条件如下：

(1) 矿体走向长度较短，有利于对角式通风，对于中小矿山，当矿体走向长度在 500 m 左右时，适用这种方案是合理的。

(2) 矿体为急倾斜，无侧伏或侧伏角不大的矿体采用侧翼竖井开拓方案，较上下盘竖井开拓方案的石门都短。

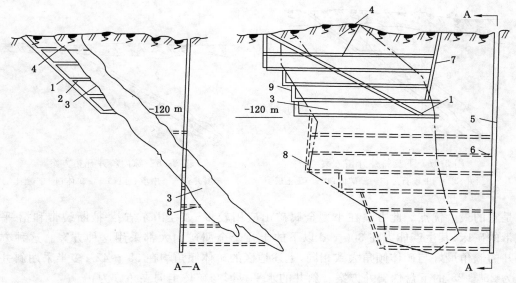

图 3-55　扩建后的侧翼竖井开拓示意图

1——斜井；2——石门；3——矿体；4——上部小露天；5——竖井；6——石门；7,8,9——回风井

（三）斜井开拓法

斜井开拓法以斜井为主要开拓巷道，适用于开采缓倾斜矿体，特别适用于开采矿体埋藏不太深而且矿体倾角为 $20°\sim40°$ 的矿床。这种方法的特点是施工简便、中段石门短、基建少、基建期短、见效快，但斜井生产能力低。因此，更适用于中小型金属矿山，尤其是小型矿山。如图 3-56 所示。

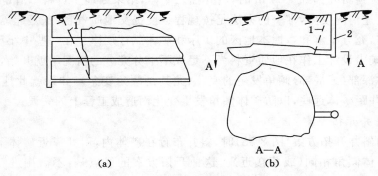

（a）　　　　　　　　　　　　（b）

图 3-56　侧翼斜井开拓示意图

（a）厚度较大矿体；（b）缓倾斜薄矿体

1——移动界线；2——竖井

根据斜井与矿体的相对位置，可分为下盘斜井开拓方案（图 3-57）和脉内斜井开拓方案（图 3-58）。

1. 下盘斜井开拓方案

这种方案是斜井布置在矿体下盘围岩中，掘若干个石门使之与矿体相通，在矿体（或沿矿岩接触部位）中掘进中段平巷。这种开拓方法不需要保安矿柱，井筒维护条件也比较好。

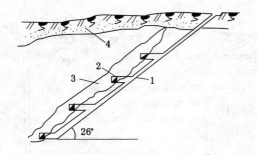

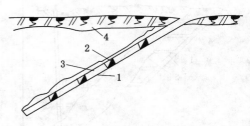

图 3-57　下盘斜井开拓方案　　　　　　　图 3-58　脉内斜井开拓方案
1——斜井；2——中段石门；3——矿体；4——覆土层　　　1——斜井；2——中段石门；3——矿体；4——覆土层

这是它的最大优点。此方案在小型金属矿山应用较多，如在山东省招-掖断裂带和招-平断裂带的矿床，其生产能力在 300 t/d 以下的十几个金属矿山大都采用这种方案。这种方案斜井的倾角最好与矿体倾角大致相同，上述地区的矿体倾角均在 35°～42°；多半采用斜井倾角为 25°～28° 的下盘伪斜井方案。斜井的水平投影与矿体走向夹角 β 为：

$$\beta = \arcsin \frac{\tan \gamma}{\tan \alpha}$$

式中，γ 为已确定的斜井倾角，$\gamma = 24°～28°$；α 为矿体倾角。

　　在确定斜井开拓方案之前，必须搞清楚矿体倾斜角度，就是说在设计前，除了要了解矿体有关产状等资料外，要准确掌握矿体（尤其下盘）倾角，否则，不管是下盘斜井方案或是脉内斜井方案，都会使工程出现问题。如某金矿的下盘斜井开拓方案，因钻孔程度较低，只是上部较清楚，设计时按上部已清楚资料为准，完全没预料到－30 m 以下矿体倾角的变化。因此在施工中，当斜井掘到－25 m 时，斜井插入矿体，结果因地质资料不清楚而造成失误。

　　要防止上述情况发生，唯一的办法是按规程程度提交地质资料（这是起码的要求），同时要做调查工作，充分了解和掌握本地区的矿床和矿体赋存规律。在一些中小型矿山，特别是地方小矿山，矿山设计工作在地质资料尚不足或不十分充分的情况下就开始，这时设计者要充分注意矿体深部（或局部）倾角发生的变化（尤其是倾角变急），如果就此地质资料采用斜井，可考虑斜井距矿体远些，以防矿体倾角发生变化而造成工程上的失误。

　　2. 脉内斜井开拓方案

　　采用脉内斜井开拓方案（图 3-58）时，斜井布置在矿体内，斜井靠近矿体下盘的位置，其倾角最好与矿体倾角相同（或相接近）。这种开拓方案的优点是：不需掘进石门，开拓时间短，投产快；在整个开拓工程中，同时开采出副产矿石，这种副产矿石可以抵消部分掘进费用；脉内斜井掘进有助于进一步探矿。其缺点是：矿体倾斜不规则，尤其是矿体下盘不规则，井筒难于保持平直，不利于提升和维护；为维护斜井安全，要留有保安矿柱。因此，在有色金属矿山和贵重金属矿山，这种方案应用不多。只有那些储量丰富且矿石价值不高的矿山，才可考虑使用。

　　（四）联合开拓法

　　由两种或两种以上主要开拓巷道来开拓一个矿床的方法称为联合开拓法。其实质是因矿床深部开采或矿体深部产状（尤其是倾角）发生变化而采用的两种以上单一开拓法的联合使用，即矿床上部用一种主要开拓巷道，而深部用另一种主要开拓巷道补充开拓，成为一种统一的开拓系统。

由于地形条件、矿床赋存情况、埋藏深度等情况的多变性，联合开拓法所包括的方案很多，这里介绍常用的几种联合开拓方案。

（1）上部平硐下部盲竖井开拓方案

当矿体上部赋存在地平面以上山地、下部赋存于地平面以下时，为开拓方便和更加经济合理，矿体上部可用平硐开拓，下部可采用盲竖井开拓，如图3-59及图3-60所示。

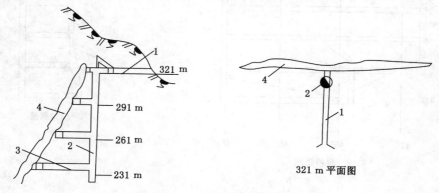

321 m 平面图

图 3-59 上部平硐下部盲竖井开拓图
1——平硐；2——盲竖井；3——石门；4——矿体

在图3-59中，在平硐接近矿体处（见321 m平面图）考虑盲竖井的位置时（其影响因素与单一开拓方案中的下盘竖井方案相同），应使各中段石门较短。矿石（或废石）可经盲竖井提升到321 m中段，矿车在车场编组后用电机车运至硐口。

这种方案的特点是需要在321 m平硐增掘井下车场和卷扬机硐室等工程。如果矿体上部离地表不远，平硐口又缺乏排废场地时（或为了压缩排废石场占用农田面积），可采用平硐竖井通地表的联合开拓方案（图3-60），这时卷扬机安设在地表，井下废石提升到井口，然后排往井口废石场，而各中段矿石经竖井提升到平硐水平，经平硐运往硐口。在具体选择方案时必须多方面考虑，才能最终确定最合理的方案。

（2）上部平硐下部盲斜井开拓方案

这种方案的适用条件为：① 地表地形为山岭地区，矿体上方无理想的工业场地；② 矿体倾角为中等（即倾角在45°～55°），为盲矿体且赋存于地平面以下；③ 如地平面以上有矿体，但上部矿体为土法开采结束，且形成许多老硐。

这种方法的优点是可以减少上部无矿段或已采段的开拓工程量，缩短斜井长度，从而达到增加斜井生产能力的目的，同时石门长度可尽量压缩，从而缩短了基建时间。

该方案的运输系统如图3-61所示，矿石或废石经各中段石门，由盲斜井提到323 m平硐的井下车场，然后经平硐运出硐口。

（3）上部竖井下部盲竖井开拓方案

这种开拓方案（图3-62）一般适用于矿体或矿体群倾角较陡，矿体一直向深部延深，地质储量较丰富的矿山。另外，因竖井或盲竖井的生产能力较大，中型或偏大型矿山多用这种方法。

竖井盲竖井开拓方案的优点是：① 井下的各中段石门都不太长，尤其基建初期石门较

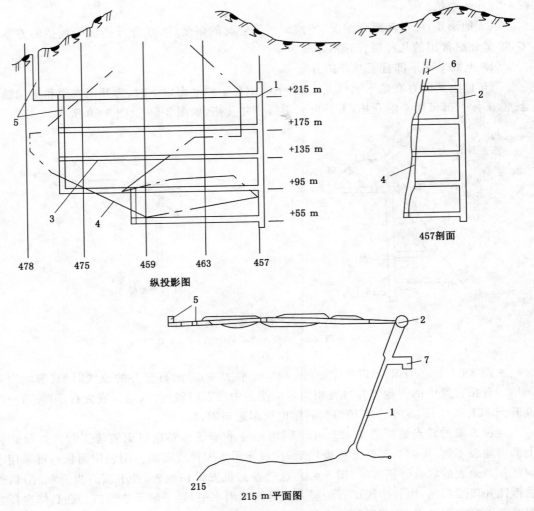

图 3-60 某贵金属矿平硐下部盲竖井开拓图

1——平硐；2——盲竖井；3——平巷；4——矿体投影；
5——接力回风井；6——上部已经开采部分；7——硐室

短,因此可节省初期基建投资,缩短基建期。② 在深部地质资料不清的情况下,建设上部竖井;当深部地质资料搞清后,且矿体倾角不变时,可开掘盲竖井,两段提升能力适当,能够保持较长时间的稳定生产。

（4）上部竖井下部盲斜井开拓方案

如前所述,当上部地质资料清楚且矿体产状为急倾斜,上部采用竖井开拓是合理的,一旦得到深部较完善的地质资料,且深部矿体倾角变缓,则深部可采用盲斜井开拓方案,如图3-63所示。这样可使一期工程（上部竖井部分）和深部开拓工程（下部盲斜井部分）的工程量压缩到最大限度,缩短建设时间,使开拓方案在经济上更为合理。

（5）上部斜井下部盲竖井开拓方案

这种开拓方案一般适用于矿体倾角较缓,且沿倾斜方向延伸较长,或地质储量不大以及

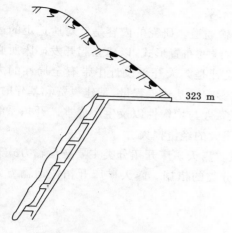

图 3-61　平硐盲斜井开拓方案

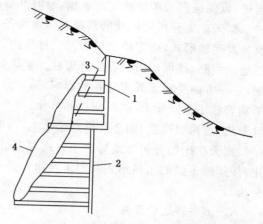

图 3-62　竖井盲竖井开拓方案

1——竖井；2——盲竖井；3——移动界线；4——矿体

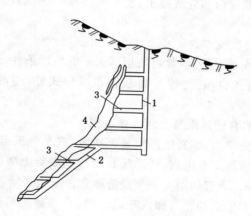

图 3-63　竖井盲斜井开拓方案

1——竖井；2——盲斜井；3——石门；4——矿体

生产能力也不大的小矿山。在小型矿山，由于各方面条件的限制，矿山设备（包括矿井提升设备）的规格宜小不宜大，这就给开采深部矿体带来不便。若矿体倾角变缓，其深部开拓可采用与上部同样的斜井，往深部形成"之"字形折返下降。实际上这种做法在经济上是不合理的：其一，斜井的维护费用较高，提升能力却较低；其二，这样会形成多（节）提升，将增加不少辅助生产人员，使井下车间管理费增加，从而增加了矿山成本；同时，因为设备多，生产环节多，设备事故发生率也高，这又增加了生产管理中的困难。

第四节　露天金属矿床开采

一、露天矿床开拓分类

露天矿床开拓即是建立地面与露天矿场内各工作水平以及各工作水平之间的矿岩运输

通道,以保证露天矿场的生产运输,及时准备出新水平。

露天矿床开拓所涉及的对象是运输设备与运输通道。研究的内容是针对所选定的运输设备及运输形式,确定整个矿床开采过程中运输坑线的布置形式,以建立起开发矿床所必需的运输线路,确保矿山工程的合理性。矿床开拓设计是露天开采设计中带有全局性的大问题,它一方面受露天开采境界的影响,另一方面它影响着基建工程量、基建投资和基建时间,影响着矿山生产能力、矿石损失和贫化、生产的可靠性与均衡性以及生产成本。开拓系统一旦形成,若再想改造,则会严重地影响生产,造成很大的经济损失。

露天矿床的开拓方式与运输方式有密切关系。露天矿床开拓分类主要按运输方式来确定,按运输干线的布线形式和固定性作为进一步分类的依据。露天矿床开拓按运输方式可分为:

(一)公路运输开拓

(1)公路运输开拓的方法评价

公路运输开拓坑线形式较为简单,开拓坑线展线较短,对地形的适应能力强;公路运输还可多设出入口进行分散运输和分散排土,便于采用移动坑线开拓,有利于强化开采,提高露天矿的生产能力。

(2)公路运输开拓的坑线布置

公路运输开拓的坑线布置形式,除可依据露天矿的地形条件、采场平面尺寸和开采深度适宜地选择折返式、螺旋式、折返与螺旋式联合布线形式外,还可以采用地下斜坡道开拓形式。

(3)汽车运输开拓的合理运距与合理开采深度

随着矿床开采深度的增加,矿岩的运距显著增大,汽车台班运输能力逐渐降低,运输费增大。合理运距即是在该运距范围内,开采矿石的总成本与上缴的利税总和不大于矿石的销售价格,保证效益开采。合理运距是一个经济概念。采用普通载重自卸汽车运输时,其合理运距约为 3 km;采用大型电动轮自卸汽车运输时,合理运距可达到 5～6 km。考虑到凹陷露天矿重载汽车上坡运行和至卸载点的地面距离,在合理运距范围内可折算出汽车运输开拓的合理开采深度。当采用载重量为 80～120 t 的电动轮汽车时,合理开采深度一般在200～300 m。

(二)铁路运输开拓

(1)铁路运输开拓的方法评价

① 吨公里运输费用低,为汽车运输的 1/4～1/3;

② 运输能力大,运输设备坚固耐用;

③ 开拓线路较为复杂,开拓展线比汽车运输长,因而使掘沟工程量和露天边帮的附加剥岩量增加,新水平准备时间较长。

(2)铁路运输开拓的坑线布置

铁路运输开拓多采用固定式坑线,多采用折返式、直进-折返式、螺旋式及折返-螺旋式等形式。

① 直进式坑线开拓是最理想的开拓形式,但只能适用于开采深度浅、采场走向很大的露天矿;

② 对于其他形式的露天矿,多采用直进式与折返式相结合的坑线开拓形式,也可称之

为多水平折返式；

③ 折返站是折返坑线的组成部分，供列车换向和会让之用。

（3）铁路运输开拓的合理开采深度

① 铁路运输多为折返坑线开拓，随着矿床开采深度的增加，列车在折返站因停车和换向而使运行周期增加，尤其开采深度大时，因运行周期长而使运输效率明显下降；

② 只有当矿床埋藏较浅，平面尺寸较大的凹陷露天矿或者在开采深度较大的凹陷露天矿的上部及其矿床走向长、高差相差较小的山坡露天矿，采用铁路运输开拓可取得良好的技术经济效果；

③ 对于凹陷露天矿，单一铁路运输开拓的经济合理开采深度为 $120\sim150$ m，在地表上下可达到 $300\sim350$ m。

（三）联合运输开拓

铁路运输开拓及其生产工艺所固有的缺点，使其合理的开采深度比较小。

汽车运输受到合理运距的限制，而且随着开采深度的下降，运输效率降低、运营费增加、重车长距离上坡运输，使汽车的使用寿命缩短，故其适用的合理深度也受到限制。

露天矿的生产实际上经常采用各种形式的联合运输开拓方式。

1. 公路-铁路联合运输开拓

① 采用公路-铁路联合运输开拓的经济效益比单一铁路运输开拓可提高 $13\%\sim16\%$，挖掘机效率可提高 $20\%\sim25\%$，从而可提高综合开采强度；

② 公路-铁路联合运输开拓时，转载站是中间环节，一般是采用转载平台、矿仓和中间堆场三种方式进行转载。

2. 公路（铁路）-破碎站-带式输送机联合运输开拓

胶带运输开拓是近年来发展起来的一种高效率、连续、半连续运输的开拓方式，并成为大型露天矿开采的一种发展趋势。该开拓方式是借助设在露天采场内或者露天开采境界外的带式输送机把矿岩从露天采场运出，如图 3-64 所示。

采场内主要采用汽车运输，对于原为铁路运输开拓的露天矿，也可以用铁路运输向破碎站运送矿石，并逐步向公路-破碎站-带式输送机运输开拓过渡。

胶带运输开拓的评价：

胶带运输机运输能力大，升坡能力大，可达到 $16°\sim18°$。运输线路距离短，为汽车运距的 $1/4\sim1/5$，铁路运距的 $1/10\sim1/5$，因而开拓坑线基建工程量小；运输成本低，运输的自动化程度高，劳动生产率高。

由于胶带运输系统中需设置破碎站，破碎站的建设费用高；采用移动式破碎站时，破碎站的移设工作复杂；当运送硬度大的矿岩时，胶带的磨损大；敞露式的胶带运输机易受到恶劣气候条件的损害，因而增大了设备的维护量与维护费用。

3. 公路（铁路）-箕斗联合运输开拓

此开拓方法以箕斗为主要的运输容器，整个开拓系统包括矿岩转载站、箕斗斜坡道、地面卸载站和提升机装置等。其采场内部需用汽车或铁路与斜坡箕斗建立起运输联系。

采场内采剥下的矿岩用汽车或其他运输设备将其运至转载站装入箕斗，提升（对于深凹露天矿）或下放（对于山坡露天矿）至地面卸载点卸载，再装入地面运输设备运至破碎站或废石场。如图 3-65 所示。

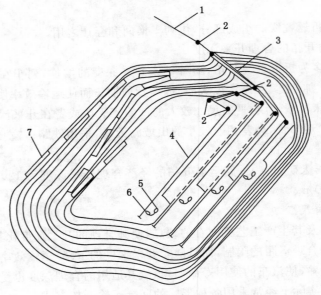

图 3-64　胶带运输开拓方式示意图

1——地面胶带运输机；2——转载点；3——边帮胶带运输机；4——工作面胶带运输机；

5——移动式破碎机；6——桥式胶带运输机；7——出入沟

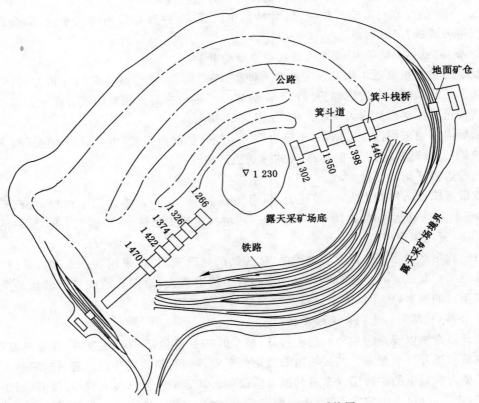

图 3-65　凹陷露天矿斜坡箕斗开拓系统图

（1）斜坡沟道位置设计时应遵循的原则

① 必须保证斜坡沟道所在位置处的岩石稳定，深凹露天矿一般设在非工作帮或境界的端帮上，山坡露天矿宜设在采矿场境界之外。

② 应尽量减少斜坡沟道与采场内其他运输线路及管线的交叉点。凹陷露天矿中，箕斗沟道穿过非工作帮上的所有台阶，切断了各台阶水平的联系，为建立运输联系和向箕斗装载，需设转载栈桥。

③ 为减少运营费，选择地面卸载时，应使地面卸载站与选矿厂或废石场之间的矿岩运距最短。

（2）斜坡箕斗开拓方式的评价

① 优点：能以最短的距离克服较大的高差，使运输周期大大缩短；投资少、建设快、经营费低；箕斗系统设备简单，便于制造和维修。

② 缺点：转载站的结构庞大，移设复杂；矿岩需几次装载，管理工作也比较复杂；大型矿山的矿岩块度往往较大，使箕斗受到的冲击严重，因箕斗的维修频繁而影响生产，这是斜坡箕斗开拓在大型露天矿山中应用不多的根本原因。

4. 公路（铁路）-平硐溜井联合运输开拓

此种联合开拓方式通过开拓溜井与平硐来建立露天采矿场与地面之间的运输通道与运输联系，适用于地形复杂、矿床地面高差大的山坡露天矿。如图 3-66 所示。

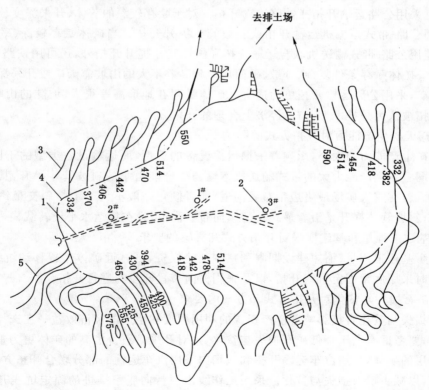

图 3-66　溜井平硐开拓系统图

1——平硐；2——溜井；3——公路；4——露天开采境界；5——地形等高线

（1）溜井位置的选择

① 应根据矿床的埋藏地点，以采场和平硐的运输功最小、平硐长度小以及平硐口至选矿厂的距离最短为原则；

② 溜井应布置在稳定的岩层中，应避开断层的破碎带使溜井系统位于地质条件好的地层中；

③ 平硐的顶板至采场的最终底部开采标高应保持最小安全距离，一般不能小于 20 m；

④ 需开拓的溜井数目应根据矿山的矿石年生产能力和溜井的年生产能力来确定。

（2）溜井平硐开拓的评价

① 此种开拓方式利用地形高差自重放矿，系统的运营费低；

② 缩短了运输距离，减少了运输设备的数量，提高了运输设备的周转率；

③ 溜井还具有一定的贮矿能力，可进行生产调节；

④ 放矿管理工作要求严格，否则易发生溜井堵塞或跑矿事故；

⑤ 溜井放矿过程中，空气中的粉尘影响作业人员的健康。

二、影响开拓方式的主要因素

（1）矿体赋存的地质地形条件对开拓方式的影响

按矿体赋存条件可能有一种或几种不同的开拓方式和方案。赋存较浅，平面尺寸较大的矿体，可采用公路运输开拓或铁路运输开拓。对于赋存较深的矿体、开采深度较大的露天矿，可采用公路-带式运输机运输开拓或斜坡箕斗提升开拓。当矿体赋存较深、平面尺寸较大时，除能用公路-带式输送机联合运输开拓和斜坡箕斗提升开拓外，还可用铁路-公路联合运输开拓。矿体赋存条件复杂、分散、平面尺寸和高差不大的山坡露天矿或开采深度不大的凹陷露天矿，采用公路运输开拓更为适宜。矿体赋存在地形高差很大、坡陡的山峰，采用平硐溜井开拓被认为是技术上可行、经济上合理的开拓方式。

（2）露天矿生产能力对开拓方式的影响

露天矿生产能力的大小，影响着采掘运输设备的选型，而运输设备类型的不同，开拓方式亦不相同。如生产能力大的带式输送机运输与生产能力小的斜坡箕斗提升，其开拓方式是不同的。若在露天矿场最终边帮布置沟道，前者倾角一般不大于 18°，斜交最终边帮倾向布置沟道；斜坡箕斗提升是沿着最终边帮倾向布置沟道，且在集运水平设转载栈桥。

（3）基建工程量和基建期限对开拓方式和方案的要求

为减少基建工程量、缩短建设期限和减少基建投资，可靠近矿体布置移动坑线开拓，矿体倾角小时采用底帮固定坑线开拓，以及采用横向布置开段沟进行开拓。

（4）矿石损失与贫化对开拓方式和方案的要求

矿石损失与贫化直接影响着矿产资源的利用程度和生产的经济效益。在选择开拓方式和方案时，要考虑有利于降低矿石损失与贫化，这对开采矿石价值高的矿体更为重要。开采有岩石夹层的矿体，采用汽车运输开拓和采场内采用汽车运输的部分联合开拓方案，有利于进行分采，以减少矿石损失与贫化。采用工作线由顶帮向底帮推进的固定坑线开拓和靠近矿体上盘的移动坑线开拓，均可减少矿岩接触带处的矿石损失与贫化。

（5）地下开拓方式的利用

依矿体赋存条件，上部用露天开采深部用地下开采。当先进行地下开采，后转露天开采时,若地下开拓系统能满足露天矿矿石生产能力要求,且经济合理,可利用地下开拓系统运输露天矿采出的矿石。

三、选择开拓方式的主要原则

矿山开拓方式选择的主要原则是在满足国家要求的前提下,选择生产工艺简单可靠,基建工程量小,基建投资少,生产经营费用低,占地少,投产早,达产快,且静态和动态投资回收期短,投资收益率高的开拓运输系统。

露天矿开拓方式直接影响着基建工程量、基建时间和基建投资。不同的开拓方式,矿岩运输成本及能耗亦各异,运输成本一般占矿岩生产成本的 40%～60%(例如云浮硫铁矿运输成本占总成本的 53%);运输能耗占总能耗的 40%～70%。因此,需根据矿体的赋存条件,综合考虑各影响因素,经全面分析比较后,选出技术上可行、经济上合理的开拓方式。

四、金属矿床露天开采生产工序

金属矿床露天开采一般要经过以下四道生产工序:穿孔、爆破、铲装及运输,以上各工序环节相互衔接、相互影响、相互制约,共同构成了露天开采的最基本生产周期。

(一)穿孔作业

穿孔作业是矿床露天开采的第一道生产工序,其作业内容是采用某种穿孔设备在计划开采的台阶区域内穿凿炮孔,为其后的爆破工作提供装药空间。穿孔工作质量的好坏直接影响着爆破工序的生产效率与爆破质量。在整个露天开采过程中,穿孔作业的成本占矿石开采总生产成本的 10%～15%。截至目前,露天矿生产中曾广泛使用过的穿孔方法有两种:热力破碎法与机械破碎法,其相应的穿孔设备有火钻、钢绳式冲击钻、潜孔钻、牙轮钻与凿岩台车,其中以牙轮钻的使用最为广泛,潜孔钻次之,火钻与凿岩台车仅在某些特定条件下使用,钢绳式冲击钻已被淘汰。近年来,国内外一些专家还在探索新的穿孔方法,如频爆凿岩、激光凿岩、超声波凿岩、化学凿岩及高压水射流凿岩等,但目前所设计出的相应凿岩设备仍处在试验研制阶段,尚未在实际生产中广泛使用。露天矿穿孔设备的选择主要取决于开采矿岩的可凿性、开采规模要求及设计的炮孔直径。

(二)爆破作业

爆破工作是露天开采中的又一重要工序,通过爆破作业将整体矿岩进行破碎及松动,形成一定形状的爆堆,为后续的采装作业提供工作条件。因此,爆破工作质量、爆破效果的好坏直接影响着后续采装作业的生产效率与采装作业成本。在露天开采的总生产费用中,爆破作业费用占 15%～20%。

露天开采对爆破工作的基本要求是:

(1)有足够的爆破贮备量,以满足挖掘机连续作业的要求,一般要求每次爆破的矿岩量至少应能满足挖掘机 5～10 昼夜的采装需要。

(2)要有合理的矿石块度,以保证整个开采工艺过程中的总费用最低。具体说来,生产爆破后的矿岩块度应小于挖掘设备铲斗所允许的最大块度和粗碎机入口所允许的最大块度。

(3)爆堆堆积形态好,前冲量小,无上翻,无根底,爆堆集中且有一定的松散度,以利于提高铲装设备的效率。在复杂的矿体中不破坏矿层层位,以利于选别开采。

（4）无爆破危害，由于爆破所产生的地震、飞石、噪声等危害均应控制在允许的范围内，同时，应尽量控制爆破带来的后冲、后裂和侧裂现象。

（5）爆破设计合理，使整个开采过程中的穿孔、爆破、铲装、破碎等工序的综合成本最低。

在矿床的整个露天开采过程中，需要根据各生产时期不同的生产要求、不同爆破规模而采用不同的爆破方式。露天开采过程中的爆破作业可分为以下三种：基建期的剥离大爆破、生产期台阶正常采掘爆破与各台阶水平生产终了期的台阶靠帮（或并段）控制爆破。

（三）采装与运输

采装与运输作业是密不可分的，两者相互影响、相互制约。如何选择采运设备、采运设备的规格与数量匹配是否合理、采装工作与运输工作的衔接是否流畅都将大大地影响矿山企业的投资规模、生产效率与生产成本。目前，采装运输工艺的发展趋势主要体现在采运设备的大型化、采装与运输环节的一体化与连续化。

（1）采装作业与采装设备

采装作业的内容是利用装载机械将矿岩从较软弱的矿岩实体或经爆破破碎后的爆堆中挖取，装入某种运输工具内或直接卸至某一卸载点。采装工作是露天矿整个生产过程的中心环节，其工艺过程和生产能力在很大程度上决定着露天矿的开采方式、技术面貌、矿床的开采强度与矿山开采的总体经济效果。

采装作业所使用的机械设备有机械式单斗挖掘机、索斗铲、前装机、轮斗挖掘机、链斗挖掘机等。对于金属露天矿山，由于矿岩一般都比较坚硬，世界上绝大多数金属露天矿山的采装工作都是以单斗挖掘机和前装机为主。随着爆破技术和挖掘机制造技术的进步，大型轮斗式挖掘机在金属矿山的应用是大有发展前途的。

（2）运输作业与运输设备

露天矿运输作业是采装作业的后续工序，其基本任务是将已装载到运输设备中的矿石运送到贮矿场、破碎站或选矿厂，其中的岩石运往废石场。此外，还承担着露天生产中的辅助运输任务，即将生产过程中所需的人员、设备和材料运送到工作地点。

在露天开采过程中，运输作业占有重要地位。据统计，矿山运输系统的基建投资占总基建费用的 60% 左右，运输的作业成本占矿石开采成本的 30%～40%，运输作业的劳动量占矿石开采总劳动量的一半以上，因此运输作业的方式与运输系统的合理性将直接影响露天矿生产的经济效益。

露天矿可采用的运输方式有自卸汽车运输、铁路运输、胶带运输机运输、斜坡箕斗提升运输以及由各种方式组合成的联合运输，如：自卸汽车、铁路联合运输，自卸汽车、胶带运输机联合运输，自卸汽车（或铁路机车）、斜坡箕斗联合运输。

目前，国内露天矿山采用的运输形式主要是汽车运输与铁路运输。实践证明，铁路运输由于爬坡能力低、运输线路的工程量大、线路通过的平面尺寸大，比较适用于深度较小且平面尺寸很大的露天矿山。国内有些原先采用单一铁路运输的矿山，随着采场开采深度的增加，出现了效率明显降低，甚至是采场下部无法再继续布置铁路开拓坑线的局面，因而改造为采场下部采用汽车运输、上部采场仍延续铁路运输的联合运输方式，如鞍钢大孤山铁矿、本钢弓长岭铁矿。由于汽车具有爬坡能力大、运输线路通过的平面尺寸小、运输周期相对较短、运输机动灵活、运输线路的修筑与养护简单、适于强化开采等特点，在现代露天矿山得到了广泛的应用,但相比于铁路运输,汽车运输的吨公里运费高,且设备维修较为复杂,占用的熟练工人数量多,油料能源消耗量大,运行过程中产生的废气和扬尘污染大气。为了克服上述缺点,未来的露天矿汽车运输正沿着下列方向发展:

① 增大汽车的载重量。矿用自卸汽车的吨位由原来的 3.5 t、8 t、10 t、15 t、20 t 级已发展到 32 t、68 t、100 t、150 t 级。在国外大型的露天矿山,早在七八十年代矿用自卸汽车的最大吨位就已达到 180 t,一般使用的是 120~150 t 级。采用大型运输设备可提高设备的运输生产能力,降低运输生产成本,加快矿山的开采速度。

② 改进汽车结构,研制开发双能源的电动轮汽车。这种电动轮汽车在驱动动力上采用外部电源与柴油机并用方式,在重车上坡时应用外部电源,而在空载下坡时利用制动发电并向电网反馈。

③ 改善道路质量以减轻轮胎磨损和机件的破损。

④ 强化汽车的维护与检修。

⑤ 改善汽车的组织调度以提高汽车的有效作业率。

⑥ 在深凹露天矿内为了使汽车运输保持在合理的运距范围内,充分发挥汽车运输的效率,通常采用汽车与其他运输设备联合的运输方式,最新的联合运输发展趋势是汽车与胶带运输机相联合。

胶带运输机在露天矿的应用方兴未艾,国内的大孤山铁矿即采用了汽车半固定式破碎站斜井胶带运输系统。由于胶带运输机的爬坡能力大,能够实现连续或半连续作业,自动化水平高,运输生产能力大,运输费用低,在国内外深露天矿的应用日愈广泛。

（四）排岩工程

金属矿床露天开采的一个重要特征:必须首先剥离矿体上覆的表土与岩石,暴露出矿体,再实施矿石的开采。因而,矿体上覆岩石与表土(在此统称为废石)的剥离与排弃工作是金属矿床露天开采中必不可少的生产环节。为了保证金属矿床安全、持续地开采,通常废石的剥离量要比矿石的采掘量大几倍,而剥离下的废石又须运到指定场地(通常称为废石场或排土场)进行堆放。因而,废石的排弃工作量与废石场的占地都是相当大的。据统计,我国金属露天矿山废石场的平均占地面积为矿山总占地面积的 39%~55%,排岩工作人员占全矿总人数的 10%~15%,排岩成本约占剥离单位成本的 6%,因此如何提高排岩工作的劳动生产率与机械化程度是提高露天开采经济效益的重要手段。

通常将运输剥离下的废石到废石场进行排弃称做排岩工程。排岩工程的经济效率主要取决于废石场的位置、排岩方法和排岩工艺的合理选择。排岩工程是一项系统工程,其内容涉及废石的排弃工艺、废石场的建立与发展规划、废石场的稳固性、废石场污染的防治、废石场的复田等方面。排岩工程必须同采矿场的生产工艺相联系并全面规划,因地制宜地选择废石场,合理地规划排岩工程,科学地管理排岩作业,不仅关系到矿山的生产能力和经济效益,而且对社会环境和生态平衡也有着十分重要的意义。

目前,露天矿排岩技术与废石场治理方面的发展趋势主要表现在三个方面:

① 采用高效率的排岩工艺与排岩设备,提高排岩强度。

② 提高堆置高度,增加废石场单位面积的排岩容量,提高废石场的利用率,减少废石场的占地面积。

③ 适时进行废石场的复垦,减少废石场对生态环境的污染。

第五节　金属矿床开采对环境的影响及其治理方法

金属矿山环境地质问题是制约矿山和谐发展的重要因素。矿山开发不仅为国民经济提供了大量的能源和原材料,而且成为国家重要的财政收入来源,提供了大量的劳动就业机会,特别是推动了区域经济和少数民族地区、边远地区的经济发展。截至 2003 年年底,我国 25 种主要金属矿产共有矿山 10 365 个,其中大中型矿山共有 415 个,仅占矿山总数的 4%,年产矿石量为 46 388 万 t,实现工业产值 5 756 亿元,利润总额 35.7 亿元。然而,矿业开发在为国家经济发展作出巨大贡献的同时,也引发了严重的矿山环境问题。环境污染加剧、生态环境恶化、地质灾害频发,不仅影响了人们的生命健康,也制约了金属矿山资源的进一步开发利用和社会经济的可持续发展。

一、金属地下矿山环境污染问题

(一)矿山大气环境污染(废气污染)

矿山大气污染源是造成矿山大气污染的污染物发生源。矿山大气污染源的构成、性状和影响范围,与矿床类型、埋藏条件、矿岩性质、开采方法和工艺技术等密切相关。

它的分类方法主要有:

(1)按污染物的影响范围可分为矿井或矿坑大气污染源和矿区大气污染源。

(2)按污染源释放的有害物质分为粉尘污染源、气体污染源、放射性污染源和热污染源。

(3)按污染物产生的原因可分为工艺污染源和非工艺污染源。

① 工艺污染源又称人为污染源,属于这类污染源的工艺有凿岩、爆破、支护、放顶、充填和岩矿的装卸、运输、破碎、分级等,在这些工艺过程中,产生的粉尘、炮烟、柴油机废气和压气废气等污染物均会污染矿山大气。

② 非工艺污染源又称天然污染源,是采矿过程引发的次生污染源,属于这种污染源的有:矿岩的风化、氧化和自燃。如地层中气态物、颗粒物的逸出、涌出或喷出,矿岩中放射物质的析出和辐射,地热的传导、辐射和对流,坑木等有机物的分解与腐烂等。在这些自然过程中释放出的粉尘、有毒有害气体、放射性物质和热素等污染物也会污染矿山大气。

(二)水资源污染(废水污染)

矿山废水是从采掘场、选矿厂、尾矿坝、排土场以及生活区等地排出废水的统称。开采、选矿、运输、防尘及防火等诸多生产及辅助工艺均需要使用大量的水,这些矿山废水排放量大、持续性强,对环境污染严重。

矿山废水中的主要污染成分包括有机和油类污染物、氰化物、酸和重金属污染物、氟化物和可溶性盐类。除此之外,还有热污染、水的浊度污染以及固体悬浮物和颜色变化等污染形式。

矿山废水中有机污染物是指其中所含的碳水化合物、蛋白质、脂肪和木质素等有机化合物。油类污染物是矿山废水中较为普遍的污染物,当水面油膜厚度在 10^{-4} cm 以上时,它会阻碍水面的复氧过程,阻碍水分蒸发和大气与水体间的物质交换,改变水面的发射率和进入水面表层的日光辐射,对局部区域气候可能造成影响,主要是影响鱼类和其他水生物的生长繁殖。

矿山废水中的重金属主要有：Hg、Cr、Cd、Pb、Zn、Ni、Cu、Co、Mn、Ti、V、Mo 和 Bi 等，被重金属污染的矿山废水排入农田时，除流失一部分外，另一部分被植物吸收，剩余的大部分在泥土中聚积，当达到一定数量时，农作物就会出现病害。如土壤中含铜达 20 mg/kg 时，小麦会枯死；达到 200 mg/kg 时，水稻会枯死。此外，重金属污染的水还会使土壤盐碱化。

大多数金属和非金属矿床（如煤矿）都含有黄铁矿等硫化物，若该硫化物含量低或不含有用元素，则常当做废石处理，堆放于废石堆或尾矿库。在地表环境中该硫化物将迅速氧化，可形成含重金属离子浓度很高的酸性废水，成为矿山开采中最大的污染源。

（三）尾矿污染（废渣污染）

其突出表现在侵占土地、植被破坏、土地退化、沙漠化以及粉尘污染、水体污染等。尾矿粒度较细，长期堆存，风化现象严重，产生二次扬尘，粉尘在周边地区四处飞扬，特别在干旱、狂风季节中，细粒尾矿腾空而起，可形成长达数里的"黄龙"，造成周围土壤污染，并严重影响居民的身体健康。据专家论证，尾矿也是沙尘暴产生的重点尘源之一。

另外，尾矿中含有重金属离子，有毒的残留浮选药剂以及剥离废石中含硫矿物引发的酸性废水，对矿山及其周边地区环境污染和生态破坏，其影响将是持久的。由于我国矿山大多是依山傍水，矿山开发的许多重大环境问题，长期未引起重视，所积累的后果，最终以"跨域报复"、"污染转移"等不同形态影响区域环境，甚至给人们带来难以补偿的灾难。

（四）采矿污染

采矿过程中生成的废气、废水、废石和粉尘等物质以及噪声和振动等因素，对环境、土地、大气和水质等造成危害。如：矿山开采活动中产生的废渣、废石和尾矿等废弃物，占用大量的土地造成生态环境的恶化；采矿诱发的地裂缝、地面塌陷、崩塌、滑坡、泥石流等矿山地质灾害；采矿造成地表水漏失、水位下降、水质变差等水污染、水源枯竭和水系破坏。

（五）放射性污染

由放射性物质造成的环境污染现象，主要污染物是核工业企业的排放物，核试验产生的放射性沉降物及自然界宇宙射线、放射性矿藏和天然放射性同位素等。可通过食物链或直接对人体造成危害。

（六）药剂污染

冶炼过程使用的药剂，采矿过程使用的炸药，都会通过废水、废气和废渣对环境、土地、大气和水质等造成危害。这一过程作用，称之为药剂污染。

（七）冶炼污染

冶炼作业伴有废水、废气和冶炼炉渣的排出，这些废弃物对环境、土地、大气和水质等造成危害。（详见废水、废气和废渣的污染）

（八）地质污染

矿山开采对地质结构的强烈扰动，无论是正在开采或已废弃的矿山，都有产生地面塌陷和诱发地震的危险。我国每年因采矿造成的土地塌陷达 7 000 km²。同时，采矿产生大量的废石，选矿则排放大量的尾矿，我国现有大大小小的尾矿库 400 多个，全部金属矿山堆存的尾矿已达到 50 亿 t 以上，而且以每年产生尾矿约 5 亿 t 的速度增长。目前，我国因尾矿造成的直接污染面积已达 6 万余平方千米，间接污染土地面积 60 余万平方千米。造成废弃地周围甚至更大范围内生物多样性的减少和生态平衡的失调。研究表明：矿山废渣与废气、废水相比,对环境的污染更具有潜在性和长期性。

金川有色金属公司生产过程中,每年产生大量的固体废弃物,主要有选矿尾矿砂283 万 t,冶炼闪速炉水淬渣 40 万 t,冶炼电炉渣 23 万 t,生产生活锅炉粉煤灰 11.4 万 t 等。大量工业固体废弃物的产生、堆积,不仅占用大量土地,而且对周围环境产生一定的影响。江西省工业固体废物产生量为 3 905.09 万 t,其中矿山尾砂 2 968.25 万 t,占全省固体废物产生量的 76%,全省固体废物历年贮存量 45 403.09 万 t,其中采矿业固体废物历年贮存量37 794.03 万 t,占贮存量的 83.2%,全省固体废物占用土地 1 915 km²,矿山废弃地不仅占用土地,污染环境,影响当地经济发展,而且也对当地社会产生不良作用。

二、金属矿山环境保护及恢复治理措施

（一）实施清洁生产,控制减少污染,提高资源综合利用率

20 世纪 60 年代以来,西方工业发达国家普遍采用"末端治理"的思想和做法来减轻发展给环境所带来的压力,但实践表明,末端治理不但需要昂贵的建设投资和惊人的运行费用,末端治理的过程本身也要消耗大量资源和能源,而且也会产生二次污染使污染在空间和时间上发生转移,因此,末端治理并不符合可持续发展战略,也不能从根本上解决环境污染的问题。随着对"末端治理"的分析和批判,解决环境问题的新思想和新策略——"清洁生产"逐渐在工业污染防治的概念和实践基础上被提出。

清洁生产,是指不断采取改进设计、使用清洁的能源和原料、采用先进的工艺技术与设备、改善管理、综合利用等措施,从源头削减污染,提高资源利用效率,减少或者避免生产、服务和产品使用过程中污染物的产生和排放,以减轻或者消除对人类健康和环境的危害。我国于 2003 年 1 月 1 日起开始施行《中华人民共和国清洁生产促进法》,指出:国家鼓励和促进清洁生产,国务院和县级以上地方人民政府,应当将清洁生产纳入国民经济和社会发展计划以及环境保护、资源利用、产业发展、区域开发等规划。

（二）加强科学技术,治理矿山环境污染,开展矿区土地复垦

在使用传统的环境污染治理技术的同时,应广泛采用先进的污染修复技术恢复环境,如生物修复技术、湿地处理系统、覆盖隔离技术和地球化学工程学修复技术等。本书以地球化学工程学修复技术为例说明新技术在环境污染中的应用:

地球化学工程学修复技术就是"将地球化学作用用于改造环境",主要是利用自然的地球化学作用,尽可能地不干扰自然界,依据元素循环来去除有关的化学元素。由于地球化学工程学模拟自然界的各种自清洁作用,就地取材改善人类生存的环境,它不会带来新的污染,因而具有广阔的应用前景。

地球化学工程学方法可以有效地修复土壤污染、水污染和大气污染。

（1）利用矿物岩石及矿物材料进行土壤污染的修复,如黄铁矿可吸附土壤中的 C、Pb、Zn 等重金属等。

（2）利用污水的化学成分和化学性质进行水污染的修复。矿山废液的处理,可以采用废液的地下注入来消除污染,如将含硫酸废水注入灰岩溶洞以中和废硫酸,利用蒙脱石和膨润土的强吸附性除去废液中的重金属污染,黏土矿物（如高岭石）中和低 pH 矿业废水的能力也很强,矿井水的处理亦可如法炮制。

（3）利用矿物岩石的吸附性等进行大气污染的修复,如沸石可吸附去除空气中的二氧

化硫,黄铁矿及黏土矿物吸附空气中重金属。另外,采用地球化学障也可有效防治和修复污染。

土地复垦是矿山生态环境恢复的必由之路,因此,必须加强国际合作,学习和借鉴国内外矿山土地复垦和生态重建的成功经验,引进和开发适用于不同矿区损毁土地复垦和生态重建新技术,对露天采场、土地塌陷地、排土场、尾矿库等不同地点采用不同的复垦方法,如对排土场和尾矿库等可以采用生物修复的方法或生物与工程技术相结合的方法,进行植树种草、建设用地、农业或工业复垦等。

（三）树立科学的资源观,大力发展循环经济,促进生态良性循环

首先必须树立科学、积极的资源观,要正确认识地球资源的有用与无用、有利与无利、有害与无害以及矿与非矿的概念,树立地球上所有天然岩矿物质都是资源。

（四）建立健全统一完整的矿山环境管理法规

建立政府引导、市场运作、企业主导的投入机制。多元化吸收资金,鼓励企业、个人等社会资金以及国外资金投资于矿山环境治理工作。另外,政府应加大对老矿山生态环境恢复治理的力度,本着"谁投资,谁受益"的原则,制定一系列鼓励投资矿山环境治理的优惠政策,从而造成多渠道投资的良好气氛。

复习思考题

（1）试述金属矿石按其所含金属矿物的性质、化学成分、矿物组成的分类类型。

（2）试述金属矿床按矿体形状分类类型。

（3）简述井田阶段的开采顺序的两种方式。

（4）简述金属矿床开采方法类型及其主要特点。

（5）简述金属矿床开拓方法类型及其主要特点。

（6）简述露天金属矿床开拓方法类型及其主要特点。

（7）试述金属矿床露天生产工序特点。

（8）对于金属矿床对环境的影响,说说我们该如何保护和恢复。

第四章 非金属固体矿床开采

第一节 非金属矿床资源及其开采基本概念

一、矿产资源及其种类

矿产资源是国土资源的重要组成部分,是国民经济和社会发展的重要物质基础和人类生产和生活资料的基本源泉。截至 1989 年年底,我国的钨、锑、钒、钛、锌、锂、锡、硫铁矿、稀土、菱镁矿、萤石、重晶石、石墨、石膏等矿产的探明储量均居世界首位,铜、钽、铌、汞、煤、石棉、滑石等矿产的探明储量居世界第二、第三位,铁、镍、铝、锰等矿产的探明储量居世界第四、第五位。中国无疑是世界上拥有矿种比较齐全,探明储量比较丰富的少数国家之一,而且矿产的总量也多,45 种主要矿产保有储量的价值排到了世界的第三位。虽然如此,但若按人均拥有量计算,我们却还是无法脱掉"贫矿"的帽子。

我们通常所说的非金属矿产指的是除金属矿石、矿物燃料以外具有经济价值的任何种类的岩石、矿物或矿物集合体。

非金属矿产是为人类最早利用的一种矿产,石器时代的石刀、石斧以及新石器时代仰韶文化(公元前五千至公元前三千年)的彩陶,都充分说明了这一点。至 20 世纪初人类所利用的主要非金属矿产约有 60 种,而目前达 200 种以上。随着现代工业的发展,可供工业利用的矿物和岩石种类还将继续增长。

非金属矿床种类繁多,如磷矿床、盐类矿床、石棉矿床、石墨矿床、金刚石矿床和宝玉石矿床等,并且分布广泛,使我们有可能大量地加以利用。构成非金属矿床的矿石矿物主要是含氧盐类,特别是以硅酸盐、硫酸盐为主,磷酸盐、硼酸盐次之,氧化物、卤化物和某些自然元素也可以形成矿床。

非金属矿石的利用方式与金属矿石不同。在工业上,只有少数非金属矿石是用来提取和使用某些非金属元素或其化合物的,如硫、磷、钾、硼等,这些矿石的工业价值主要取决于有用元素的含量和矿石的加工性质。而大多数非金属矿石则是直接利用其中的有用矿物、矿物集合体或岩石的某些物理、化学性质和工艺技术特性。举例来说,金刚石大多利用它的硬度和光泽;云母是利用其绝缘性和透明度,它可作为电子工业的重要原料;水晶是利用其光学和压电性能等。目前,非金属矿产在我国利用得比较广泛,主要是在以下几方面:

1. 农业方面

人们为了提高并保持农作物的产量,在农田中大量使用由磷、钾矿石生产的磷肥和钾肥以及农用轻稀土,为农业的丰收作出了贡献。

2. 工业方面

在玻璃、化工、造纸、橡胶、食品、医药、电子电气、机械、飞机、雷达、导弹、原子能、尖端技术工业以及光学、钻探等方面也需要品种繁多、有特殊工艺技术特点的非金属矿产。如硅石和长石是制造玻璃的主要原料；石墨在火箭、导弹的装置中用作耐热材料，并在许多方面用作机械运转的润滑剂。云母是电气、无线电和航空技术中不可缺少的电气绝缘材料；明矾可作炼铝、制造钾肥和硫酸的原料，也可用于印刷、造纸、油漆工业等。

3. 陶瓷工业方面

无论是在工业上还是民用生活上，我们几乎离不开陶瓷制品，其应用数量之多，使用范围之广给人们带来许多便利，而陶瓷的制造原料就是诸如高岭土、叶蜡石和硅灰石等非金属矿物。

按照矿产的可利用成分及其用途，可将之分为金属、非金属、能源、水气矿产四类。其中，非金属类矿产富含硫、磷、碘、硼等元素，以及重晶石、石棉、萤石、石墨、金刚石、石膏、滑石、膨润土、高岭土、珍珠岩、硅灰石、蛭石、海泡石等矿产资源。这其中，比较典型的非金属矿床资源有砂矿床、自然硫矿床和盐类矿床等。

二、矿床开采一般分类

（一）概述

地球不仅为人类提供了赖以生存的场所，也提供了人类社会发展、进步所必需的各种自然资源，包括水资源、土地资源、耕地资源、草地资源、林地资源、海洋资源及矿产资源等。而每一类自然资源的开发利用都是人类必须研究的课题。其中，如何将这些物理化学性质、地质赋存条件都千变万化的矿产资源，通过露天开挖、地下开采、化学浸出或其他方式，科学合理地开发利用起来是一项涉及多学科的庞大系统工程。采矿工艺与方法是完成这一艰巨任务的基本理论依据和技术保证。

中国是世界开创采矿业最早的国家之一。目前，我国已查明的矿产资源约占世界的12%，居世界第三位，但是人均矿产资源占有量仅为世界平均水平的58%，居世界53位。资源结构性矛盾突出，部分大宗矿产资源相对不足，一些优势资源的利用率不高，消耗过快。目前，我国采矿工业的发展水平与发达国家相比，也存在一些差距，主要表现在采矿工艺革新、采矿设备更新及矿山企业的优化管理水平方面。

中国有960万平方公里土地，矿产资源丰富，矿床及地质条件类型多样，所使用的矿床开采方法种类繁多，而且还在不断发展之中。本章将对传统的采矿方法以及针对特殊矿产资源的特殊采矿方法进行概括性的介绍。

（二）一般采矿方法分类

传统采矿方法的划分基本可分为两大类型，即按回采对象的不同进行划分，或者按回采工艺的不同进行划分。前者先将矿产资源按其物理化学性质和地质赋存条件的异同进行归类；后者则从矿产资源开发时所采用的具体工艺来分类。

1. 按回采对象的不同进行划分

不同的矿产资源或回采对象，其物理化学性质、地质赋存条件肯定不同，比如，同一种采矿方法和工艺肯定不能同时适应煤矿资源、石油、天然气和金属矿产资源等多种资源的开采，因此，采用的开采方法也必须根据具体情况进行具体分析，选择技术上可行、经济上合理、生产安全、有利于环保的采矿方法和工艺。为此，可将采矿方法划分为以下几大类：

(1) 煤矿资源的开采方法和工艺；

(2) 石油、天然气资源的开采方法和工艺；

(3) 金属矿产资源的开采方法和工艺；

(4) 其他矿产资源的开采方法和工艺。

2. 按回采工艺的不同进行划分

如果直接根据所使用的采矿工艺技术的不同来进行划分，传统的采矿方法也可以大致分为以下几大类：

(1) 地下采矿方法

地下开采方法适应矿床埋深较大的矿产资源，它的重要特点是利用竖井、斜井、平硐等开拓工程，再利用不同水平的采准、切割等巷道到达采矿工作面，实现在地下对矿体进行凿岩爆破作业，并将矿石运出地面，进行选矿和冶炼的加工。整个地下采矿作业，生产环节多，工序复杂，且生产场所随矿产被采出而不断转移，是一项受多种动态参数制约的复杂系统工程。

(2) 露天采矿方法

露天开采就是通过剥离矿体上覆及其四周的岩石，以敞露于地表的采掘空间直接采出有用矿物的矿床开采方法。露天开采由采矿与剥离两部分作业组成，露天采场由露天开采境界(含地面境界、边坡、底部境界线)及边坡(分工作边坡和最终边坡)构成。

(3) 露天和地下联合采矿方法

露天地下综合采矿方法是指同一矿区的矿产资源同时采用两种不同的采矿方法，或在不同生产时期分别采用不同的采矿方法进行作业的特殊情况。最常见的一种是露天转地下的组合。这类采矿方法的选用，常常是因为矿山在生产过程中，因为技术、经济、管理方法和政策等的变化，对同一矿产资源的开发利用提出了不一样的要求。原定的矿山露天开采生产期限接近尾声时，考虑继续以地下开采的方法开发更大埋深的矿体。

(4) 其他采矿方法

此外，还有针对一些特殊矿产资源的其他采矿方法，诸如，煤田开采法、油气田开采法等。

三、非金属矿产资源开采的特殊含义

非金属矿床的开采方法一般包含两方面的含义：

(1) 从技术层面来看，不同于传统的采矿-选矿-冶金三者独立的工艺流程。这类采矿方法充分利用矿物的化学、微生物等浸出原理，变采矿-选矿-冶金为布液-集液-金属提取一条龙作业的溶浸采矿工艺。

(2) 针对那些无论是在矿体赋存条件，还是其物理化学性质方面都具有特殊性的非金属矿产资源的一些开采方法。

其中，砂矿、硫矿和盐矿具有一定代表意义。

(一) 砂矿床及一般开采原理

千万年来，由各种途径进入海洋的泥沙和尘埃中包含有各种不同的元素。不同成分的尘埃颗粒，密度不同，粒径大小不同，扁、圆形状也有差别。这些特征各异的矿物碎屑，在波

浪、海流作用下,分别聚集沉积在一起,就形成了海滨砂矿床。

　　海滨砂矿最为大宗的是建筑用砂和砾石。这是因为它们是由常见的普通岩石碎屑生成的。较为稀少而价值甚高的海滨砂矿有:金红石、钻石、独居石、石榴石、钛铁砂、铌铁砂、钽铁砂、磁铁砂、铬铁砂、锡砂、磷钇砂、金砂、铂砂、琥珀砂、金刚砂、石英砂等。图 4-1 为不同砂矿石在显微镜下的结构构造。

 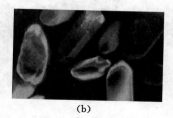

(a)　　　　　　　　　　　　　　　　　(b)

图 4-1　显微镜下的各种砂矿石

(a) 显微镜下的钛铁矿砂;(b) 显微镜下的锆石矿砂

　　砂矿中含有的非金属、金属、稀有金属及贵重金属具有重要的经济和工业应用价值。譬如:

　　石英砂的化学名称是二氧化硅(SiO_2),属于非金属砂矿。石英砂是生产玻璃的重要原料。石英砂中的硅元素是半导体材料。钟表、精密仪器、电脑、火箭导航等自动化技术离不开硅。

　　从金红石中可以提炼钛。钛是制造火箭、卫星必需的贵重金属。锆石中的锆、独居石中的钍都是核反应堆运行不可缺少的金属材料。

　　金刚砂中的金刚石是天然物质中最坚硬的材料,除可以划玻璃、钻瓷器外,制造各种钻头离不开金刚石。金刚石就是钻石,是与黄金齐名的贵重矿物材料。全世界天然金刚石产量的六分之五来自海洋。南非是海洋金刚石的主要生产国,其次是俄罗斯。

　　1952 年,美国在俄勒冈州太平洋海滨开采金砂和铂砂。目前,开采海滨金砂生产黄金的主要国家有美国、俄罗斯、菲律宾、加拿大等国。澳大利亚是世界上最大的金红石和锆石开采国。美国白金(铂)产量的 90% 来自阿拉斯加海滨的砂矿。日本磁铁砂开采遍及列岛沿岸。泰国、印尼、马来西亚海滨锡矿砂开采是世界著名的。

　　砂矿一般开采原理如下:

　　海滨砂矿属于最邻近海岸线的一类海洋表层矿产资源。海滨砂矿开采的矿物种类多达二十几种,如金刚石、砂金矿、砂铂、铬砂、铑砂、铁砂矿、锡石、钛铁矿、锆石、金红石、重晶石等。浅海海底主要砂矿如表 4-1 所示。海滨砂矿开采工艺大多采用采砂船进行开采(图4-2)。

表 4-1　　　　　　　　　　　　　　**浅海海底主要砂矿**

非金属砂矿	建筑用砂和砾石、石灰紫砂和贝壳、硅紫砂、次等宝石、磷改土、霞石、海绿石
重矿物砂矿	磁铁矿、锡石、钛铁矿、铬铁矿、独居石、金红石、锆石
贵重砂矿	金刚石、铂、金

图 4-2　某砂矿采场一角

水面以下砂矿床的开采,目前作业水深大多在 30～40 m,使用的采矿工具有 4 种:链斗式采矿船、吸扬式采矿船、抓斗式采矿船和空气提升式采矿船。前 3 种的构造和工作原理与挖泥船类似。空气提升式采矿装置由气管、气泵和吸砂管等部分组成,气管与吸砂管的中部或下端相连通,作业时将吸砂管下端靠近砂矿床,启动气泵,压缩空气使吸砂管内产生向上流动的掺气水柱,从而带进砂矿固体颗粒,连续压气就可达到采矿的目的。这种装置的缺点是作业水深增加时,压缩空气的成本费呈指数倍增长。

此外,20 世纪 70 年代以来还发展了一种海底爬行式采掘机,可以载人潜到海底作业,所需空气和动力由海面船只供应。还有,如意大利制造的 C-23 型潜水挖砂机的作业水深达70 m,能在海底挖掘宽 5 m、深 2.5 m 的沟,每小时前进 140 m,挖砂 230 m³。

（二）自然硫矿床及一般开采原理

硫矿是一种基本化工原料。在自然界,硫是分布广泛、亲和力非常强的非金属元素,它以自然硫、硫化氢、金属硫化物及硫酸盐等多种形式存在,并形成各类硫矿床。我国硫资源十分丰富,储量排在世界前列。我国在目前及今后相当一段时期内,仍将以硫铁矿和伴生硫铁矿为主要硫源。国外硫当前主要来自天然气、石油和自然硫。

硫矿的直接应用是生产硫黄和硫酸,两者的用途非常广泛。大部分硫酸用来生产各类化肥,硫的应用领域还在不断扩大。

自然硫属斜方晶系,晶体常呈菱方双锥状或厚板状;由菱方双锥、菱方柱、板面等组成,通常呈致密块状、粒状、条带状、球状、钟乳状集合体;硫黄色,杂质也有呈密黄色或黄棕色;金刚光泽,断口油脂光泽;性脆,不透明至半透明,硬度 1～2,密度 2.05～2.08 g/cm³。产于火山岩、沉积岩中及硫化矿床风化带,常与方解石、白云石、石英等组合。其双锥状晶形,金刚光泽,加上黄亮鲜艳的硫黄色,与基岩形成鲜明反差,有较好观赏性(图 4-3)。自然硫不导电,摩擦带负电。用手紧握硫的晶体,放在耳边,可以听见其自行碎裂的声音。自然硫见于地壳的最上部分和其表部。其形成有不同的途径,最主要是由生物化

图 4-3　自然硫

学作用形成和火山成因的自然硫矿床。自然硫一般不纯净，火山作用成因的自然硫往往含少量的 Se、As、Te，其他矿床产出常夹有黏土、有机质、沥青和机械混入物等。

硫矿开采一般原理如下：

根据硫熔点低（112.8 ℃）的特性，自然硫矿床可用钻孔热熔法开采，即通过布置一系列的采硫井、排水井和观察井来实现。其基本原理有些类似于盐类矿床开采的钻孔水溶法，即通过钻孔将加压过热水注入地下自然硫矿床，使其熔化后，再将熔融状态的硫经同一钻孔排出地表完成采硫作业。通常注水与采硫可以通过布置在同一钻孔内的一套管径不同的同心管串来完成。

如图 4-4 所示，加压过热水从采硫井注入矿层，矿层达到一定温度后便开始熔化。由于热传递作用，矿层的受热范围将从采硫井井底不断向四周扩展，温度逐渐升高，熔硫量也随之增加。密度大、不溶于水的液态硫在自重作用下源源不断地汇集于采硫井井底，采用气举或泵抽将液硫从采硫管排出地表。

由于注入的加压过热水在使矿层熔化的同时，会降温并失去熔硫的功能，为了保证采硫工艺的正常进行，必须通过排水井不断排出熔硫后的热水，并注入加压过热水，排出的热水经处理后可循环使用。

在整个工艺流程中，排水井除了起到排出熔硫后的热水的作用外，还具有保持和调节层间压力、使矿层卸压和引导热水向一定方向流动的作用。热水在流向排水井的过程中，也起到了预热矿层的作用。观察井的作用主要是观察熔融范围以外的温度场变化，一般用已采完的采硫井充当。

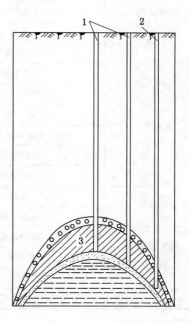

图 4-4　自然硫矿床的钻孔热熔法开采
1——采硫井；2——排水井；3——矿层

钻孔热熔法具有与钻孔水溶法相同的优点，并解决了用普通采矿法开采自然硫矿床易产生自然发火的问题。该方法的主要缺点是回收率和热效率低（一般分别为 50%～60% 和 1%～3%），并且只能用于开采自然硫矿床。

（三）盐类矿床及一般开采原理

盐类矿床种类很多，其共同特点是能溶于水。常见的盐类矿床参见表 4-2。不同的矿物具有不同的溶解度，它直接影响在溶液蒸发浓缩时，各类矿物沉淀的先后次序。一般而言，碳酸盐类矿物的溶解度最小，因而最先沉淀，接下来是钾、钠的硫酸盐及其复盐，再次为氯化物，最后为钾、镁的氯化物、硫酸盐及其复盐。值得指出的是，这一顺序并非固定不变，由于溶液中盐类物质的含量各不相同，或者沉积时的温度不同，都可能导致上述次序的改变。

表 4-2 常见盐类矿床及其化学组成分子式

盐类矿床		化学组成分子式
氯化物类	岩盐	$NaCl$
	钾盐	KCl
	水氯镁石	$MgCl_2 \cdot 6H_2O$
	光卤石	$KClMoCl_2 \cdot 6H_2O$
硫酸盐类	硬石膏	$CaSO_4$
	石膏	$CaSO_4 \cdot 2H_2O$
	无水芒硝	$NaSO_4$
	芒硝	$Na_2SO_4 \cdot 10H_2O$
	泻利盐	$MgSO_4 \cdot 7H_2O$
复盐类	钾盐镁矾	$KCl \cdot MgSO_4 \cdot 3H_2O$
	钙芒硝	$Na_2SO_4 \cdot CaSO_4$
	杂卤石	$2CaSO_4 \cdot K_2SO_4 \cdot MgSO_4 \cdot 2H_2O$
	无水钾镁矾	$K_2SO_4 \cdot 2MgSO_4$
	白钠镁矾	$MgSO_4 \cdot Na_2SO_4 \cdot 4H_2O$
	软钾镁矾	$K_2SO_4 \cdot MgSO_4 \cdot 6H_2O$
碳酸盐类	水碱	$Na_2CO_3 \cdot 10H_2O$
	天然水碱	$Na_2CO_3 \cdot NaHCO_3 \cdot 2H_2O$
硝酸盐类	智利硝石	Na_2NO_3
	钾硝石	K_2NO_3
硼酸盐类	硼矿	$Na_2B_4O_7 \cdot 10H_2O$
	钠硼解石	$NaCaB_5O_9 \cdot 8H_2O$

此外,盐类矿床还具有下述基本特点:

① 盐类沉积的一般顺序为:石灰岩或白云岩→石膏或硬石膏→石盐→钾盐。

② 盐类矿物溶解度大,易产生次生变化。地下水可导致盐类矿床的强烈喀斯特化,并使盐类矿层形态不规则。

③ 盐类矿物可塑性大,易产生变形。当围岩受到轻微的褶曲时,盐层内部将发生十分复杂的褶曲,盐层厚度变化大。构造运动稍微强烈的地域,就可以形成底辟构造,并形成盐丘。

矿物溶解度的不同,可能导致一些矿物在次生变化中溶失,地表残留很少。

盐矿开采一般原理如下:

地表的盐湖或盐漠还无法满足人类对盐类矿产资源的需求,还必须开发利用地下的盐类矿床。盐类矿物的基本化学性质是易溶于水,从这一基本特征出发,地下盐类矿床的开采方法主要是钻孔水溶法。

钻孔水溶法利用盐类矿物溶于水的原理,通过在地表完成根据要求设计的疏密相间和深浅交替的钻孔工程,并将具有设计压力和温度的水注入矿层,矿层中的有用组分被水溶解后形成富液,将富液抽出地表进行蒸发浓缩等加工处理,获取 NaCl、KCl、Na_2SO_4、Na_2CO_3 等化工产品。

目前,世界上 90% 以上的岩盐(钠盐)都采用钻孔水溶法开采。由于使用钻孔水溶法的基本前提条件是开采对象应该溶于水,该方法也可用于开采钾盐、天然碱和芒硝等易溶于水的盐类矿床。

钻孔水溶法分为两种基本类型,即:

(1) 单井对流法[图 4-5(a)]

在同一钻孔中安装一套管径不同的同心管串,分别担负注水和提取产品溶液的任务,注水管有时还同时担任注入油或气的任务。

注入油或气的目的是为了防止盐层溶解以后顶板过早垮落,影响盐井寿命。其原理是,将油(柴油和石油等)或气(二氧化碳或氮气等)通过注水管注入井下,由于油、气都不溶解盐而且比水轻,注入井下的油或气将在溶腔顶部形成一层具有一定厚度的隔离层,隔离层可以阻止水对盐层顶部过早溶解,并迫使溶腔向水平方向扩展,达到控制溶腔高度、延缓顶板垮落的目的。

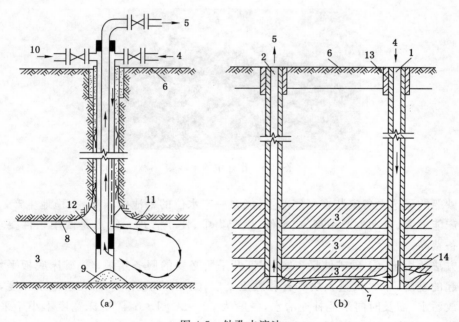

(a)　　　　　　　　　　　(b)

图 4-5　钻孔水溶法

(a) 单井对流法;(b) 水力压裂法

1——注水井;2——出卤井;3——矿层;4——水;

5——卤水;6——地表;7——裂缝;8——溶腔;9——矿渣;

10——油;11——油垫层;12——封隔器;13——套管;14——射孔

(2) 水力压裂法[图 4-5(b)]

利用水传递压力和溶解盐类矿物的能力,将淡水以高压从注水井注入矿层,压裂矿层并在注水井与出卤井之间形成通道,产品溶液经出卤井排出地表。当矿床含矿不止一层时,按自下而上的顺序逐层开采,盐井逐段报废。

　　钻孔水溶法适于矿石品位高、裂隙发育的可溶性盐类矿床,要求矿层顶底板较稳固、难溶于水、隔水性好。该方法具有投资少、工期短、成本低、效益高、工艺简单、自动化程度高、生产安全、开采深度大(可达 1 500 m)等优点。最大缺点是回收率低(<40%),矿床埋深较浅时可能引发地表塌陷的地质灾害。

第二节　非金属矿床的典型开采方法与工艺

一、砂矿床的典型开采方法与工艺

　　目前,开采的主要砂矿矿床为河滩砂矿以及海滨或浅海海底砂矿,主要包括非金属砂矿、重矿物砂矿和贵重砂矿。

（一）河滩砂矿开采方法

　　河滩砂矿一般用采砂船进行开采。采砂船一般由船体和移行、挖掘、洗选、排尾、动力、供水、信号等设备组成(图 4-6)。

图 4-6　作业中的采砂船

　　采砂船的采选设备安装在平底船上,能在一定水位的采池中漂浮,平稳地生产。开采优点是生产能力大、劳动生产率高、成本低、生产集中、便于管理。缺点是使用条件要求严格、初期设备费高。

　　该方法适用于:① 砂矿储量丰富,保证开采所必要的服务年限;② 矿床底板平坦,无深坑和突起的基岩,不含大量大块砾石和黏土夹层;③ 水源充足,水深大于吃水深度,并为不断地排放污水,需及时向采池补充清水,一般为 50~250 L/s;④ 矿床宽度不小于采砂船的最小工作宽度;⑤ 矿床底板坡度适宜,通常应为 0.010~0.025。

　　不适于开采河流湍急和长年冻结的矿层。

　　用于河滩砂矿开采的采砂船可按移行方式或挖掘设备进行分类。

　　按移行方式分为:钢绳式、桩柱式、混合式;按挖掘深度分为:浅挖(<6 m)、中挖(6~18 m)、深挖(18~50 m)、超深挖(>50 m)。

　　按挖掘设备分为:① 链斗式,其中又分间断式和连续式两种。② 单斗式,又分铲斗式和索斗式。③ 吸扬式,又分绞吸式、耙吸式和斗轮吸扬式等。

　　河滩砂矿采砂船的开采工艺过程如图 4-7 所示。链斗自水下挖掘出的矿砂,经装矿漏斗送到洗矿圆筒筛中;筛下产品与水,经矿浆分配器,分配给各选矿设备;尾砂经尾砂槽排至采砂船后方,形成尾砂堆;筛上的大石块和泥团,经过砾石溜槽,用输送机排入船后的采空区,形成砾石堆。

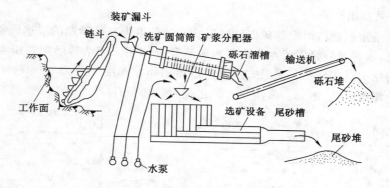

图 4-7　采砂船生产工艺示意图

提高斗链速度是提高采砂船生产能力的重要途径。影响斗链速度的因素,主要是岩矿的性质。河滩砂矿开采的开拓方法有基坑开拓法、筑坝开拓法和联合开拓法,图 4-8 为筑坝开拓法示意图。

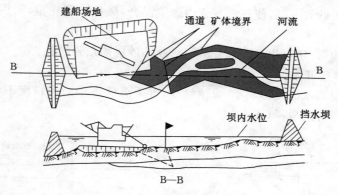

图 4-8　筑坝开拓法示意图

河滩砂矿的采矿方法按工作面推进方向可分三种:

① 横向采矿法,适用于倾斜不大而宽阔的砂矿床。采矿时沿矿体横向分成条带进行开采。本法又分为单工作面横向法和相邻工作面横向法。

② 纵向采矿法,适用于窄而长的砂矿床。采矿时沿矿体纵向分成条带进行开采。又分单工作面纵向法和平行工作面纵向法。

③ 联合采矿法,矿体赋存条件较复杂时,可将上述方法联合使用。

（二）海滨或浅海砂矿开采方法

对于海滨或浅海砂矿而言,目前开采规模较大的是建筑用砂和砾石、锡石、金刚石、铁矿砂和金矿砂等。主要的砂矿开采方法主要用链斗式、水力式、压气升液式和抓斗式采砂船开采,前两者较常用。

（1）链斗采砂船开采

如图 4-9 所示,链斗采砂船的基本构成为采砂船、能连续挖掘并提升砂矿的采砂链斗以及构建在采砂船上的洗选设备。这种设备抗风浪性能差,通常用于开采水深小于 50 m 的砂矿。目前东南亚国家用它开采浅海锡砂。

(2) 水力采砂船开采

利用砂泵或水射流将海底砂矿以砂浆形式通过管道吸至采砂船的洗选设备中。水浅时砂泵装在船上,水深时砂泵置于水中或与水射流联合使用。胶结砂层用高压水射流器或装有旋转刀具的挖头预先松散。泵吸式水力采砂船的作业深度一般为 9~27 m,与水射流联合使用时作业深度可达 68 m。常用于开采建筑用砂和砾石(图 4-10)。

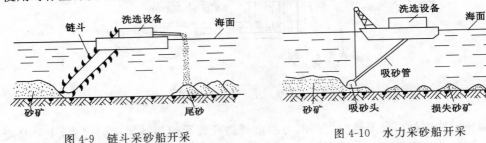

图 4-9　链斗采砂船开采　　　　图 4-10　水力采砂船开采

(3) 压气升液采砂船开采

将压气送入吸砂管下部,使气泡与管内砂浆混合,降低砂浆比重,利用管内外压差举升砂浆(图 4-11)。

它不仅用于浅海,还可用于深海开采。对胶结砂层须预先松散。

(4) 抓斗采砂船开采

这种采砂船受海水深度影响小,灵活性高,可采海底不平的和粒度不匀的砂矿,但生产能力低。也常用于海底取样(图 4-12)。

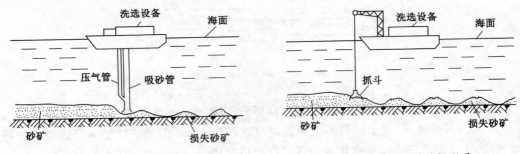

图 4-11　压气升液采砂船开采　　　　图 4-12　抓斗式采砂船开采

为了提高砂矿开采效率及砂矿回采率,近年开始用潜艇在海底取样捞砂,观察海底情况,并用无人推土机在海底集砂,以提高采砂船生产能力和回采率。

二、自然硫矿床开采方法及工艺

(一)开拓方式

硫铁矿矿床开拓方式的选择,必须符合开拓工程量少、基建投资省、年经营费低、投产快、生产安全、管理集中方便的要求。

自然硫矿床是采用露天开采还是地下开采,或者联合开采,要根据各个矿床的具体赋存条件研究决定,必要时还要进行综合的技术经济比较和分析。一般来讲,露天开采的生产劳动条件比地下开采要好,矿产资源的回收率较高,在经济效益相差不大的情况下,应当尽量考虑采用露天开采。

对于地下开采,按井巷形式可分为平硐开拓、斜井开拓和竖井开拓,开拓方法应考虑先平硐,次斜井,后竖井。

（二）自然硫矿床的钻孔热熔法开采

自然硫矿床的开采在 19 世纪 90 年代以前都是采用常规的地下或露天开采。但由于硫化氢气体的危害,使传统的地下开采发生困难,而沿用露天开采又受到矿床赋存条件的限制。随着人类对自然界认识的深化和采矿技术的不断发展,德国人 H.Frasch 首先提出了用钻孔热熔法(弗拉施采矿法)来开采自然硫矿并获得成功。在推广应用过程中,对该方法进行了必要的改良,不断融入新的技术与工艺,弗拉施采矿法已经先后在墨西哥、波兰、伊拉克、原苏联等获得成功。

弗拉施采矿法(Frasch method)的实质是从钻孔压入过热水,熔融地下自然硫,从同一钻孔排出地表,进行加工的采硫法。1894 年,德国人弗拉施(H.Frasch)在美国设计出古典弗拉施采矿法,1903 年改进完善。1957 年波兰工程师查季威兹 (B.Zakjewicz)研究成功改良弗拉施采矿法,在伊拉克的米什拉克(Mishrag)等矿实践多年,臻于完善。1975 年发达国家用此法采出的硫占总产量的 29.2%。弗拉施采矿法的主要优点是生产安全,投资省,建设快,工艺简单,生产效率高,开采深度大,少占农田,无尾矿及其污染问题;缺点是回采率低(一般为 40%～70%),热效率差(一般为 0.5%～5%),耗水量大。

对矿床本身的要求主要为:

① 含硫品位不低于 18%～20%;

② 回收硫矿石总量应不低于 100 万～300 万 t,最好拥有 1 000 万 t 以上的可回收硫;

③ 合理的开采深度一般为 120～500 m,因为过浅难以形成足以防止矿井水涌出的矿山压力,过深则矿井建设费用高,不经济;

④ 从工艺和经济要求出发,要求矿层厚度应不小于 5 m,开采的最佳厚度为 15～30 m;

⑤ 为保证热熔法采硫工艺的效率,矿床应具有合理的孔隙率和渗透性能,一般要求矿层的均匀孔隙率为 10%～15%,渗透系数应大于 0.4 m/d;

⑥ 矿层顶底板应具有良好的封闭性。

对外部条件的要求有两点:

① 矿区应有足够可靠的水源。加压的过热水(160 ℃)是热熔法采硫工艺中的开采工具,因此矿区足够可靠的水源是设计使用热熔法采硫的必要条件之一。

② 燃料供应不成问题。由于生产工艺过程中热效率不高,好的矿山也只有 5%,因此,需要消耗大量的燃料来加热作为开采工具的载热体——水,所以,廉价而充足的燃料供应成为另一个关系到热熔法采硫能否成功的关键因素。

（三）钻孔热熔法的采硫工艺

钻孔热熔法采硫包括三大步骤:制热、注热和抽硫。如图 4-13 所示,整个开采系统由地面设施和各种钻井组成。地面设施又包括生产技术设施和行政管理、生产福利设施。各种钻井是钻孔热液法采硫的关键,一般应包括生产井、排水井、观测井、地质井和水文地质井。

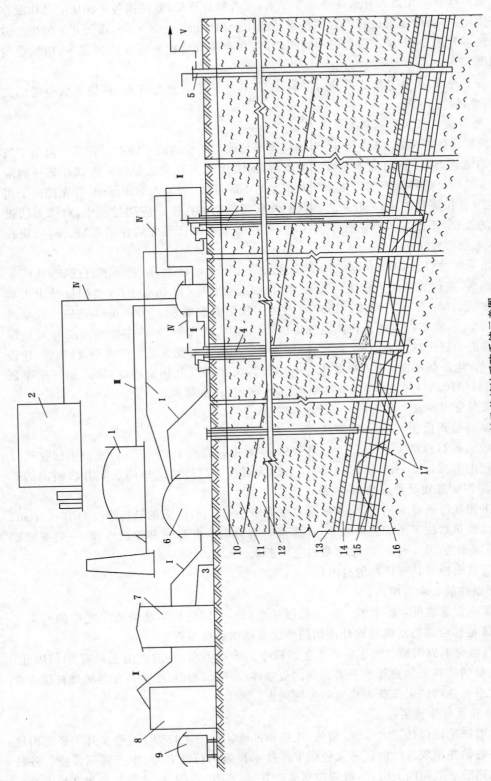

图4-13　钻孔热熔法采硫系统示意图

1——锅炉房；2——空压机房；3——监测站；4——开采孔；5——排水孔；6——泵流站；7——粒化车间；8——仓库；9——装硫车；
10——砂；11——黏土；12——泥灰岩；13——砂岩；14——不含硫石灰岩；15——含硫石灰岩；16——硬石膏；17——熔硫界面；
Ⅰ——液态硫；Ⅱ——粒状硫；Ⅲ——载热体；Ⅳ——空气；Ⅴ——输送层间水到净化池的水管

采硫生产工艺包括四个基本步骤,即:

① 在热力站加热大量过热水;

② 将过热水注入生产井熔融硫;

③ 靠压缩空气或自喷将熔硫升举出地面;

④ 将抽出地面的熔融硫降温凝固或盛入加热储存待运。

值得指出的是,为了保证和提高生产井的采硫能力,在注入热水进行熔硫之前,一般需进行热水洗井及矿层预热工作。

热水洗井的目的是清除管道和井下沉积物与沥青,具体工作包括:

① 从硫管注热水经排水管排出,直到出清水为止;

② 关闭排硫阀,从热水管注热水,经排水管排出,直到出清水为止;

③ 从硫管和水管同时注热水,经排水管排出,直到出清水为止。

矿层预热是将加压的过热水同时经硫管和热水管压入井中。从硫管注入总水量的75%,经硫管、下筛管进入下部矿层,对下部矿层进行预热。从热水管注入总水量的25%,经热水管、上筛管进入上部矿层,预热矿层上部和上覆岩层。

钻孔注热2~3周后,加热了矿层,使硫熔融。硫在重力的作用下向孔底方向流动并聚集于孔底汇硫坑,而热水却向上运动直到被不透水的上覆岩层所阻隔。当孔底熔融硫的液面高度超过硫筛管的位置后,关闭硫阀,停止从硫管注入过热水。此时,只从热水管继续注热水熔硫,热水从上筛管注入矿层,熔硫在重力作用下继续向孔底集中,再打开排硫阀,即有水蒸气和水从此阀排出。这时,如果矿层熔硫量大于孔底汇硫量,当打开试硫阀时,将有硫与水的混合物从试硫阀排出,然后关闭试硫阀,打开排硫阀;若只有水蒸气排出,说明硫筛管已全部被熔硫所遮盖,热水不能汇入硫坑,意味着井下采硫工艺已全部准备好,可以出硫了,便可打开压气阀,向孔中注入压缩空气。压缩空气将通过最近的路径向管外排出,排硫管中出现气塞或硫气混合物并推动熔硫向上运动,把硫举出地面。

三、盐类矿床开采方法及工艺

(一)概述

盐类矿床的开采工艺方法多种多样,应根据其矿床类型、地质赋存条件、矿盐物理化学性质等进行合理选择确定。它既可以是传统的地下、露天或两者联合的开采方法,也可能是根据盐类矿床自身的特点专门设计的钻孔水溶开采法或水力压裂开采法,还可能是专门为湖盐矿床或海盐矿床设计的特殊开采工艺和方法。具体地说,现代盐湖矿床主要为露天开采(图4-14),次之为地下开采(图4-15)以及组合式开采。现代盐湖的卤水是采用"垦畦浇晒"法;对裸露地表或近地表的固体矿采用露天开采;对深埋地下百余米的掩埋型芒硝矿床采用地下开采或组合式开采。现代盐湖矿床也可分为人工开采和机械开采;古代盐湖芒硝类固体矿床有旱采和水采两类,旱采可分为地下开采和露天开采两种,水采有钻井水溶法开采和硐室水溶法开采。地下卤水的开采有自喷法和机械法。

(二)盐湖矿床开采方法

(1)现代盐湖固相芒硝矿床

现代盐湖固相芒硝矿床的矿石品位有高有低,盐类矿物具有可溶性。富矿可用露天直接开采,贫矿可经固-液转化,以液相形式采出。

图 4-14　湖盐露天开采场

图 4-15　岩盐地下开采

根据采出矿石的方式和原理,开采方法可分为直接采出固相矿石的开采法和化学开采法。

直接采出固相矿石的开采方法,按对矿床充水的处理方式,又可分为预先疏干开采和不预先疏干开采。根据采运机械设备类型,开采方法可分为旱采旱运、旱采水运、水采旱运、水采水运 4 种类型。

化学开采法是在矿床的赋存地用化学的方法(地下浸取和沉积芒硝法)将有益矿物组分取出来的方法。随着工业对矿产资源需求量的不断增加,富矿和容易开采的矿石产量将满足不了要求,而化学采矿法,开辟了对贫矿、分散小矿以及老矿残留矿柱的开采途径,也使深部矿床与过去因技术原因不能采掘的矿床得以开发。

（2）现代盐湖卤水矿床

盐湖卤水的开采方法是将卤水泵入盐田,利用阳光蒸发对卤水进行滩晒,经浓缩结晶产品,一般是夏季采盐、冬季采硝。也可以直接从卤水提取产品。

开采实例有山西运城盐湖。该矿床为现代沉积、固液共存以芒硝为主的盐类矿床。既有湖水矿床,也有浅部芒硝矿床,还有深埋地下 100 多米的掩埋型芒硝矿床。该矿的盐湖卤水是采用"垦畦浇晒"法开采,在湖漫滩地区则采用露天开采;对于矿区界村矿段等深埋地下100 多米的掩埋型矿体采用钻孔水溶法开采,或旱采和水采结合使用。

（3）古代盐湖芒硝矿床

旱采:按开拓方式可分为露采、露天-地下、地下开采。露天开采只宜于矿床埋藏浅的情况。在古盐矿床开采中大多采用地下开采。目前,广泛采用的是竖井开拓(少数为斜井)的房柱法。竖井对各种地质条件的盐类矿床适应性较强,对开采规模大、品位高、矿体埋藏在1 000 m 内和生产能力较大的矿床较为适用。

水采(化学采矿):分为硐室水溶法和钻井水溶法。除特殊情况外,硐室水溶法一般在矿石品位低、杂质多的古盐矿床中采用。国外其他矿山则普遍采用钻井水溶法。

钻井水溶法分为单井作业和多井作业。这种方法是从地面向地下钻井,然后在钻井中装设管道与地下矿体相通。将淡水或淡卤水通过注水管注入地下,溶蚀矿体,造成人工空穴,以便建立一个足够容纳溶出矿液的区域,然后将矿液经管道抽出。残余母液经加水调节后,重新注入地下溶蚀矿体。

（4）地下卤水的开采

地下卤水的开采,是用钻机打卤水井,揭穿赋存卤水的构造和含卤水层,下套管后进行采卤。在地压作用下,有些卤水可自动从井内喷出地面,则可以自喷取卤。如果地压小于卤水井底部液柱压力,卤水不能自喷,须在井内保持一个液面,可用采卤机械将卤水抽出地面。开采地下卤水常用的方法有气举法、抽油机-深井泵采卤法、电动潜卤泵采卤法及提捞采卤法等。

(三)盐类矿床的水采技术

(1)钻井水溶法

19世纪80年代,美国纽约州汲卤制碱,发现岩盐,开始采用本法。20世纪30年代起,推广到世界岩盐主要生产国家。50年代起加拿大开始用溶解法试采钾盐,1964年开始工业生产。20世纪初,四川省自贡县向岩盐钻井注水后采汲卤水,是中国钻井水溶法的先声。60年代起,中国云南及新建的四川、湖南、湖北、江西等省盐矿,先后采用本法成功。近年,中、美等国都用本法试采天然碱矿。本法的钻井、固井及完井方式,与石油和天然气钻井基本相似,但生产方式和井身结构不同。常用的有单井生产和井组生产两种方式。

① 单井生产

20世纪60年代以来,回转式钻机迅速发展,钻井技术逐步提高,可以满足单井对流法的开采工艺要求,盐井具有多层同心管的井身结构——表层套管和技术套管固井,使注、采系统处于相对密封状态(图4-16)。单井对流法又分简易对流法、气垫对流法和油垫对流法。注、采系统在同一口井,简易对流井再增设一层中心管,油垫(气垫)对流井除中心管外,还需下内套管。

单井对流法是我国盐矿使用最普遍的一种方法,施工技术要求较低,建槽期长,4~5个月,建槽成本较高,仅单井建槽的运行费用大约在6万元以上。

② 井组生产

相邻的双井或多井溶腔连通,又称通腔生产。它可分为:

a. 自然通腔。相邻钻井的溶腔在后期自然连通生产。

b. 油垫建槽通腔。利用油垫建槽时的双井通腔生产。

c. 水力压裂通腔。20世纪50年代初,美、法等国应用油田压裂技术,完成钻井通腔生产,因费用低、见效快,迅速获得推广。中国湘、鄂、赣等省的多层岩盐矿床,70年代起,采用水力压裂通腔,成功率较高。本法由一个加压(注水)井和一个目标井(出卤井)组成,井距100~150 m。井身结构按完井方式而定。

(2)硐室(坑道)水溶法

开拓方式与房柱法相同。硐室(矿房)之间保留永久连续矿柱,淡水注入硐室的切割巷道静溶,通过井下管道水泵系统抽出浓卤。此法适用于开采含盐品位较低的岩盐矿体,劳动生产率比普通开采法高,可将不溶物遗留井下,但投资大,见效慢,开采深度有限。

我国硐室水溶法开采始于1964年,在云南一平浪盐矿的废旧坑道内进行试验,于1965年2月获得成功。该盐矿品位很低,NaCl仅29.4%,Na_2SO_4 6.9%,泥沙等不溶物高达60%,试验证明不宜用钻井水溶法开采。硐室水溶法试验成功后,随即替代了原来的房柱法开采,减少了人力、物力消耗,降低了生产成本,减轻了地面环境污染。生产实践证明,硐室水溶法是特低品位盐矿(NaCl 30%~40%)或溶解速度较慢的盐类矿物(如钙芒硝等)一项先进而实用的水采技术。

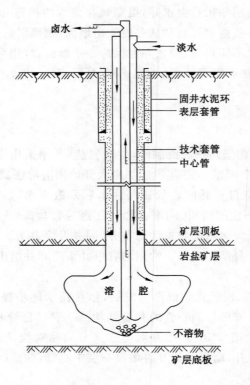

图 4-16　单井对流法示意图

第三节　非金属矿床开采的环境综合利用

一、砂矿床的开采新方法综合利用

随着生产技术、设备水平的提高，各类砂矿（陆地砂矿、河滩砂矿、海滨及浅海砂矿等）的开采工艺和方法也在不断更新和完善。在砂矿床开采新方法的研究上，主要努力的方向可归纳为以下几方面：

① 为了减少露天式开采砂矿对农业用播种、割草、放牧及森林用地和地下水水位等的严重影响，研究提出一些既能有效回采砂矿，又能充分保护生态环境不受破坏的新开采工艺和方法。

② 在现有的技术和设备条件下，为了提高采砂速度和回采效率，对回采工艺与方法进行必要的改进。

③ 研制功能更大、适用性更强的新的采砂设备。

下面介绍由重庆大学学者提出的气举及振荡脉冲射流相结合的滨海砂矿开采法的一般原理。

虽然在我国沿海地区如海南岛、辽东半岛、山东半岛、广东等地具有丰富的海滨砂矿资源，但通过近几十年的开采，目前水面以上的砂矿资源已消耗殆尽，水面以下的砂矿开采就显得更加重要。水下浅层的砂矿可用链斗式采砂船或砂泵抽取的方式进行开采。但对深层（水下 7 m 以下）砂矿而言，用这些方法开采就存在以下问题：

①　从理论上讲只能开采水下 7 m 以上的疏松矿物，而大量位于水下 7 m 的高品位砂矿得不到有效开采，资源浪费严重；

②　对滨海砂矿中存在的硬土层、黏土层无能为力，需借助爆破才能抽取；

③　砂泵叶轮的磨损严重，短则几天多则两周就要更换叶轮；

④　设备操作不便。

相反，气举（Airlift，也可称为气力提升泵）和自激振荡脉冲射流相结合的方法开采滨海砂矿，则具有以下一些优势：

①　利用振荡脉冲射流能破碎Ⅳ～Ⅵ级土岩，能使开采与抽取同时进行；

②　能开采水下几米至数百米处的矿层；

③　工作部件无旋转零件，磨损小；

④　设备简单、工作可靠、能连续工作。

气举及振荡脉冲射流相结合的滨海砂矿开采装置如图 4-17 所示。它由提升机构、垂直输送管、空气喷射器、射流破碎装置、送水管和输气管组成。提升机构的功用在于将气举机构按一定速度逐步放入水中或提出水面。送水管将离心泵输出的压力送入射流破碎器。空压机输出的压缩空气经气包进入空气喷射器。

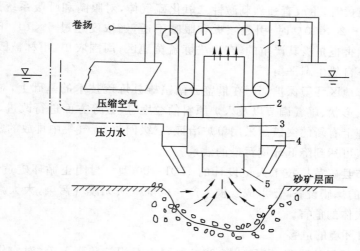

图 4-17　现场试验用气举装置简图

1——提升机构；2——垂直输送管；3——气体喷射器；4——射流破碎器；5——吸头

（1）气举矿砂的工作原理

当压缩空气经气包、送气管进入空气喷射器时，它就从与轴线呈一定角度对称布置的数个喷嘴中高速流出；高速气流一方面与输送管中液体产生强烈的动量交换，在空气喷射器的下端（气举吸头）形成局部真空，另一方面则在管内生成了比水的密度轻的气-水-砂混合体。这样就将水底下疏松的砂矿源源不断地抽取出来。

（2）振荡脉冲射流作为气举破碎器

一般而言，只有水下砂矿没有黏结或经过预先松散，气举装置才能顺利地吸取砂矿颗粒。但在实际操作过程中，水下砂矿床不是松散的，砂矿层中可能包含很坚硬的土岩层，如红色或白色黏土、碎石等，用传统的土岩松散方法即铰刀、斗轮松散器和普通水力松散器是无能为力的。现在一般都是采用水下爆破的方式。这种方法在实际使用中极不方便，也不安全，整体效率低。而采用振荡脉冲射流作为破碎器配合气举连续作业可以很好地克服以上缺点。

（3）振荡脉冲射流作为破碎器的基本原理

当一股射流或剪切流向下游流动时，射流中一定频率范围内的涡量扰动得到放大。在剪切层中形成一连串离散涡环，当其到达碰撞壁并与之相互作用时，在碰撞区产生压力振荡波，该波以声速向上游传播，又诱发新的涡量脉动。若分离区与碰撞区的压力脉动相互为反相，就会形成涡量扰动-放大-新涡量脉动产生的循环过程。该过程不断重复，就会形成强烈的自激振荡射流。室内和现场实验表明，水下土岩工作面在气举和振荡脉冲射流的共同作用下，逐渐形成一漏斗状大坑。砂矿颗粒在脉冲射流冲击形成的振荡径向流动的作用下，向气举吸口移动。

二、自然硫矿床开采的环境影响及其治理

自然硫铁矿的开采对环境所造成的影响有以下几个方面：

（1）土法炼硫黄的危害

硫铁矿炼硫黄时，生成有强烈刺激性二氧化硫气体，对眼睛和呼吸系统造成伤害，当浓度达到 $8 \times 10^{-6} \sim 20 \times 10^{-6}$ 时，引起咳嗽和眼睛不适，当浓度超过 5×10^{-4} 时，就会危及生命。对环境的危害也是极其严重的，在土法炼硫黄地区，周围农田、山林被毁，寸草不生，废气污染严重破坏自然生态平衡。

贵州省毕节地区环境保护部门在借鉴云南镇雄县炼硫技术的基础上，对炼硫设备的导磺管长度、角度、形状、尾气调节以及入炉原料的粒度、层数等方面进行改进，对 SO_2 的治理部位、方法、原理上有新的突破。采用单炉冶炼、三级回收、废气集中排放的密闭式炼硫新炉型。新炉型炼硫可达到降低环境污染的效果。

重庆市奉节县硫黄厂技术人员设计的 HQL-100 型全封闭正循环硫黄气炼炉，是一种新型的、易操作的炼磺设备，已形成规模生产。该炼硫法无废气污染，大大减轻了炼磺对环境的污染与对人体的危害。

（2）酸雨对环境的危害

据环境保护部门的监测，我国已有 30% 的国土面积被酸雨覆盖，对农作物和人畜的健康都造成一定危害。燃煤、石化行业生产过程中和炼硫黄过程中产生的硫化物是造成酸雨的重要原因。中国石化总公司在 20 世纪 80 年代末就开展了技术攻关。目前，我国的硫黄回收技术及能力有较大进展，减少了硫化物的排放量，部分地遏制了酸雨的生成。

（3）硫铁矿矿山酸性水对环境的危害

硫铁矿遇水很快就生成酸性水，如对云浮硫铁矿矿山常年观测，废石场和大台水库的 pH 年平均在 3.5 左右。云浮硫铁矿矿山采取了严格控制酸性水的措施，积极治理酸性水，在生产的全过程加强管理，加强综合治理。

对污染源的预防是治本的措施，对采场和废石场的来水进行拦截，减少产生酸性水的量；封闭矿石表面，隔绝与空气和水分的接触；选矿合理配矿，以减少酸性水的产生。

尽管采取一些综合治理方法,但酸性水的产生仍不可避免,云浮硫铁矿矿山对简单型酸性水的治理,是采用倒锥型旋流池石灰石粉一段中和酸性水工艺。可将水质 pH 从 3.0 升至 6.5 左右,再经多级平流式沉淀池澄清,水质完全能达到国家工业污水排放标准。

对复杂型酸性水(锰、锌、铁的含量特别高的酸性水)采用两段中和工艺,即第一段采用倒锥旋流池石灰石粉中和,pH 由 3.0 上升至 4.5 左右,第二段投生石灰用滚筒或搅拌槽中和处理,经平流式沉淀式澄清后排放。1992 年云浮建成一较大规模的酸性水处理站。

一般矿山的酸性水用石灰乳中和处理达标排放,目前绝大部分硫铁矿选矿采用碱性流程浮选,这既可避免酸对设备的腐蚀,同时选矿废水为碱性水,与地下酸性水中和后达标排放。有的选矿工艺需要加硫酸,利用地下酸性水可省去部分硫酸的用量,降低选矿成本,又合理利用了部分酸性水,也是较为合理的方法,但要保证选矿的工艺指标。

(4) 硫铁矿烧渣对环境的危害

焙烧硫铁矿制酸过程中产生烧渣对环境的污染,一般每生产 1 t 硫酸约产生 0.7 t 烧渣。烧渣中含有残硫,排入水体则使水质酸化,腐蚀桥梁、船舶和影响鱼类生长。最近几年对烧渣的利用进行了大量的试验研究工作。但大多停留在小型试验阶段,大规模的综合利用还需要作深入细致的工作。应努力使烧渣含铁量达到炼铁、炼钢的要求,变害为宝,做到矿产资源的综合利用。

三、盐类矿床开采后的综合利用

岩盐开发不仅可以提供工业原盐,而且如果开采得当所形成的地下盐穴还可以成为良好的储库资源,用于储存原油、天然气、液化气等物质。

石油作为一种重要的经济资源,它关系到国计民生;石油作为一种重要的战略资源,它关系到国家安全。因此,世界各国都把获得稳定的石油来源作为大事来抓;为了规避石油风险,确保石油供应的安全,许多国家都通过立法建立了战略石油储备保障体系,以备紧急情况下动用。

我国的石油储备设施还非常薄弱,规模偏小,布局和结构也不尽合理。20 世纪末,我国资深专家建议尽快建立国家战略石油储备体系,得到了国家的高度重视。

地面石油储库,其储油设施大多是金属油罐,这类储库有以下优点:一是库址可选择在长输管线、油码头等收发油比较便利的地点,二是可在原有油库的基础上进行改扩建,三是金属油罐施工简便,建设周期较短。但这类储库也存在一些不足:油库的消防要求较高,消防投资较大,油库安全性相对较差,特别是在战争状态下易成为首要的袭击目标,金属油罐的造价较高,且寿命相对较短,储油成本较高。

为了弥补金属油罐作为石油储库储油设施的不足,许多国家利用地下盐穴储存石油。美国的战略石油储备,采用以地下盐穴储存为主,辅以部分地上油罐的方式,每个储油点都有数量不等的岩洞及与之相连的管道和中转泵站,地上罐设在中转泵站上。储油点都通过其中转泵站与长输管道或大型装卸泊港相接,以便于原油的顺利周转,容量均可达几百万立方米。将石油储库建在地下,不仅可以确保安全,还可以节省投资。由于盐穴储库的优点比较突出,其推广速度很快。至今,美国已经拥有地下盐穴储库数百座,德国也拥有近百座而且数量还在不断增加。

地下盐穴储库不仅可以用来储存石油,也可用来储存天然气。目前,世界上在役的盐穴储气库已经超过 40 座,其中美国有 18 座,德国有 13 座,加拿大有 7 座。

地下盐穴储库具有如下优点:

① 投资省。储存油品时,其投资只相当于地面库的 1/3;储存液化气时,其投资只相当于地面库的 1/20。若是岩盐开采所形成的盐穴库,其投资则更加节省。

② 占地少。一个几十万立方米盐穴的井口装置只占地几十平方米,一个 1 000 万 m³ 地下盐穴储库的地面设施只占地 2 万 m²;而一个 5 万 m³ 的地面油库,不包括铁路专线即需占地 16 万 m²。

③ 耗材少。钢材、水泥的消耗大大减少,而且施工方法比较简单,盐穴的构筑还可以实现自动控制。

④ 易存储。采用油卤置换法收发油,基本消除了油品的蒸发损耗,而且油品在盐穴长期储存不易变质。

⑤ 安全性好。基本上消除了盐穴内发生火灾和爆炸的可能性,更有利于战备。

地下盐穴储库存在的不足主要是:

① 岩盐的分布地区与需要建储库的位置不一定相符,因而在库址选择上受到自然条件的限制。很难利用现有的铁路、港口、长输管线等储运设施,需要新建或改扩建。

② 地下情况复杂需要详细的地质勘查资料。在正常开采过程中需要有较强的勘探、开发及地面工程的技术支持。

③ 为达到盐穴储库的预期形状和大小,必须掌握比较复杂的溶腔控制技术并拥有先进的溶腔检测手段,还需要较多的淡水资源。

复习思考题

(1) 简述采硫生产工艺基本步骤。

(2) 简要说说盐类矿床的两种水采技术。

(3) 简要叙述气举采砂的工作原理。

(4) 简述自然硫铁矿的开采对环境所造成的影响。

(5) 简述地下盐穴储库所具有的优点。

第五章 海洋固体矿产资源开采技术概论

第一节 概　　述

在讨论海洋开采理论与技术之前,有必要先了解一下海洋。如果光从面积来看,海洋占地球表面积的71%,达3.62亿km²,它蕴含着5.12亿m³的海水,平均深度为3.7km。由于它对人类的影响正随着科学技术的发展进步而逐步扩大,因此人类对海洋的索求也不再仅仅局限在捕鱼、航行等领域。海洋所蕴藏的巨大海水化学资源、海洋生物资源、海洋动力资源以及海洋矿产资源早就引起人们的极大关注,并不断激励着人们走向海洋、开发海洋、利用海洋的极大决心和热情。

海洋矿产资源是指存在于海洋中在目前或将来经济技术条件下具有工业开采规模的有用矿物质。

一、海洋矿产资源的分类

海洋矿产资源按其形态可分为三类:海水矿产资源、液体矿产资源和固体矿产资源。

（1）海水矿产资源

指溶解在海水中的有用矿物资源和有用化学元素。海水矿物资源是海洋中种类和数量最多的海洋矿产资源,它是化工原料的主要来源。

（2）液体矿产资源

指海洋中的石油和天然气,它是分布最广和最具经济价值的海洋矿产资源,也是目前开采量最大和经济效益最好的海洋矿产资源。

（3）固体矿产资源

指洋底或洋底内部以固态形成存在的有用矿物质。如海滨砂矿、海底表面的锰结核、富钴锰结壳和含重金属的软泥矿等以及海底热液多金属硫、煤、铁矿床。海底固体矿产资源分布范围广,种类多,是具有较大潜在经济价值的矿产资源。

要利用海洋的丰富资源,就要了解海洋和开发海洋。了解海洋需要观测海洋,海洋开发,需要获取大范围、精确的海洋环境数据,需要进行海底勘探、取样、水下施工等,而要完成上述任务,便需要一系列系统的海洋开发支撑技术。其中,海洋矿产资源勘探开发技术,特别是深海矿产资源勘探开发技术,是一项高技术密集型产业,涉及地质、海洋、气象、机械、电子、航海、采矿、运输、冶金、化工、海洋工程等许多学科和工业部门。目前,在海洋矿产资源开发中,最有经济意义、最具发展前景和高技术含量最多的,是海洋油气资源与大洋锰结核矿物资源的开发。

对于大洋锰结核的开采,目前比较成熟、可行的有水力提升式采矿技术与空气提升式采矿技术两种。水力提升式采矿技术是通过由采矿管、浮筒、高压水泵和集矿装置四部分组成的系统。这种技术在 20 世纪 80 年代中期就已达到日产 500 t 的采矿能力。空气提升式采矿技术与水力提升式采矿技术大体相同,区别仅在于船上装有大功率高压气泵代替水泵。这种技术的优势是能在水深超过 5 000 m 的海区作业,目前已具有日采 300 t 锰结核的采矿能力。值得重视的是,自从 20 世纪 70 年代试验结核开采成功以来,锰结核开采规模日益扩大,已由过去各国单独开采,发展到现在多国联合大规模合作开采。特别是随着在《联合国海洋公约》上签字和批准公约的国家越来越多,锰结核开发管理体系已日趋完善。

二、我国海洋矿产资源概述

1. 海洋是"聚宝盆",有全人类取之不尽用之不竭的巨大财富

用"聚宝盆"来形容海洋资源是再确切不过的。单就矿产资源来说,其种类之繁多,含量之丰富,令人咋舌。在地球上已发现的百余种元素中,有 80 余种在海洋中存在,其中可提取的有 60 余种,这些丰富的矿产资源以不同的形式存在于海洋中:海水中的"液体矿床";海底富集的固体矿床;从海底内部滚滚而来的油气资源。

据估计,海水中含有的黄金可达 550 万 t,银 5 500 万 t,钡 27 亿 t,铀 40 亿 t,锌 70 亿 t,钼 137 亿 t,锂 2 470 亿 t,钙 560 万亿 t,镁 1 767 万亿 t 等。这些资源,大都是国防、工农业生产及日常生活的必需品。

海水是宝,海洋矿砂也是宝。海洋矿砂主要有滨海矿砂和浅海矿砂。它们都是在水深不超过几十米的海滩和浅海中的由矿物富集而具有工业价值的矿砂,是开采最方便的矿藏。从这些砂子中,可以淘出黄金,而且还能淘出比金子更有价值的金刚石,以及石英、独居石、钛铁矿、磷钇矿、金红石、磁铁矿等,所以海洋矿砂成为增加矿产储量的最大的潜在资源之一,愈来愈受到人们的重视。

这种矿砂主要分布在浅海部分,而在深海海底处,更有着许多令人惊喜的发现:多金属结核就是其中最有经济价值的一种。它是 1872 年至 1876 年英国一艘名为"挑战者"号考察船在北大西洋的深海底处首次发现的。这些黑乎乎的,或者呈褐色的多金属结核鹅卵团块,有的像土豆,有的像皮球,直径一般不超过 20 cm,呈高度富集状态分布于 3 000~6 000 m 水深的大洋底表层沉积物上。

据估计,整个大洋底多金属结核的蕴藏量约 3 万亿 t,如果开采得当,它将是世界上一种取之不尽、用之不竭的宝贵资源。目前,锰多金属结核矿成为世界许多国家的开发热点。在海洋这一表层矿产中,还有许多沉积物软泥,也是一种非同小可的矿产,含有丰富的金属元素和浮游生物残骸。例如,覆盖 1 亿多平方千米的海底红黏土中,富含铀、铁、锰、锌、钴、银、金等,具有较大的经济价值。

近年来,科学家在大洋底发现了 33 处"热液矿床",是由海底热液成矿作用形成的块状硫化物多金属软泥及沉积物。这种热液矿床主要形成于洋中脊、海底裂谷带中,热液通过热泉、间歇泉或喷气孔从海底排出,遇水变冷,加上周围环境及酸碱度变化,使矿液中金属硫化物和铁锰氧化物沉淀,形成块状物质,堆积成矿丘。有的呈烟筒状,有的呈土堆状,有的呈地毯状从数吨到数千吨不等,是又一种极有开发前途的大洋矿产资源。

石油和天然气是遍及世界各大洲大陆架的矿产资源。石油可以说是海洋矿产资源中的宠儿。全世界海底石油储量为 1 500 多亿 t,天然气 140 万亿 m³。油气的价值占海洋中已

知矿产总产值的 70％以上。

石油是"工业的血液",然而目前全世界已开采石油 640 亿 t,其中的绝大部分产自陆地。陆地石油的过快耗竭使得人们转而求助于海洋石油资源。

天然气是一种无色无味的气体,又称为沼气,成分主要是甲烷。由于含碳量极高,极易燃烧,放出大量热量。1 000 m³ 天然气的热量,相当于两吨半煤燃烧放出的热量。因此,天然气的价值在海洋中仅次于石油而位居第二。下面按照矿产资源在海底的赋存部位,分别加以介绍。

2. 浅海矿产资源

浅海海底的矿产资源是指大陆架和部分大陆斜坡处的矿产资源,其矿种和成矿规律与陆地基本相似,但由于海水动力作用的加工,还形成一些独特的外生矿床。浅海矿产资源主要是石油与天然气和各类滨海砂矿,最近还发现一种极富发展前景的天然气水合物等。

(1) 大陆架油气

中国大陆架都属陆缘的现代拗陷区。因受太平洋板块和欧亚板块挤压的影响,在中、新生代发育了一系列北东和东西向的断裂,形成许多沉积盆地。陆上许多河流(如古黄河、古长江等)挟带大量有机质泥沙流注入海,使这些盆地形成几千米厚的沉积物。构造运动使盆地岩石变形,形成断块和背斜。伴随构造运动而发生岩浆活动,产生大量热能,加速有机物质转化为石油,并在圈闭中聚集和保存,成为现今的陆架油田。根据我国勘探成果预测,在渤海、黄海、东海及南海北部大陆架海域,石油资源量就达到 275.3 亿 t,天然气资源量达到 10.6 万亿 m³。我国石油资源的平均探明率为 38.9％,海洋仅为 12.3％,远远低于世界平均 73％的探明率;我国天然气平均探明率为 23％,海洋为 10.9％,而世界平均探明率在 60.5％ 左右。我国海洋油气资源在勘探上整体处于早中期阶段。近年来,近海大陆架上的渤海、北部湾、珠江口、莺琼、南黄海、东海等六大沉积盆地,都发现了丰富的油气资源。国外有人估计,中国近海石油储量约 40 亿 t(300 亿桶),其中渤海、黄海各为 7.47 亿 t(56 亿桶),东海为 17 亿 t(128.4 亿桶),南海(包括台湾海峡)为 11 亿 t(80.3 亿桶)。这一预测可能偏低。有的外国人则认为,仅渤海湾海底石油储量即达 50 亿～100 亿 t(375 亿～750 亿桶);钓鱼岛周围东海大陆架一个地区约 150 亿 t(1 125 亿桶)。就按国外的估计数,中国近海的石油储量大约与中国陆上的石油储量相当,为 40 亿～150 亿 t(300 亿～1 125 亿桶)。无疑,中国是世界海洋油气资源丰富的国家之一。

(2) 滨海砂矿

滨海砂矿是指在滨海水动力的分选作用下富集而成的有用砂矿,该类砂矿床规模大、品位高、埋藏浅、沉积疏松、易采易选。所谓滨海砂矿的范畴,由于地质历史上的海平面变动,它包含着滨海和部分浅海的砂矿。滨海砂矿主要包括建筑砂砾、工业用砂和矿物砂矿。建筑砂、砾集料和工业用砂是当今取自近海最多和最重要的砂矿。随着陆上建筑集料和工业砂资源的开采殆尽和城市的持续扩大和地价的不断增加,品质优于陆上的海洋建筑集料与工业砂原料势必变得更为重要。工业砂据其质地而用于不同的方面,如:铸造用砂和玻璃用砂等。

滨海矿物砂矿种类很多,如:金刚石、金、铂、锡石、铬铁矿、铁砂矿、锆石、钛铁矿、金红石、独居石等。这些滨海砂矿绝大多数属于海积型砂矿床,少部分属冲积型和残积型砂矿。

世界上现已开采利用 30 余种滨海砂矿,其资源量与开采量在世界矿产中都占有重要的位置。例如:世界金红石总资源量约 9 435 万 t(钛含量),其中滨海砂矿占 98%;钛铁矿总资源量 2.46 亿 t(钛金属),滨海砂矿占 50%;锆石已探明的资源量 3 175.2 万 t,96% 为滨海砂矿。滨海砂矿的开采量在世界同类矿产总产量中所占的百分比为:钛铁矿 30%,独居石 80%,金红石 98%,锆石 90%,锡石 70% 以上,金 5%~10%,金刚石 5.1%,铂 3% 等。滨海砂矿在浅海矿产资源中,其价值仅次于石油、天然气,居第二位。

我国拥有漫长的海岸线和广阔的浅海,目前已探查出的砂矿矿种有锆石、钛铁矿、独居石、磷钇矿、金红石、磁铁矿、砂锡矿、铬铁矿、铌钽铁矿、砂金和石英砂等,并发现有金刚石和铂矿等。我国的滨海砂矿的矿种几乎覆盖了黑色金属、有色金属、稀有金属和非金属等各类砂矿,其中以钛铁矿、锆石、独居石、石英砂等规模最大,资源量最丰。因经受多次地壳运动,中国大陆东部岩浆活动频繁,为形成各种金属和非金属矿床创造了有利条件,钨、锡、铜、铁、金和金刚石等很丰富。在大面积分布的岩浆岩、变质岩和火山岩中,也含有各种重矿物。现已发现有钛、锆、铍、钨、锡、金、硅和其他稀有金属,分布在辽东半岛、山东半岛、福建、广东、海南和广西沿海以及台湾周围,台湾和海南岛尤为丰富,主要有锆石-钛铁矿-独居石-金红石砂矿,钛铁矿-锆石砂矿,独居石-磷钇矿,铁砂矿,锡石砂矿,砂金矿和砂砾等。

台湾是中国重要的砂矿产地,盛产磁铁矿、钛铁矿、金红石、锆石和独居石等。磁铁矿主要分布在台湾北部海滨,以台东和秀姑峦溪河口间最集中。北部和西北部海滩年产铁矿砂约 1 万 t。在西南海滨,独水溪与台南间的海滩上分布着 8 条大砂堤,为独居石-锆石砂矿区,南统山洲砂堤的重矿物储量在 4.6 万 t 以上,嘉义至台南的海滨又发现 5 万 t 规模的独居石砂矿。海南岛沿岸有金红石、独居石、锆英石等多种矿物。

福建沿海稀有和稀土金属砂矿也不少。锆石主要分布在诏安、厦门、东山、漳浦、惠安、晋江、平潭和长乐等地。独居石以长乐品位最高,2 kg/m³ 左右。金红石主要分布在东山岛、漳浦、长乐等地。诏安、厦门、东山、长乐等地均有铁钛砂。铁砂分布很广,以福鼎、霞浦、福清、江阴岛、南日岛、惠安和龙海目屿等最集中。至于玻璃砂和型砂,不仅分布广,质量好,含硅率亦高。平潭的石英砂含硅率达 98% 以上。辽东半岛发现有砂金和锆英石等矿物,大连地区探明一个全国储量最大的金刚石矿田,山东半岛也发现有砂金、玻璃石英、锆英石等矿物,广东沿岸有独居石、铌钽铁砂、锡石和磷钇等矿。

有些滨海砂矿已向大陆架延伸,如辽宁大型铜矿也从陆上进行到海底开采,山东的金矿、辽宁某些煤矿以及山东龙口、蓬莱的一些煤层也伸至海底。

(3) 天然气水合物

天然气水合物是在一定的温压条件下,由天然气与水分子结合形成的外观似冰的白色或浅灰色固态结晶物质,外貌极似冰雪,点火即可燃烧,故又称之为"可燃冰"、"气冰"、"固体瓦斯"。因其成分的 80%~99.9% 为甲烷,又被称为"甲烷天然气水合物"。

作为一种新型的烃类资源,天然气水合物具有能量密度高、分布广、规模大、埋藏浅、成藏物化条件好、清洁环保等特点,被喻为未来石油的替代资源,是地球上尚未开发的最大未知能源库。从能源的角度看,"可燃冰"可视为被高度压缩的天然气资源,每立方米能分解释放出 160~180 m³ 的天然气。科学家估计,地球海底天然可燃冰的蕴藏量约为 500 万亿 m³,相当于全球传统化石能源(煤、石油、天然气、油页岩等)储量的两倍以上,是目前世界年能源消费量的 200 倍。全球的天然气水合物储量可供人类使用 1 000 a。天然气水合物在自然界分布非常广泛。按照天然气水合物的保存条件,它通常分布在海洋大陆架外的陆坡、深海和深湖以及永久冰土带。大约27%的陆地(极地冰川土带和冰雪高山冻结岩)和90%的大洋水域是天然气水合物的潜在发育区,其中大洋水域的30%可能是其气藏的发育区。

我国科学家目前已在南海北部陆坡、西沙海槽和东海南坡等3处发现天然气水合物存在的证据。从南海的水深、沉积物和地貌环境来看,它是中国天然气水合物储量最丰富的地区。初步勘测结果表明,仅南海北部的天然气水合物储量就已达到我国陆上石油总储量的一半左右;此外,在西沙海槽也已初步圈出天然气水合物分布面积为 5 242 km²,其资源量估算达 4.1 万亿 m³。按成矿条件推测,整个南海的天然气水合物的资源量相当于我国常规油气资源量的一半。

3. 深海矿产资源

深海蕴藏着丰富的海底矿产资源,它是支持人类生存的又一类重要资源。所谓深海,一般是指大陆架或大陆边缘以外的海域。深海占海洋面积的92.4%和地球面积的65.4%,尽管它蕴藏着极为丰富的海底资源,但由于开发难度大,目前基本上还没有得到开发。扩大人类生存空间和储备人类生存资源的重要途径之一就是向深海拓展,发现包括海底矿产在内的深海资源,这对于整个人类的生存是一项具有深远意义的战略行动。

深海矿产资源主要包括多金属结核矿、富钴结壳矿、深海磷钙土和海底多金属硫化物矿等。但是,由于深海矿产资源的矿区基本位于国际海域的海底,它的开发活动必须经过联合国海底管理局的同意和批准方可生效与合法。

(1) 多金属结核矿

多金属结核矿是一种富含铁、锰、铜、钴、镍和钼等金属的大洋海底自生沉积物,呈结核状,主要分布在水深 4 000～6 000 m 的平坦洋底,是棕黑色的,像马铃薯、姜块一样的坚硬物质。个体大小不等,直径从几毫米到几十厘米,一般为 3～6 cm,少数可达 1 m 以上;重量从几克到几百克、几千克,甚至几百千克。分析表明,这种结核内含有多达 70 余种的元素,包括工业上所需要的铜、钴、镍、锰、铁等金属,其中 Ni、Co、Cu、Mn 的平均含量分别为1.30%,0.22%,1.00%和25.00%,总储量分别高出陆地相应储量的几十倍到几千倍,铁的品位可达 30%左右,有些稀有分散元素和放射性元素的含量也很高,如铍、铈、锗、铌、铀、镭和钍的浓度,要比海水中的浓度高出几千、几万乃至百万倍,具有很高的经济价值,是一种重要的深海矿产资源。目前,通过深海勘测,发现多金属结核在太平洋、大西洋、印度洋的许多海区均有分布,唯太平洋分布最广,储量最大,并呈带状分布,拥有东北太平洋海盆、中太平洋海盆、南太平洋海盆、东南太平洋海盆等 4 个分区,其中位于东北太平洋海盆内克拉里昂、克里帕顿断裂之间的C-C区是多金属结核经济价值最高的区域。在东北太平洋克利顿断裂带与克拉里昂断裂带之间的地区(简称 C-C 区)是最有远景的多金属结核富集区。世界深海多金属结核资源极为丰富,远景储量约 3 万亿 t,仅太平洋的蕴藏量就达 1.5 万亿 t。我国科学家以结核丰度 1 kg/m³ 和铜镍钴平均品位 2.5%为边界条件,估计太平洋海域可采区面积约 425 万 km²,资源总量为 425 亿 t。其中,含金属锰 86 亿 t,铜 3 亿 t,钴 0.6 亿 t,镍3.9亿 t,表明多金属结核的经济价值确实巨大。多金属结核矿每年还以 1 000 万～1 500 万 t的速度不断增加。无疑这些丰富的有用金属将是人类未来可利用的接替资源。

现在世界上已有七个国家或集团获得联合国的批准(印度、俄罗斯、法国、日本、中国、国际海洋金属联合组织、韩国),拥有合法的开辟区(PioneerArea),除印度以外的其他先驱投资国所申请的矿区均在太平洋 C-C 区。

中国是联合国批准的世界上第五个深海采矿先驱投资者,负责多金属结核调查的机构是中国大洋协会,在太平洋 C-C 区内申请到 30 万 km² 区域开展勘查工作,经过"七五"、"八五"、"九五"期间的努力,到 1999 年 10 月,按规定放弃 50% 区域后,获得了保留矿区 7.5 万km²,我国对该区拥有详细勘探权和开采权。经计算获得约 4.2 亿 t 多金属结核矿资源量,含 1.11 亿 t 锰、406 万 t 铜、98 万 t 钴和 514 万 t 镍的资源量,可满足年产 300 万 t 多金属结核矿,开采 20 a 的资源需求。

(2) 富钴结壳矿

富钴结壳矿是生长在海底岩石或岩屑表面的一种结壳状自生沉积物,主要由铁锰氧化物组成,富含锰、铜、铅、锌、镍、钴、铂及稀土元素,其中钴的平均品位高达 0.8%～1.0%,是大洋锰结核中钴含量的 4 倍。金属壳厚 1～6 cm,平均 2 cm,最大厚度可达 20 cm。结壳主要分布在水深 800～3 000 m 的海山、海台及海岭的顶部或上部斜坡上。

由于富钴结壳资源量大,潜在经济价值高,产出部位相对为浅,且其矿区分布大多落在200 海里的专属经济区范围之内,联合国海洋法公约规定沿海国家拥有开采权,在深海诸矿种之中它是法律上争议最少的一种矿种,因而它是当前世界各国大洋勘探开发的重点矿种。自 20 世纪以来,富钴结壳已引起世界各国的关注,德、美、日、俄等国纷纷投入巨资开展富钴结壳资源的勘查研究。目前开展工作比较多的地区是太平洋区的中太平洋山群、夏威夷海岭、莱恩海岭、天皇海岭、马绍尔海岭、马克萨斯海台以及南极海岭等。据估计,在太平洋地区专属经济区内,富钴结壳的潜在资源总量不少于 10 亿 t,钴资源量就有 600 万～800 万 t,镍 400 多万 t。在太平洋地区国际海域内,经俄罗斯对麦哲伦海山区开展调查,亦发现了富钴结壳矿床,资源量亦已达数亿吨,还有近 2 亿 t 优质磷块岩矿床的共生。

在我国南海也发现有富钴结壳。所发现的富钴结壳钴含量一般比大洋锰结核高出三倍左右,而镍是锰结核的 1/3,铜含量比较低,而铂的含量很丰富,近年来,我国大洋协会又开始在太平洋深水海域进行了面积近 10 万 km² 的富钴结壳靶区的调查评价,其中有可能寻找到有商业开发潜力的区域,为华夏子孙在此领域里争占一席之地。

(3) 海底多金属硫化物矿床

海底多金属硫化物矿床是指海底热液作用下形成的富含铜、锰、锌等金属的火山沉积矿床,极具开采价值。按产状可分为两类:一类是呈土状产出的松散含金属沉积物,如红海的含金属沉积物(金属软泥);另一类是固结的坚硬块状硫化物,与洋脊"黑烟筒"热液喷溢沉积作用有关,如东太平洋洋脊的块状硫化物。按化学成分可分为四类:第一类富含镉、铜和银,产于东太平洋加拉帕戈斯海岭;第二类富含银和锌,产于胡安德富卡海岭和瓜亚马斯海盆;第三类富含铜和锌;第四类富含锌和金,与第三类同时产出。多金属硫化物也见于中国东海冲绳海槽轴部。海底多金属硫化物矿床与大洋锰结核或富钴结壳相比,具有水深较浅(从几百米到 2 000 m 左右)、矿体富集度大、矿化过程快、易于开采和冶炼等特点,所以更具现实经济意义。

海底多金属硫化物主要产于海底扩张中心地带,即大洋中脊、弧后盆地和岛弧地区。如东太平洋海隆、大西洋中脊、印度洋中脊、红海、马利亚纳海盆等地都有不同类型的热液多金属硫化物分布。富含金属的高温热水从海底喷出,在喷口四周沉淀下多金属氧化物和硫化物,堆砌成平台、小丘或烟囱状沉积柱。世界已有 70 多处发现有热液多金属硫化物产出,在东海冲绳海槽地区已发现 7 处热液多金属硫化物喷出场所。目前,我国主要是对海底热液多金属硫化物矿进行了实验性的勘查。

（4）磷钙土矿

磷钙土是由磷灰石组成的海底自生沉积物,按产地可分为大陆边缘磷钙土和大洋磷钙土。它们呈层状、板状、贝壳状、团块状、结核状和碎砾状产出。大陆边缘磷钙土主要分布在水深十几米到数百米的大陆架外侧或大陆坡上的浅海区,主要产地有非洲西南沿岸、秘鲁和智利西岸;大洋磷钙土主要产于太平洋海山区,往往和富钴结壳伴生。磷钙土生长年代为晚白垩世到全新世,太平洋海区磷钙土含有 $15\% \sim 20\%$ 的 P_2O_5,是磷的重要来源之一。另外,磷钙土常伴有高含量的铀和稀土金属铈、镧等。据推算,海区磷钙土资源量有 3 000 亿 t。

人类对深海的探索和研究相对于探索地球表面来说才刚刚开始,随着人类新需求的出现和科学技术的进步,随着我们对深海的不断探索,还会在深海底发现更多新的矿产、新的资源。

第二节　海洋固体矿床开采理论与技术工艺

一、海洋采矿的特殊性

21 世纪的海洋科学与开采技术的结合正在逐渐证实"海洋深处有锌、铁、银和金矿,开采相当容易"的观点。今天,在商业和战略双重利益的激励下,一些矿业公司已着手准备从水下逾 1 km 深处的储存在海床上火山区域的丰富矿藏中开采金属矿物,这些火山区被称为大洋脊,一般距离海洋表面 $1 \sim 2$ km,它们蕴藏着丰富的锌、铁、银、金、铜和铅。

然而海底开采的前景,引发了一些环保人士的"本能"反对,公众会出现一些正当的担忧。但有专家认为"深海采矿将比陆上开采造成的危害小"。理由是海底开采不存在酸矿排放问题,这是因为酸性物质已被碱性海水立即中和。开采作业不会碰及被称为"海底黑烟囱"的活性热液喷溢口,这些喷口寄生着千奇百怪的海底动植物群落,它们已进化到能在极端条件下繁衍兴旺。而硫化物矿藏直接坐落在海床上。

除了少数近海岸海底基岩矿床的开采方法可以借鉴陆地地下开采方法以外,绝大多数海洋矿产资源的开采,无论在技术和工艺方面,还是在设备和环境保护方面都有其独特的要求。海洋采矿既有陆地采矿不可能有的有利条件,也要面对陆地采矿无须面对的特殊困难。

（1）有利条件

① 海洋开采不占用土地。海洋开采是在无边无际的海洋环境下进行,不占用人类宝贵的陆地资源。

② 公海海洋资源人类共享,不受疆域限制,更不受政治经济制度的限制,只要有能力,任何国家都有权利去开采。

③ 大多数海洋矿产资源(海底基岩矿床除外)上面没有较厚的覆盖层,所以不用剥离爆破,即可进行回采。

④ 海洋开采的技术起点比较高,可以运用一切可能的高科技、先进机械设备,自动化程

度高。

⑤ 有些海洋资源,如锰结核,其沉积增长的速度大于目前开采消耗的速度。据调查和计算,大多数情况下,海洋中锰、钴、镍堆积的速度比消耗的速度分别快 3 倍、4 倍和 4 倍。在开采海洋矿产时,注意生态环境保护,海洋矿产资源就能再生,真正成为取之不尽的海底宝藏。

(2) 不利因素

① 海洋采矿设备特殊、组成复杂。

② 海洋采矿受海洋环境和气候的影响大。

③ 海底采矿监控难度大,对海图精确度要求高。

④ 海底开采对环境的影响是一个涉及多个学科领域且又难以解决的复杂问题。

⑤ 采矿设备定位技术复杂。

⑥ 海洋采矿的给养、后勤服务等保障工作有一定困难。为保证海洋采矿的顺利进行,必须建立一个组织严密、计划周到的后勤保障体系。

二、海洋采矿方法基本分类与工艺

(一) 基本分类

由于海洋矿产资源的性质及所处的环境有较大的一致性,因此,海洋采矿法的种类没有陆地采矿方法那么多变。尽管如此,因海底矿产资源种类繁多、状态各异、分布广阔、埋深悬殊,开采的方法和使用的装备也不尽相同。

海洋采矿方法一般可根据矿产资源的类型进行分类。目前,赋存于海洋中的矿产资源主要有海底中的基岩矿床和海底表层的沉积矿床,因此,海洋采矿方法也基本上被分成海底基岩矿床开采法和海底沉积矿床开采法。各类采矿方法因设备、工艺、水深的不同又有所不同,具体分类情况如图 5-1 所示。

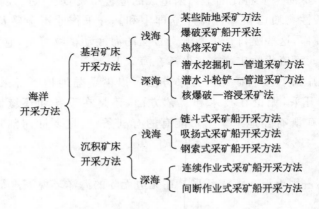

图 5-1　海洋采矿方法基本分类

在开采海底矿产之前,须查明所采矿床的分布范围、面积、埋深、储量、品位以及当地自然条件和海陆运输能力等。在此基础上,根据矿产的形态选择合适的开采方法、装备和设施。

（二）海洋采矿工艺

1. 海底基岩矿床开采工艺

海底基岩矿床的开采主要指开采赋存于海洋海底岩层中的固体、液体和气体矿床。海洋固体矿产资源，按赋存条件和开采方式分为浅海海底堆积砂矿、海底岩层中固体矿床、深海海底堆积的锰结核和多金属软泥。目前主要开采前两者，深海采矿还处于研究和试采阶段。而液体和气体矿床主要指海底石油和天然气。

海底基岩矿床的开采，原则上可以借鉴与陆地上所用的开采工艺类似的方法。海底基岩矿床开采是在海洋环境下进行的开采，其最大的技术难点是如何防止海水向采矿工程的渗漏和入侵。

（1）石油和天然气的开采

非固态的石油和天然气开采工程设施主要为固定式平台，在平台上钻井采集到油（气）后，通过输运系统送往岸上。水深较浅处也有用填筑人工岛进行钻井采油（气）的（图 5-2）。而在水深较大的海域，多应用浮式平台或海底采油（气）装置（船）进行开采。图 5-3 给出了除人工岛钻井平台开采法以外的另外三种常见海底石油气开采方法，它们分别是：① 水深浅，自升式钻井架开采方式：支撑腿延伸至海底；② 水深较深，张力腿钻井架开采方式：整个系统漂浮在海面，但有锚链固定在海底；③ 水深深，船上钻井法：依靠船本身装置完成定位。

图 5-2　日本海上人工岛

（2）浅海海底基岩中固体矿床的开采

在浅海大陆架基岩中，与陆地一样，也赋存各类固体矿床。目前主要开采岸边矿床延伸至海底的部分。常用的开拓方法是自陆地开掘井巷通至海底。海水不深时可堆造人工岛构筑立井。中国和英、日、加、美、智利等很多国家都在开采海岸附近的海底矿床。所用采矿方法应保证顶底板岩层不产生通至海底的裂隙，以防止海水涌入。此外，还须加强顶底板监测和水质化验工作，以便及时采取安全措施。而美国在墨西哥湾成功地在平台上开采海底的自然硫矿。

固态的煤、铁、锡等基岩矿开采，一般都从岸上打竖井，通过海底巷道开采，或利用天然岛屿和人工岛凿井开采，也有利用海底预制隧道-封闭井筒方式开采的（图 5-4）。

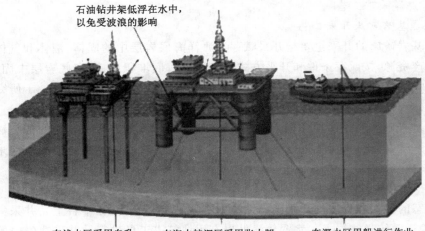

石油钻井架低浮在水中，
以免受波浪的影响

在浅水区采用自升　　　在海水较深区采用张力腿　　　在深水区用船进行作业，
式钻井架，它的支　　　钻井架，它虽然漂浮在海　　　石油钻井通过船体上的
撑腿延伸到海底　　　面，但有锚链固定在海底　　　洞孔下伸

图 5-3　海底石油气开采的三种常用方式

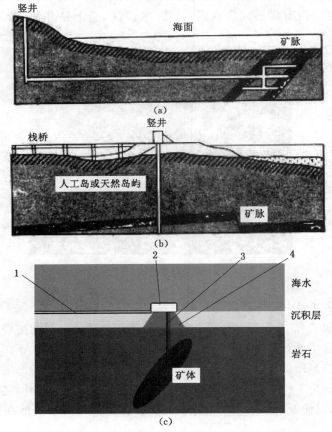

图 5-4　三种海底基岩矿床开采方法示意图
(a) 从岸上打竖井挖巷道开拓；(b) 从天然岛屿或人工岛打竖井开拓；(c) 海底隧道-封闭井筒开拓
1——通陆地的预制隧道；2——井口房；3——矿井；4——混凝土基础

海底基岩矿床开采中的关键是必须使作业巷道与海水隔绝，其他方面与开采陆地同类矿藏的方法基本相似，所用机械设备也基本相同。另外，海底硐、坑采掘多采用非爆破掘进法，因此影响采矿速度。但自 20 世纪 70 年代后，非爆破掘进速度已提高到 4.6 m/h，这使采矿业有可能向远离海岸的海区发展。

其他基岩矿床开采方法还有潜水单斗挖掘机、管道提升开采法，潜水斗轮铲、管道提升开采法及核爆破、化学采矿法。

2. 浅海沉积矿床开采工艺

露出水面的海滨砂矿，通常采用露天开采方法。陆地上使用的挖掘机械，如拉杆电铲、钢索电铲、推土机等都可用于海滨砂矿的开采作业。水面以下砂矿床的开采，目前作业水深大多在 30～40 m，使用的采矿工具有 4 种：链斗式采矿船、吸扬式采矿船、抓斗式采矿船和空气提升式采矿船（图 5-5）。

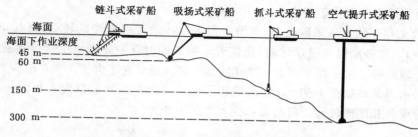

图 5-5　开采近海底沉积矿床的 4 种采矿船示意图

3. 深海沉积矿床开采工艺

20 世纪 60 年代，一些工业发达国家开始调查深海海底矿产资源，并研究开采技术。已知的深海海底矿产资源主要是锰结核，有些海域发现含金、银、铜、铅、锌等的多金属软泥。近年已建立起八个跨国财团，约有一百多家公司在从事勘探与试采工作。中国近年展开调查研究工作，多次在太平洋采集到锰结核。

目前最有开采前景的是深海底表层矿（沉积矿），如深海锰结核和多金属软泥。锰结核是含有锰、铁、铜、镍、钴和其他 20 多种稀有元素的球形结核，广泛分布在世界各大洋 2 000～6 000 m 深的洋底表层。太平洋中部的结核品位最高（表 5-1），储量最大。有些海域的锰结核中镍、钴、铜的品位高于陆地开采的矿床。已发现世界各大洋底锰结核的总储量约 30 000 亿 t，仅太平洋就有 17 000 亿 t 左右，它的储量在不断增长，在太平洋底，每年约可增长 1 000 万 t。

表 5-1　　　　　　　　　　锰结核主要组成成分

元素	品位波动范围/%	平均品位/%		
		太平洋	大西洋	印度洋
Mn	7.9～50.1	24.2	16.3	15.4
Fe	2.4～26.6	14.0	17.5	14.5
Co	0.01～2.2	0.35	0.31	0.25
Ni	0.16～2.0	0.99	0.42	0.45
Cu	0.03～1.6	0.53	0.20	0.15
Pb	0.02～0.36	0.09	0.10	0.07

深海锰结核已被公认为是一种具有商业开采价值的矿产资源,近年来主要在研制低成本、高效率的采矿装置。由于锰结核松散地分布于深海大洋底表层,关键问题是需要找到一种合适的垂直提升装置。目前公认最有希望的有 3 种:链斗式采矿装置、水泵式采矿装置和气压式采矿装置。链斗式采矿装置是在高强度的聚丙二醇脂绳上每隔 25~50 m 安装一个采矿戽斗,开采时船首的牵引机带动绳索,使戽斗不断在海底拖过,挖取锰结核并提升到船上。1970 年 8 月日本已在太平洋水深 4 000 m 处成功地进行了试验。

气压式采矿装置,是将集矿头置于洋底,开动船上的高压气泵,高压空气沿输气管道向下,从输矿管的深、中、浅三个部分注入,在输矿管中产生高速上升的固、液、气三相混合流,将经过筛滤系统选择过的结核提升至采矿船内,提升效率30%~35%。

水泵式采矿装置,是将高效的离心泵放在输送管道中间的浮筒内,浮筒内充以高压空气,支撑离心泵和管道浮在水中。由于高效离心泵的作用而产生高速上升的水流,使锰结核和水一起沿管道提升至采矿船内。

70 年代末在连续索斗采砂船上,由带有很多拖斗的无极绳连续转动,将锰结核自海底捞出(图 5-6)。采砂船横向慢速移动,能使若干拖斗同时在一定宽度上连续作业。70 年代曾用压气升液采砂船试采深 5 000 m 洋底的锰结核。压气在不大于 1 000 m 深处进入吸砂管。也曾用水力采砂船在 1 800 m 洋底进行了试采。深海采砂船都配有水深控测、海底摄影和电视等设备和勘测仪器。目前都未投入工业生产。

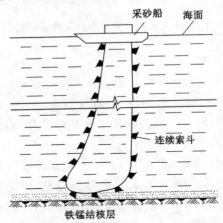

图 5-6 连续索斗采砂船采取锰结核示意图

1963 年英国"发现者"号调查船在红海发现多金属软泥,70 年代末在东太平洋发现含铜、锌、银等元素的多金属硫化物,都未进行工业开采。1965 年,美国海洋调查船"大西洋双生子-Ⅱ号"在红海作业时,发现在 3 个 2 000 m 的深渊里水温高达 56 ℃,简直像是温泉。他们分析化验那里的海底泥土,结果令他们兴奋不已。原来在这些海底泥土中有大量的黄金,黄金的品位比陆地上的金矿高 40 倍,仅一个小小的"阿特兰蒂斯"深渊里,就有黄金 45 t。

正当人们把目光投向红海时,1978 年,太平洋加利福尼亚湾附近的墨西哥海面又传来了海底冒烟的消息。经调查,海上的"烟"原来是海底裂缝中喷出来的金属硫化物在海洋里漂浮,看上去就好像是"烟"一样了。从海底喷出来的这些"烟"堆积在海底,就形成了金属硫化物,里面含有大量的有用金属。其中不仅有诱人的黄金,还有银、铅、铜、铁、锌等。

这些金属是从哪里来的呢? 科学家各有各的说法,一种是蒸发说,一种是溶盐说,还有一种是火山说,各有各的道理。总之,多金属软泥是从热卤水中沉淀出来的,所以叫它海底热液矿。

多金属软泥也是一种具有开采价值的深海底矿产资源。联邦德国研制成功一种开采红海多金属软泥的装备,即在采矿船下拖曳一根 2 000 m 长的钢管柱,柱的末端有一个抽吸装置。装置内的电控摆筛能搅动像牙膏状的软泥,通过真空抽吸装置、吸矿管,把含有海水的金属软泥吸到采矿船上来,然后经过处理并除去水分,最后即可获得含有 32% 锌、5% 铜和 0.074% 银的浓缩金属混合物。当然,这种开采方法还处于尝试阶段。可以预计在不久的将来,海洋上会掀起一个热液矿的开采热。这项举措一旦成功,人类需要的黄金、白银以及其他一些有用金属的海底开采量就会成倍地增加。

第三节　海洋固体矿床开采系统的基本构成

海洋船开采系统作为深海采矿的基本技术,由以下四个子系统所组成:

(1) 集矿子系统

集矿子系统由自行式集矿机和水力集矿头组成,还包括结核破碎机、初选设备和各种测控传感器,用以采集海底结核。

(2) 扬矿子系统

扬矿子系统是深海采矿工程中的提升运输通道。由长达 4～5 km 的扬矿硬管、中间舱、长 300～500 m 的扬矿软管和水力提升泵组成。扬矿硬管的上端与船相连接,在水下 400 m 和 800 m 处设二级水力提升泵;扬矿硬管的下端与中间舱连接。中间舱中设均匀给料机和结核贮存舱。中间舱和集矿机通过扬矿软管连接。

(3) 测控子系统

海洋采矿系统是一个高科技、自动化程度高的机械系统。测控子系统则是整个海洋采矿的电脑化指挥中心,是协调和控制各种作业的枢纽。比如,控制采矿作业和结核输送,监测管内的流量、压力和其他各种传感器信号的变化并作出相应的调整。

(4) 水面支持船子系统

水面支持船子系统是采矿作业的工作平台。包括整个水下系统的布放、回收和悬挂,还包括管线和水下系统的贮存。

深海作业时,自行式集矿机在海底来回行走,进行结核采集,水面船按照预定的采集路线作极低速的移动,为了克服风、浪、流等外力和采矿系统水下拖曳阻力,船舶必须提供足够的反向推力。先进的导航和动力定位系统是确保这些工作有条不紊、准确无误的基本前提。

水下作业系统重量可达数百上千吨,其布放和回收都不是一件简单的事情,必须要有经过特殊设计的吊放装置。采矿水下作业系统在工作时悬挂在船上,为了减少船舶运动对水下作业系统的影响,需要考虑各种运动补偿装置。

动力定位系统和采矿作业系统均需要大量用电,总功率可能以兆瓦计,因此,应采用高压供电系统。

第四节　几种常见的海洋固体矿床开采方法及基本构成

常见的海洋固体矿床开采方法,根据集矿设备和方式以及矿石提升运输设备和方式的不同,可以大致被分成以下几种:

(1)基岩矿床开采

① 潜水单斗挖掘机-管道提升开采法

② 潜水斗轮铲-管道提升开采法

(2)沉积矿床开采

① 链斗式采矿船开采法

② 吸扬式采矿船开采法

③ 气升式采矿船开采法

④ 钢索式采矿船开采法

⑤ 拖斗采矿船开采法

⑥ 连续绳斗采矿船开采法

⑦ 流体提升式采矿船开采法

(一)潜水单斗挖掘机-管道提升开采法

如图 5-7 所示,该法采用类似陆地露天开采的矿石采掘工艺(海底穿孔爆破)采掘矿石,然后用水力提升采下的矿石的管道提升法,将已破碎的矿石运到洋面采矿船上。

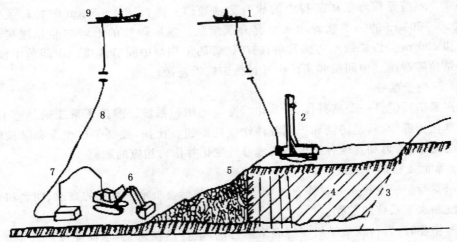

图 5-7　潜水单斗挖掘机-管道提升开采法示意图
1——钻孔爆破供应船;2——潜水穿孔机;3——断层;4——矿体;5——爆堆;
6——潜水单斗挖掘机;7——破碎机及贮存仓;8——提升管道;9——采矿船

潜水单斗挖掘机-管道提升开采法基本工艺流程如图 5-8 所示。

钻孔爆破:钻孔船将潜水钻机运至指定海域,在船上通过声纳装置、自动控制系统等手段遥控潜水钻机完成钻孔,并遥控自动装药设备完成装药,然后遥控起爆。

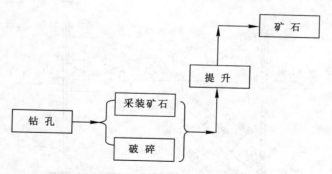

图 5-8　潜水单斗挖掘机-管道提升开采法基本工艺流程

（二）潜水斗轮铲-管道提升开采法

潜水斗轮铲-管道提升开采法的工艺流程与潜水单斗挖掘机-管道提升开采法类似。穿孔车以中继车为中心，在适当的范围内移动并对矿体进行穿孔爆破。破碎的矿石由斗轮铲采装并送入提升系统，后由提升泵经挠性软管和提升管道提运到采矿船，再由运输船运往指定地点。

潜水斗轮铲-管道提升开采法如图 5-9 所示。

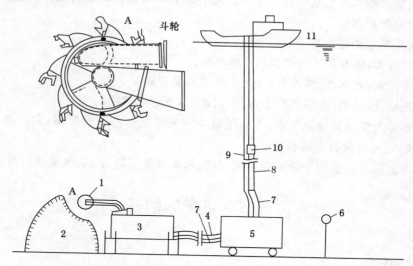

图 5-9　潜水斗轮铲-管道提升开采法

1——斗轮铲；2——矿体；3——穿孔车；4——电缆；5——中继车；6——海底定位装置；
7——挠性管道；8——提升管道；9——电信号电缆；10——提升泵；11——采矿船

（三）链斗式采矿船开采法

如图 5-10 所示，链斗式采矿船开采法主要由平底船、挖掘装置、洗选装置、动力设备、供水排水设备、尾矿及砾石排弃装置以及上部结构物所组成。

采矿船的所有设备都装在平底船上，因此，必须有足够的刚度、强度和稳定性，且尺寸合理、移行方便。

挖掘装置由斗链、斗架、上下滚筒及托辊等组成。斗链是由若干个挖斗彼此间用斗销轴

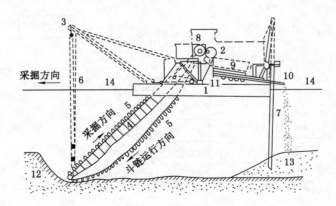

图 5-10　链斗式采矿船开采法

1——平底船；2——主驱动；3——前桅；4——斗架；5——斗链；6——拉绳；7——桩柱；8——受矿漏斗；
9——圆筒筛；10——尾矿排出槽；11——选矿装置；12——矿砂层；13——尾矿堆；14——海面

连接而成的无极链。挖斗的大小直接影响采矿船的效率和生产能力,挖斗容积应根据采矿船年生产能力及挖掘速度综合确定。

链斗式采矿船实际上是一种漂浮在海面上的采矿与选矿的联合工厂,其生产工艺流程包括采矿和选矿两部分。

链斗式采矿船的基本特点:

① 挖掘力大,能开采不同类型的海滨砂矿。

② 连续作业,效率高,成本低,可用于开采低品位砂矿。

③ 采选结合,就地(在采矿船上)选出精矿,节省运输费用。

④ 如砂矿上覆盖其他沉积物,可利用链斗式采矿船自身进行剥离:剥离超前采矿一个较短的距离,轮流地进行剥离和采矿。

⑤ 链斗式采矿船多用于开采靠近海岸的、海水深度不超过 50 m 的浅海海底砂矿。

第五节　可燃冰的开采

一、名词解释

天然气水合物是分布于深海沉积物或陆域的永久冻土中,由天然气与水在高压低温条件下形成的类冰状的结晶物质。因其外观像冰一样而且遇火即可燃烧,所以又被称作"可燃冰"或者"固体瓦斯"和"气冰"。它是在一定条件(合适的温度、压力、气体饱和度、水的盐度、pH 等)下由水和天然气在中高压和低温条件下混合时组成的类冰的、非化学计量的笼形结晶化合物(碳的电负性较大,在高压下能吸引与之相近的氢原子形成氢键,构成笼状结构)。它可用 $m\mathrm{CH_4} \cdot n\mathrm{H_2O}$ 来表示,m 代表水合物中的气体分子数,n 为水合指数(也就是水分子数)。组成天然气的成分如 $\mathrm{CH_4}$、$\mathrm{C_2H_6}$、$\mathrm{C_3H_8}$、$\mathrm{C_4H_{10}}$ 等同系物以及 $\mathrm{CO_2}$、$\mathrm{N_2}$、$\mathrm{H_2S}$ 等可形成单种或多种天然气水合物。形成天然气水合物的主要气体为甲烷,对甲烷分子含量超过99%的天然气水合物通常称为甲烷水合物。

二、形成条件

可燃冰分子结构就像一个一个由若干水分子组成的笼子。形成可燃冰有三个基本条件:温度、压力和原材料。

首先,低温。可燃冰在 $0 \sim 10$ ℃时生成,超过 20 ℃便会分解。海底温度一般保持在 $2 \sim 4$ ℃。其次,高压。可燃冰在 0 ℃时,只需 30 个大气压即可生成,而以海洋的深度,30 个大气压很容易保证,并且气压越大,水合物就越不容易分解。最后,充足的气源。海底的有机物沉淀,其中丰富的碳经过生物转化,可产生充足的气源。海底的地层是多孔介质,在温度、压力、气源三者都具备的条件下,可燃冰晶体就会在介质的空隙中生成。

三、分布状况

科学家公认,可燃冰在世界范围内有广泛存在的可能性。在陆地上,大约有 27% 的面积是可以形成可燃冰的潜在地区,而大洋水域中 90% 的面积也属这样的潜在区域,海底可燃冰分布的范围约为 4×10^7 km^2,占海洋总面积的 10%。从所取得的岩心样品看,天然气水合物可以多种方式存在:① 占据大的岩石粒间孔隙;② 以球粒状散布于细粒岩石中;③ 以固体形式填充在裂缝中;④ 大块固态水合物伴随少量沉积物。

我国可燃冰主要分布在南海海域、东海海域、青藏高原冻土带以及东北冻土带,据粗略估算,其资源量分别约为 64.97×10^{12} m^3、3.38×10^{12} m^3、12.5×10^{12} m^3 和 2.8×10^{12} m^3。

四、发展前景

可燃冰是天然气水合物俗称,主要蕴藏在深海和陆地冻土带。许多国家都把目光投向了可燃冰这种新型能源。可燃冰能量密度非常高,达到煤的 10 倍,燃烧后不产生任何残渣和废气,每立方米可释放出 $160 \sim 180$ m^3 的天然气,仅海底可燃冰的储量就够人类使用 1 000 a。目前世界上有多个国家和地区都在关注这项资源。随着开采技术和手段的不断进步,可燃冰势必成为未来替代石油、煤的首选绿色洁净能源。

五、开采方法

目前对可燃冰的开采仍处于试验阶段,主要的开采方法有 CO_2 置换法和综合法、添加化学试剂法、减压法、加热法等。

(1) 加热法

加热法又称热激发法,是将蒸汽、热水、热盐水或其他热流体从地面泵入水合物地层,进行电磁加热和微波加热,促使温度上升、水合物分解,见图 5-11。该法更适用于对水合物层比较密集的水合物藏进行开采。如果水合物藏中各水合物层之间存在很厚的夹层,则不宜用此方法进行开采。该方法的主要缺点是会造成大量的热损失,效率很低,甲烷蒸气不好收集。特别是在永久冻土带,即使利用绝热管道,永冻层也会降低传递给储层的有效热量。所以,减小热量损失、合理布设管道并高效收集甲烷蒸气是急于解决的问题。

(2) CO_2 置换法

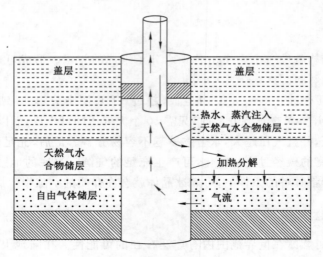

图 5-11　加热法开采原理图

有学者提出用 CO_2 置换开采，通过形成二氧化碳水合物放出的热量来分解天然气水合物，见图 5-12，将 CO_2 通入天然气水合物储层，同时可以用来处理工业排放的 CO_2，发展低碳经济。

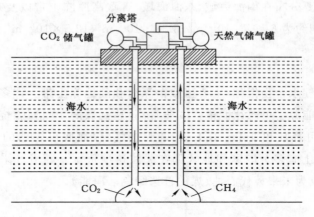

图 5-12　CO_2 置换法开采原理图

（3）添加化学试剂法

如图 5-13 所示，通过从井孔向水合物储层泵入化学试剂，改变水合物形成的相平衡条件，降低水合物稳定温度，如盐水甲醇、乙醇、乙二醇、丙三醇等，引起水合物的分解。它有降低初始能源输入的优点，但一般化学试剂法较热激发法作用缓慢，费用昂贵。

（4）减压法

如图 5-14 所示，为了达到促使水合物分解的目的，通过降低压力而使天然气水合物稳定的相平衡曲线移动，一般是在水合物层之下的游离气聚集层中，使与天然气接触的水合物变得不稳定并且分解为天然气和水，可由热激发或化学试剂作用人为形成，一般是降低天然气压力或形成一个天然气空腔。在该方法中由于没有额外的热量注入水合物开采层，水合物周围环境温度降低会抑制水合物的进一步分解，当水合物分解吸收的热量达到一定程度

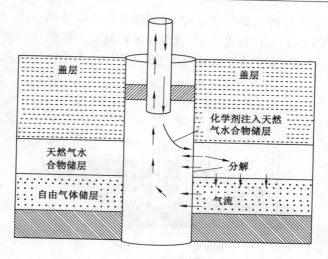

图 5-13　添加化学试剂法开采原理图

时,分解所吸收的热量必须由周围物质提供。这种方法在气体全面分解过程中有利于控制开采气体的流量,研究表明,其是现有水合物开采技术中经济前景比较好的开采技术,适合于那些储藏中存在大量自由气体的水合物储层。

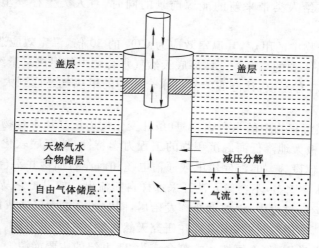

图 5-14　减压法开采原理图

（5）固体开采法

固体开采法最初是直接采集海底固态天然气水合物,将天然气水合物拖至浅水区进行控制性分解。这种方法进而演化为混合开采法或称矿泥浆开采法。该方法的具体步骤是,首先促使天然气水合物在原地分解为气液混合相,采集混有气、液、固体水合物的混合泥浆,然后将这种混合泥浆导入海面作业船或生产平台进行处理,促使天然气水合物彻底分解,从而获取天然气。

（6）综合法

综合法对天然气水合物进行有效开采,主要是综合利用降压法和热开采技术的优点。

见图 5-15。先用热激法分解天然气水合物,后用降压法提取游离气体,是其具体方法。目前,这种方法已得到了人们的广泛推崇,其技术在国内具有良好的应用前景,已投产的加拿大 Mack 原 ensie 气田和俄罗斯 Messoyakha 气田均以该法为主要开采技术。

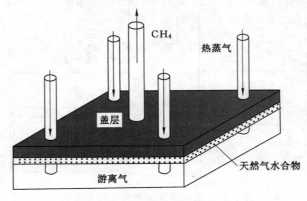

图 5-15 综合法开采原理

六、主要危害

天然气水合物在给人类带来新的能源前景的同时,对人类生存环境也提出了严峻的挑战。

(1) 天然气水合物中的甲烷,其温室效应为 CO_2 的 20 倍,温室效应造成的异常气候和海平面上升正威胁着人类的生存。全球海底天然气水合物中的甲烷总量约为地球大气中甲烷总量的 3 000 倍,若有不慎,让海底天然气水合物中的甲烷气逃逸到大气中去,将产生无法想象的后果。

(2) 固结在海底沉积物中的水合物,一旦条件变化使甲烷气从水合物中释出,还会改变沉积物的物理性质,极大地降低海底沉积物的工程力学特性,使海底软化,出现大规模的海底滑坡,毁坏海底工程设施,如:海底输电或通信电缆和海洋石油钻井平台等。

(3) 天然可燃冰呈固态,不会像石油开采那样自喷流出。如果把它从海底一块块搬出,在从海底到海面的运送过程中,甲烷就会挥发殆尽,同时还会给大气造成巨大危害。

为了获取这种清洁能源,许多国家都在研究天然可燃冰的开采方法。科学家认为,一旦开采技术获得突破性进展,那么可燃冰立刻会成为 21 世纪的主要能源。

复习思考题

(1) 简要叙述海洋采矿的优缺点。
(2) 试述浅海沉积矿床具体开采工艺过程。
(3) 简要介绍海洋船开采系统的子系统。
(4) 简述常见的海洋船开采方法及基本构成。
(5) 简要介绍可燃冰的开采方法。

第六章　极地与月球矿产资源开采展望

第一节　概　　述

矿产资源是人类赖以生存和发展的物质基础,没有矿产资源,便没有陶瓷、塑料、钢铁和石油等。地球资源的枯竭,已使我们的生存环境恶化,而且还在继续恶化并有加剧的趋势。今天,随着地球资源的不断被开发利用,人类所面临的人口、资源、粮食、环境、能源等几大问题日益突出。能否及时有效地解决这些问题所带来的困扰,成为人类能否安全、持续发展的关键。纵观各方面的因素,解决人类能源短缺的主要手段不外乎两个方面:一是继续向地球本身要资源;二是向太空要资源。显然,从现有的科学技术水平和经济效益出发,人类首先应立足于地球,充分利用先进的科学技术并挖掘其潜力,深化和扩展已有矿产资源的综合开发和利用,并加大对新型资源和极地资源的勘查与开发利用力度。同时,人类也应有走出地球、探索太空的勇气,加快开发利用太空这块"风水宝地"的速度。

第二节　极地矿产资源

一、南极矿产资源

南极是一片相当广阔的区域,它不专属于某一个国家,是人类共同拥有的财产。南极地区的矿产资源极为丰富,在当今资源危机四伏的世界,大多数人首先关心的是资源量的多少。各国不仅在极地进行科学考察活动,也进行资源勘查工作。据已查明的资源分布来看,煤、铁和石油的储量为世界第一,其他的矿产资源还正在勘测过程中。在南极地区,可望发现更多更丰富的矿产资源,为人类利用这些资源提供科学依据。

南极大陆二叠纪煤层主要分布于南极洲的冰盖下面,储量约为 5 000 亿 t。

铁矿是南极最富有的矿产资源之一。在南极大陆,主要分布在东南极洲。据科学家勘测,在查尔斯王子山脉南部的地层内,在晚太古代至元古代,有一条厚度达 400 m,长 120~180 km,宽 5~10 km 的条带状富磁铁矿岩层,矿石平均品位达 32%~58%,是具有工业开采价值的富铁矿床,初步估算其蕴藏量可供全世界开发利用 200 a,是当今世界最大的富铁矿藏。有趣的是,如果沿着南极洲查尔斯王子山脉所在的经度范围(N60°~N70°)一直往北走,几乎在相同经度差不多对称的北极地区,又是一片世界级大铁矿地区。

南极地区的石油储存量 500 亿~1 000 亿桶,天然气储量为 30 000 亿~50 000 亿 m³。南极的罗斯海、威德尔海和别林斯高晋海以及南极大陆架均是油田和天然气的主要产地。

南极地区有待查明的各种资源还很多,加上各国资源勘探结果还未完全公开,因此,还有待科学家进一步努力。问题在于,为了保护南极这块世界上最后的净土,国际社会曾决定(于 1991 年)在 50 年内禁止开采南极矿产资源。

二、北极矿产资源

北极也有大片的海洋和陆地,除了在南北极对称的地方有世界级的大铁矿外,还有许多其他的矿产资源。与南极相比,北极的情况有所不同,因为北极的土地及其资源分属各国,所以北极的矿产资源开采不受国际法(公约)的限制,但归属于不同的国家,主要有俄罗斯、美国、加拿大、丹麦、冰岛、挪威、瑞典。

目前,北极地区有享誉世界的芬诺斯堪的亚和科拉半岛大铁矿,还有世界上最大的铜-镍-铈复合矿基地之一的诺里尔斯克矿产基地。贵金属和金刚石的诱惑对俄罗斯开发远东起了重要的作用(特别是著名的科累马地区)。在阿拉斯加,据估计库兹布北部的红狗矿山拥有 8 500 万 t 矿石,其中含锌 17%,铅 5%,银每吨 75 g,从而使之成为价值 111 亿美元(1983 年价)的世界级大矿。加拿大的考明克跨国矿业公司和阿拉斯加的那纳公司正在对红狗矿山进行联合开发。

在阿拉斯加-朱诺石英脉型金矿区,从 1880 年到 1943 年已生产了 108.5 t 黄金,估计尚有 13.2 t 待开采。西特卡附近的奇察哥夫矿曾产金 24.8 t,仍含 9.3 t 待开采。贵金属矿的开发在白令海峡两岸此起彼伏。虽然阿拉斯加的许多金矿即将枯竭,但一项日处理矿石200 t 的庞大计划正在拟议中。另外,格林克里克银矿是全美最大的潜在银矿,1988 年开发后,生产能力为日处理 1 000 t 矿石。

除上述矿产资源外,那里还储存有铀和钍等放射性元素,被称为战略性矿产资源,如威尔士王子岛上的盐夹矿就蕴藏有 28.5 万 t 钍矿石。

第三节　月球矿产资源

近 60 年来,月球探测在人类宇宙探测历程中占有重要的地位。尽管目前我们对月球的认识还很肤浅,但是可以说,月球是人类探测与研究程度最高的地外天体。

月球几乎没有大气层,属于超高真空状态,由于没有大气的热传导,月球表面昼夜温差极大(140 ℃);月球没有全球性磁场;月球的内部能量已近于衰竭;月球表面还具有高洁净、弱重力的特征。因此,在月球表面建立天文观测站和各种科学研究基地,有特殊的优势;月球的特殊环境为研制特殊生物制品和特殊材料开拓了广阔而诱人的前景,目前已提出庞大的需要在月球基地内研制的生物制品与特殊材料的清单。月球将成为新的生物制品和特殊材料的研制、开发和生产的基地;月球是人类唯一的、庞大而稳固的"天然空间站",是人类征服太阳系、开展深空探测的前哨阵地和转运站。

在月球上建立永久性"地球村",是人类向外层空间发展的第一个目标。月球的矿产资源、能源资源和特殊资源将对人类社会的可持续发展发挥长期稳定的支撑作用,地-月系不仅是一个统一的自然体系,而且在人类社会的可持续发展方面,也将构成一个统一的整体。

科学家指出,要开发月球必须对月球进行全面的探测(图 6-1),了解月球的资源,并逐步对资源进行开发。月球的矿产资源极为丰富,地球上最常见的 17 种元素,在月球上比比皆是。以铁为例,仅月面表层 5 cm 厚的沙土就含有上亿吨铁,而整个月球表面平均有 10 m

厚的沙土。月球表层的铁不仅异常丰富,而且便于开采和冶炼。据悉,月球上的铁主要是氧化铁,只要把氧和铁分开就行;此外,科学家已研究出利用月球土壤和岩石制造水泥和玻璃的办法。在月球表层,铝的含量也十分丰富。

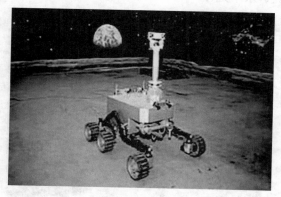

图 6-1　探月车示意图

月球土壤中还含有丰富的氦-3,利用氘和氦-3进行的氢聚变可作为核电站的能源,这种聚变不产生中子,安全无污染,是容易控制的核聚变,不仅可用于地面核电站,而且特别适合宇宙航行。据悉,月球土壤中氦-3的含量估计为 715 000 t。从月球土壤中每提取 1 t 氦-3,可得到 6 300 t 氢、70 t 氮和 1 600 t 碳。从目前的分析看,由于月球的氦-3蕴藏量大,对于未来能源比较紧缺的地球来说,无疑是雪中送炭。许多航天大国已将获取氦-3作为开发月球的重要目标之一。

第四节　极地与月球资源的开发与利用前景

一、极地资源的开发与利用前景

在极地资源中,由于南极的特殊地理、资源以及政治和经济地位,南极资源的勘查、开发和利用已经受到世界各国的强烈关注。因为在荒无人烟和号称生命禁区的南极大陆,蕴藏着十分丰富的人类共有的矿产资源,其矿藏储量之大为地球之最。根据对南极的初步勘探结果,在不久的将来有可能被人类开发利用的主要矿床有:超大型铁矿、超大型煤矿、有色金属矿产以及石油和天然气。限于篇幅,本节不对石油及天然气展开讨论。

（1）超大型铁矿

铁矿是南极大陆所发现的储量最大的矿产,主要位于东南极洲。东南极洲前寒武纪地区包含的太古代和早至中元古代的条带状含铁岩层分布十分广泛,它们在澳大利亚、印度、南非和南美等冈瓦纳大陆的前寒武纪地质区均有发现。然而,由于南极洲自然条件十分恶劣,南极洲的低品位铁矿资源,在勘探和开发方面有许多不利因素,经营费用势必十分昂贵。所以在世界其他大陆的铁矿资源还未耗竭之前,人们还不会去南极洲进行铁矿开采,也就是说,南极洲的铁矿资源在近几十至上百年内还不具有开发价值和经济价值。

（2）特大型煤矿

南极大陆上发现的煤田很多,而且许多煤层直接露出地表,如图6-2所示。南极横贯山脉的煤田,可能是世界上最大的煤田。从维多利亚地中部到瑟伦山的南极横贯山脉含煤岩系中,厚约 500 m 的二叠纪砂岩中分布着多层煤层。煤层厚度从几厘米到几米,最厚可达 5 m。这些煤层呈透镜状,水平延伸一般小于 1 km,煤质从低挥发性的烟煤到半无烟煤,含灰量为 8%~20%。

图 6-2　位于南极的露天煤矿

在乔治五世地的霍恩崖、毛德地的海姆弗伦特山脉、埃尔斯沃思山脉和霍利克山脉的相同沉积地层中,也有发现煤的报道。在查尔斯山脉北部比弗湖附近的二叠纪沉积地层中,发现厚度为 2.5~3.5 m 的煤层,煤质优良。科学考察资料表明,南极大陆二叠纪煤层广泛分布于东南极洲的冰盖下的许多地方,其蕴藏量约 5 000 亿 t。

鉴于南极洲煤田开采和运输方面的巨大困难,在世界其他各大陆煤矿资源尚未枯竭或能找到代替能源之前,南极洲的煤矿不大可能成为世界的可用能源。当然,有朝一日,南极洲沉睡的巨大煤田是有可能被人类开发利用的。

(3) 有色金属矿产

南极洲地域广阔,与地质构造和地质历史相似的其他大陆比较,可能潜藏有丰富的矿产资源。由于南极大陆面积的 98% 被巨厚的冰盖所覆盖,因此地质调查工作十分困难。目前的地质调查仅限于无冰区和南极大陆沿岸,着重研究南极地质构造和地层的小比例尺的区域地质填图。作过 1:2.53 大比例尺地质填图的地区,不超过 100 km²。根据各国的地质调查资料估计,南极洲可能有矿床在 900 处以上,其中在无冰区有 20 多处。已发现的矿床、矿点 100 多处。除铁和煤之外,有南极半岛的铜、钼以及少量的金、银、铬、镍和钴;南极横贯山脉地区的铜、铅、锌、银、锡和金;东南极洲的铜、钼、锡、锰、钛和铀等有色金属。

南极洲的有色金属矿产主要分布在西南极洲的安第斯成矿区,含南极半岛、埃尔斯沃思地、玛丽伯德地。该区北部可能与南美的安第斯山脉相连,南部与新西兰为邻。该区时代为中至新生代,主要矿化为铜,还有铁、铅、锌、金、银等。这些矿种多与钨碱性侵入岩有关。可进一步划分为铜亚区(主要是整个南极半岛)和铁亚区(主要是半岛西部)。

与前述的铁、煤资源一样,南极的有色金属与贵金属矿产,经过地质学家多年的考察研究,已初步发现了它们的分布规律。那就是南极半岛的铜矿及与它共生的有色金属矿特别多,这种伴生现象与南美洲西部有名的安第斯山铜矿带十分相似,这无疑是同一安第斯构造带向南极洲的延伸。而东南极洲沿海地区的铁矿、铀矿和其他许多矿点生存的地质条件,又同澳大利亚、印度和南非已发现的一些同类型大矿床不尽相同,这就提供了在南极洲找到重大矿床的可能性,关键在于提高科学研究水平和改进找矿的技术手段。随着科学技术的高度发展和其他大陆矿产资源开发利用的枯竭,有朝一日,南极大陆的矿产必将对人类有较大的实用经济价值。

二、月球资源的开发与利用前景

据相关资料报道,根据我国科学技术进步水平、综合国力和国家整体发展战略,参考世界各国"重返月球"的战略目标和实施计划,近期我国的月球探测应以不载人月球探测为宗旨,分为"环、落、回"三个发展阶段:

第一阶段(环):环月探测:研制和发射我国第一个月球探测器——月球探测卫星,对月球进行全球性、整体性与综合性探测。主要目标是:获取月球三维立体图像;勘察月球重要矿产资源的分布特点与规律;勘测月壤的厚度与核聚变发电燃料氦-3 的分布与资源量;探测地-月空间环境;并对月球表面的环境、地貌、地形、地质构造与物理场进行探测。

第二阶段(落):月面软着陆器探测与月球车月面巡视勘察:发射月球软着陆器,试验月球软着陆和月球车技术,就地勘测月球资源,开展月基天文观测,并为月球基地的选择提供基础数据。

第三阶段(回):月面软着陆与采样返回:发射月球软着陆器,对着陆区的地形、地质构造、岩石类型、月壤剖面、月球内部结构等进行就位探测;发射小型采样返回舱,采集关键性月球样品返回地球。

通过环月卫星探测,月面软着陆探测与月球车勘察,月面软着陆探测与采样返回的实施,为月球基地的选择提供基础数据,为载人登月和月球基地建设积累经验和技术。我国在基本完成不载人月球探测任务后,根据当时国际上月球探测发展情况和我国的国情国力,择机实施载人登月探测。

复习思考题

(1) 简述极地与月球资源类型。

(2) 对于月球与极地资源的开发与利用,谈谈自己的想法。

第七章　固体矿产采矿技术与方法未来发展趋势

第一节　矿产资源供需关系的平衡与再利用

一、我国矿产资源的供需情况

中国是世界上矿产资源丰富、矿种齐全、矿产资源总量较大的资源大国之一。中华人民共和国成立以来,我国矿产资源勘查开发取得了巨大成就,初步查明了我国矿产资源的分布特点,发现、勘查和开发了一大批矿床,形成了比较强大的矿业体系。目前,我国已发现矿产171种,其中探明储量的矿产158种。稀土、钨、锡等金属矿产和许多非金属矿产储量位居世界前列。煤炭、石油、钢铁的产量也都有了快速的增长。矿产资源的开发利用已经成为我国社会经济发展的重要支柱。

然而进入20世纪90年代以来,我国明显进入工业化经济高速增长阶段,许多矿产资源的消费增速接近或超过国民经济的发展速度。

多方面资料显示,国际方面对于中国矿产资源消费需求的预测和近年来实际发生的矿产资源消费数量远远超过了我国自己的估计。到2020年我国短缺的矿产资源将增至39种,供需矛盾十分严峻。

如我国未来的石油消费已引起国内外的普遍关注。国际能源机构(IEA)2020年中国能源展望报告,预测中国石油需求将以年均4.6%的速度增长,到2020年市场份额将大幅度增加,年消费量可达5亿t以上。国家计委产业经济研究所预测,到2050年,中国石油需求量将达到4.5亿t。

有专家认为:我国许多矿产资源供应已经不足,并将在二三十年内面临包括石油和天然气在内的各种资源的短缺,同时还将增加矿产资源对进口的依赖程度。而未来几十年,随着中国工业化进程的加快以及经济全球化,中国成为世界重要矿产资源消费大国的趋势不可阻挡。

二、我国矿产资源的再利用

一方面,我国矿产品消耗强度高于发达国家,从矿产资源的消耗强度看,在现行汇率下,我国每万元GDP消耗的钢材、铜、铝、铅、锌分别是世界平均水平的5.6、4.8、4.9、4.9、4.4倍,即使按购买力评价计算,也高出许多。

另一方面,我国矿产资源的总回收率约为30%,比国外先进水平低20%。发达国家再生有色金属的产量一般占其有色金属总产量的30%~40%,而我国仅为15%~20%。

因此,不论是从回收还是回收后的再利用,我国的相关措施实施都迫在眉睫。这时,对矿产资源的再利用也称为一种新趋势及新要求。

矿产资源再利用一般包括 4 个流程,即对矿产资源进行找矿、评价、开采和回收的统称。其目的是使矿产资源及其所含有用成分最大限度地得到回收利用,以提高经济效益,增加社会财富和保护自然环境。采矿权人和相关单位通过科学的采矿方法和先进的选矿工艺,将共生、伴生的矿产资源与开采利用的主要矿种同时采出,分别提取加以利用。通过选矿和其他手段,将综合开采出的主、副矿产中的有用组分,尽可能地分离出来,产出多种价值的商品矿;通过一物多用,变废为宝,化害为利,消除"三废"污染等途径,科学地使用矿产资源。这种全面、充分和合理地利用的过程,也被称为矿产资源综合利用。

其中,对于回收环节,一般要求在选矿、冶炼过程中,便要对各种伴生元素最大限度地予以回收。矿产资源大部分是多种有用成分共生或伴生的复合体。共生或伴生的有用成分常具有重要的经济价值。

矿产资源综合回收利用程度是评价一个国家或地区的矿冶生产技术水平的重要标志。矿产资源综合回收利用程度通常用综合利用系数表示。综合利用系数一般是按照从矿石到金属的总回收率来计算的。尽管这一系数还不足以全面反映综合利用程度,但多数国家仍在应用。工业发达国家有色金属矿石在选矿和冶炼过程中的综合利用系数已达 85%～90%。中国金属矿石除了在开采过程中提高矿石回采率外,在选冶过程中也采用了新工艺、新技术,使选冶的综合利用率有了很大提高。如大冶铁矿对尾矿进行综合利用研究,回收了铁、铜、金、银、钴、镍、硫、锡等 8 种元素;金川镍矿已能回收其中的 14 种元素;攀枝花钒钛磁铁矿属多金属共生矿,伴生有钴、镍等多种元素,已能回收铁、钒、钛、钴、镍等金属。

第二节 矿山开采可持续化发展

根据全球矿产资源战略研究中心提供的报告预测,与我国未来二三十年主要矿产的巨大需求相比,我国目前探明的主要矿产储量显得严重不足。而且目前矿产资源对我国经济社会的保障程度正在出现下降趋势。我国矿产资源总量丰富、品种齐全,但已勘查矿产资源中经济可用性差和经济意义不明确的资源/储量所占比例达三分之二,可采和预可采储量比例低,其中 45 种主要矿产可利用的资源/储量大幅度减少,这表明矿产资源对我国经济社会的保障程度出现下降趋势。某些重要资源长期依赖进口,增加了国民经济和社会发展的不确定因素,也影响到国家安全。

我国矿产资源的发展处于目前这种总量不足、消费量不断快速增加的紧张状态,致使我国矿产资源现在以及未来二三十年将面临紧缺局面。究其原因,大概有以下几方面。

(1) 从对矿产资源的需求和消费角度看,中国是一个处于工业化中期、人口众多的发展中国家,目前以及今后相当一段长的时间内正是需要集中大量消耗矿产资源、快速积累社会财富、不断提高人民生活质量和生活水平的时期。中国经济的快速发展是有目共睹的,这样快速的经济发展必然对资源消费提出更高的要求。但是,面对矿产资源消费的不断增加,与此相对应的矿产资源总储量的增长速度却很小,甚至没有太多变化。这种储量与消费的不平衡发展势必造成资源的短缺。

(2) 在过去 30 年间,为了满足不断增长的矿产资源需求和受经济利益的驱动,我国的矿产资源开发曾进入过一段前所未有的蓬勃发展期。虽然目前我国政府已经在相关法律法规方面进行了完善,加强了矿产资源开发管理,对许多矿种采取了保护性开采的措施,但一个时期以来对矿产资源的无序和毁灭性开采,已经导致许多地方许多矿产不同程度的浪费以及大量死矿、呆矿的出现,这不仅对国家的资源安全构成威胁,同时也造成了日益严重的环境问题。

(3)中华人民共和国成立 60 多年来,尽管我国的地质矿产勘查工作取得了很大的成就,并基本保障了国民经济建设对矿产资源的需求,但与发达国家和主要矿业大国相比,我国国土上的地质勘查工作程度并不高,资源潜力远未查明。据资料显示,我国已发现的矿化点有 20 多万个,但仅有 2 万多处作了评估,其余 80% 还未作评价。特别是我国西部地区地质找矿工作程度仍然很低,有些地区甚至还是找矿的空白区。目前,国家固体矿产地勘费的投入只相当于 20 世纪 90 年代初的 1/3,这对我国矿产储量的增长也有很大的影响。

(4)社会公众的矿产资源危机意识仍然有待提高,珍惜资源、保护资源和合理开发利用资源的意识不强。公众对于资源可持续利用和发展了解不多的现状,也影响了许多矿产资源的回收和再利用,从而造成资源的浪费。

显然,如何科学、合理地解决以上几方面的问题,对保证我国社会和国民经济的快速、健康和稳定发展有着至关重要的作用。另外,考虑到各种特殊矿产资源的总储量的巨大规模(比如,光一个德兴铜矿排弃的废石中就含有几百万吨金属铜),借助现代科学技术与先进设备,实现这些特殊矿产资源的合理使用,也必将是缓解我国矿产资源短缺和能源危机的重要措施之一。

第三节 安全化、现代化、智能化矿山建设

一、概述

2010 年智利的采矿事故使采矿行业重新引起全球公众的注意,哪怕只是片刻,都在提醒我们,仍然有一些对我们国家,甚至是全球经济至关重要的内在危险的工作。尽管在过去的一段时间已经实施了许多安全法规,但由于一系列原因,采矿仍然是最危险的职业之一。比如下述存在的一些威胁:

(1)塌陷

对在地下矿山工作的矿工来说,最常见的威胁是塌陷,其中可能的原因是:竖井、围岩壁或底板开裂,导致较大结构强度变弱;地下没有安全保障的矿井顶板和围岩壁;以及开采引起的地面逐渐沉降。

(2)爆炸

当地下矿井通风不好时,尤其是地下煤矿,就极大可能会发生瓦斯爆炸。当瓦斯气体与热源接触时,瓦斯就会积聚并爆炸。煤尘自爆虽不常见,但往往会因瓦斯爆炸而引起煤尘爆炸。瓦斯(甲烷)小爆炸所产生的压力可以把煤尘吹到空气中,一旦尘埃被点燃,所产生的火焰就会导致反应继续,继而消耗它所遇到的所有可用的氧气和燃料,与此同时会产生大量令人窒息的有毒气体。

(3)洪水

暴雨或山洪造成的不受控制的地表径流会迅速淹没矿井,同时损害矿井结构的安全稳

定性。洪水导致的塌陷往往是致命的，无论对在矿井下面工作的人，还是对从地上落入井内的人而言，都是十分危险的。

（4）化学泄露

矿山开采过程中需要使用一些化学物质来处理采出的矿石，这样才能使它们从自然状态转变为有商业使用价值的产品形态。然而，当这些化学物品没有按照合适的安全程序进行处理，或出现储存不当时，它们就有可能泄露而污染环境，如果这些危险的烟雾被人体吸收，会对人体生理造成严重的长期损害。

（5）其他

对矿工健康与安全有威胁的还有：触电、硅肺、黑肺、氡中毒、吸入焊接烟雾、汞中毒和耳鼓破裂等。虽然由于实施了严格的安全条例或规范，大大减少了上述威胁中的一些风险，但不可否认的是，这些威胁仍然存在。

采矿一直是一项充满风险的工作，这些风险包括自然灾害、设备故障和人为失误等。采矿生产安全和生产力本身便不断受到安全生产事故和设备故障的威胁。这些风险不仅会影响矿井的运作，也影响企业创收能力，而且还会大大增加成本，造成人员伤亡。因此，如何安全化、现代化、智能化地进行矿山建设已经成为越来越值得矿山企业重视的一个问题。

二、安全化矿山建设

采矿作业的一些不良环境条件对该行业从业人员构成重大的健康风险。其中对工人健康有影响的最常见的 6 种危害是：化学危害、粉尘危害、热应激、肌肉骨骼紊乱、噪声及全身振动。针对以上 6 种危害，必须严格地采取一些有针对性的安全化措施。但限于篇幅，这里只简单列举部分安全防范措施。

（1）化学危害

化学品对工人的健康构成巨大的潜在风险，烧伤、中毒和呼吸问题都可能与接触化学品有关。在处理化学品时，需要实施标准作业程序，并将其纳入所有培训。根据采矿项目（产品）的不同，会使用不同的化学品，因此需要结合具体情况、针对所使用的化学品，进行有针对性的培训。可采取的具体措施包括：向所有可能接触化学品的工人提供个人防护设备，在整个公司建立起完善的化学危害安全处理程序。

（2）粉尘危害

煤炭开采会在空气中产生大量的尘埃颗粒。采煤过程中与粉尘有关的最严重的风险是煤炭工人的尘肺（也称为黑肺病）问题，这是一种致残、严重时可致命的职业性肺病。事实上，在金属、非金属、石头、沙子、砾石和煤矿开采的过程中，作业产生的二氧化硅粉尘扩散到作业环境的空气中，并被煤矿工人吸入。

因此，必须严格控制粉尘危害，实行分级控制管理，以保护工人的健康。此时，保护采矿工人健康安全的最好建议是：在可能的情况下，应彻底消除与尘埃有关的危害；如果不可能被彻底消除，则应该采用更安全的替代措施或将危险与工人进行隔离。比如，如果粉尘危害不可避免，则应该考虑将工具和设备从安全的角度进行修改，同时必须强制性要求配备个人防护设备，需要对工人实施健康安全培训和管理程序，以减少工人面临的风险。

（3）热应激

采矿工人尤其容易受到与热有关的伤害和疾病。矿井是封闭的空间,缺乏充足的自然空气,所涉及的工作往往是重体力消耗的劳动,容易使人觉得这样的工作环境异常炎热。接触高温的工人面临的风险包括脱水和中暑。可能出现工人由于很难集中精力而出现工作失误,从而导致受伤,另外,得不到及时治疗的热应激严重时会导致工人死亡。因此,为了保证每个人的安全,需要给在高温环境下工作的工人安排更多的休息时间。首先要优先保障工人的水分需要,其次要提供必要的适合炎热条件的个人防护装置和工作服。

(4)肌肉骨骼紊乱

肌肉骨骼疾病(MSD)会影响肌肉、神经、血管、韧带和肌腱的正常工作。工人因为长时间托举重物、弯腰、头顶作业、推拉重物或处于不舒适的方式(位置)下工作等,都可能导致面临 MSD 风险。据统计,MSD 占所有工人受伤和疾病的 33%。考虑到采矿作业的特点和这项工作所涉及的体力活动,采矿工人面临的 MSD 风险很大。为确保采矿工人安全,可采取的应对措施包括:对工人进行正确的人体工效学程序的培训,使他们尽可能科学安全地工作。国外劳工统计局的数据表明,工人应该积极参与人体工效学程序的培训课程,鼓励工人早期报告 MSD 症状,以便在受伤严重之前及时发现伤害,采取防治措施。

(5)噪声

矿井的工作环境是十分嘈杂的,设备和钻机等运转时产生的噪声和回响会形成一个声音非常响亮的工作环境。长时间过度接触如此大量的噪声,会导致工人身体受到伤害,例如出现耳鸣、注意力集中问题,严重时甚至出现耳聋。因此,在可能的情况下,应设法消除过度的噪声。然而,矿山通常需要重型设备,因此噪声在一定程度上是不可避免的。保护工人免受噪声之害可采取的防范措施主要有:定期维修设备来降低噪声水平;要求所有工人都应接受适当的个人防护、健康和安全培训,提高工人自我保护意识与能力。

(6)全身振动

任何使用重型设备的工人都会受到全身振动(whole body vibration,WBV)的威胁。重复使用机器,或在尴尬的位置操作机械会导致 WBV。症状包括肌肉骨骼紊乱、女性的生殖器官受损、视力受损、消化问题和心血管变化。WBV 是一种严重的危害,应采取安全措施保障工人的安全。因此,使用重型机械的人需要定期休息,并进行培训,使工人能够意识到这些风险,并能在受伤之前及早作出处置。

尽管近年来采矿业在工作环境健康与安全方面采取了一些重大举措,取得了重大进展,但采矿业仍然是最危险的工作环境之一。尤其是当为了更快地完成工作而忽视安全措施和要求时,对工人健康的影响可能是危险的,而且往往是致命的。由于采矿作业环境中存在那么多不同的危险,企业决不能有任何侥幸的冒险心理,必须制定和实施尽可能全面细致的安全条例,保护工人们的人身安全和健康,提高企业综合生产效益。

三、现代化矿山建设

劳动力、工艺流程和技术的进步在世界各地不断地改变和发展着工业。合理简化的流程往往能提高生产效率,因此,一家能及时运用更现代化技术的企业则往往可以比那些采用和实施新技术较慢的竞争对手更成功。矿山企业也不例外。现代技术在许多方面给采矿业带来了好处,既提高企业综合效率和生产力,同时也能提高工人的安全性和舒适度。今天,现代化采矿设备在采矿的各个方面都发挥着重要作用,比如,用于发现宝石和丰富矿藏的探矿设备、矿山运输设备以及矿物加工设备、设施等。随着采矿设备和技术的不断发展与更新,现代化采矿生产有望在安全、效率和效能方面得到全方位的提高。

与新兴的信息化工业相比较,虽然采矿业采用新技术的速度较慢,但还是可以看到设备和技术的进步正在为矿山企业提供更高的矿石回收率、更便捷的采矿作业、更大的生产力、更好的安全性和更低的生产成本。考虑到今天采矿业所面对的各种市场竞争格局,以及矿山开采深度正在变得越来越深的现实,因此,通过技术革新来获得经济优势,以确保采矿企业的经济可行性和竞争力,这一点现在比以往任何时候都更加重要。为了使矿山企业保持强有力的竞争力,需要大力开发创新性的现代化设计理念,运用现代化的设备与技术和发挥信息技术和数据挖掘技术为企业带来的技术和管理革新,全面提高企业技术运行和管理系统的科技含量,提升企业综合生产营运系统的能力、效率和可靠性。下面就矿山建设的现代化对其发展带来的影响进行简要介绍。

(1) 矿区开发

现代化装备机械已成为勘探和开发新矿区的先进工具。将地球物理研究方法、卫星数据和层析成像技术结合起来,人们能够更快速、准确地查明和测绘潜在的可用于经济开采的矿床。这一技术能减少对没有利用价值的资源点进行无效开发事件的发生率,提高快速寻找具有开采投资回报效益矿床的能力。一旦找到合适的资源开采地点,现代化机械设备还可以有效用于地表材料清理和平整工作,并在不浪费空间资源或劳动力资源的情况下快速建造安全采矿设施,缩短建立矿区的时间。

(2) 矿产的开采及运输

采矿技术和装备的进步意味着一旦建立了一个矿场,就有能力提高采矿场的产量。事实上,掘进和采掘设备的现代化不仅提高了矿山年产量,而且通过机械化作业尽量减少了工作中的劳动强度和压力、降低了工作风险、提高了采场工人的安全。此外,传送带式运输系统彻底改变了矿石原料从开采点运输到地面的运输方式,提高了矿石运输和矿物加工效率。同时,由于传送带式运输系统具有速度快和承载能力高的优势,能大大减少人的工作量,提高企业生产效率。

(3) 部分典型现代化开采设备

当今世界,为了满足人类对矿产资源持续增长的需求并跟上其快速增长的速度,人们不得不对采矿机械进行非常现代化的研发。现代化进程中,采矿业也获得了与其他工业一样的重要地位。采矿用车辆和其他现场机械必须有足够的尺寸和重量才能跟上人们对地球资源的无止境的需求。不仅如此,现代化采矿机器在拥有巨大的机械力量外,还需要拥有内在的智慧力。下面是几种较现代化的采矿设备。

① 长壁顶板支架运输车

由于巷道的高度和宽度、弯道半径和地面条件的不同,长壁顶板支架运输车在井下的移动是一项巨大的挑战。为了适合不同的矿井布局和任务,市场上存在各种不同尺寸和起重承载能力的长壁顶板支架运输车。

② 矿用高速运输卡车

采矿环境中,运输卡车越大,运输效率也会越高。现代化矿山用的高速运输卡车可以按照"坚固耐用而又重量轻"的原则设计,这样的卡车其行动速度加快,也能有效减少循环时间,提高各运输环节的协调性。从矿山企业发展的趋势来看,矿井采矿过程的自动化程度正在变得越来越高,矿用高速运输卡车的投入使用也越来越普及。

③ 交流电驱动运输拖曳线设备

在地表开采作业中,运输拖曳线设备用于大规模清除覆盖层。但拖曳线设备不仅仅是一个规模问题,其驱动方式会影响其工作效率。交流电驱动技术的使用,可以减少运输拖曳线设备停机时间和降低设备维护成本,从而提高设备的整体使用效率和可靠性。

④ 连续地下开采设备

为了实现地下连续开采,卡特彼勒公司目前正致力于推出一种连续的固体输送装置,这将使硬岩地下开采的生产率提高到一个新的水平。其中,给料机和搬运机均实现了一种持续不断的自动输送作业,从而确保将矿石不间断地运输至集矿点。这种设备的投入使用最终能替代目前在矿井中普遍使用的慢速卡车。连续地下开采设备的使用能大幅降低成本,实现高度自动化,并提升地下采矿生产过程的安全性。

总体而言,矿山现代化建设将对其他矿业相关的支柱产业和企业产生巨大影响。其中一个行业是采矿基础设施和矿区建设系统。随着新技术的实施,矿业公司将能够以更快的速度和更高的效率运营,产生更高的产量,并使矿山的生产寿命缩短。在这种新形势下,如何高效经济地建设现代化采矿基础设施和矿区,必须要有一种与时俱进的新思维。

四、智能化采矿设备

(1) 无人驾驶飞机

无人驾驶飞机(无人机)一开始并不是人们在讨论采矿勘探或矿井安全时首先想到的设备,但该类设备的可飞行性已经成功地慢慢改变了这一情况。然而,无人驾驶飞机要在采矿作业中获得使用,还必须克服一些关键挑战。不够稳定的矿井工作环境、可能落下来的岩石块以及周围环境里的障碍物,这些危险不仅使人很难进入现场绘制矿井图,也会阻止大多数无人驾驶飞机进去工作。比如,一次在坚硬围岩表面上发生的撞击就很可能会破坏无人机的螺旋桨,使其瘫痪而无法继续飞行。

为此,有人发明了一种新型无人机叫 Elios Drone(见图 7-1)。它与传统无人机不同的地方是,它首次安装了旋转碳纤维保护框架或笼。这种保护装置可以保护无人机的螺旋桨、所携带的照相机及装置本身免受损坏,并使它在发生碰撞时仍能保持在空中的稳定性。

(2) 爆破技术

传统矿山开采离不开爆破技术,即先由矿工在岩石(或矿石)中钻孔,然后在孔中装填炸药,引爆后将地表和地下的坚硬岩石(矿石)炸开。对地下矿山来说,生产爆破是一项具有潜在危险的作业,爆破带来的冲击波和震动可能破坏矿井的结构而导致失稳,严重时发生倒塌。

现代化的智能采矿设备则通过采用微型炸药、计算机辅助设计和微差爆破技术相结合的手段,来减少与爆破有关的危险。微型炸药的使用也能更好地控制矿岩碎裂尺寸,并降低后续矿物处理加工过程中的碎矿过程所需的经济成本,提高时间效率和减少能耗。

(3) 钻孔机器人

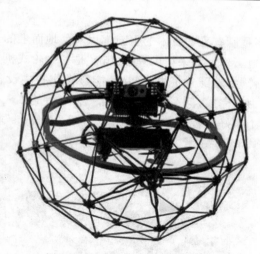

图 7-1　新型无人机 Elios Drone

　　自动钻井平台能为采矿作业提供一种移动式的快速硬岩开采解决方案。虽然开发中的自动化钻机可以有许多种形式,但最有希望的可能是使用电池驱动的钻机,它比任何纯人工或人工操作的设备都能更快、更准确地进入钻孔模式。如图 7-2 所示。

图 7-2　钻孔机器人

　　与柴油机或气体驱动钻机不同的是,电池驱动的钻机不会产生有害的废气。电池驱动钻机也有望降低维护成本,如果配备了快速充电器或可更换的电池,将有助于创造条件满足持续开采作业的长时间作业需求。

　　为了获得更有效的钻孔模式,自动钻孔机器人还可以在刀具或预处理设备中配备最新的设备,使其能更容易进行切割工作。这些技术包括用水射流、热脉冲和爆炸脉冲对岩石进行预处理,以及其他可以让岩石变弱的技术。

　　(4) 自主驱动矿石运输车

　　采用与其他自动驾驶车辆相同的自动化技术,比如,地面挖掘机和地下矿石运输车等运矿车辆不仅能够一天 24 h 工作,同时能将人们从工作区域固有的危险中解除出来。其中一些在地面上使用的矿石运输设备具有三层楼以上的高度,并能有效地按编好的程序自动化操作。

　　地下矿石运输车配备了雷达和激光扫描仪,使它们能够在黑暗中也能穿越对呼吸构成危害的区域。电池技术的进步促进了用于采矿作业(无论是在地面还是地下)的电池式电动汽车的发展。事实上,力拓矿业集团(Rio Tinto)甚至正在研发能够将铁矿石运送数百英里的自主驱动式矿石列车。

（5）辅助机器人

值得指出的事，并不是所有采矿技术的更新都以取代地面上的工人为目标，有些只是在协助他们更安全更高效地工作。如采矿助理"Julius"是一个轮式机器人，大小与购物车差不多。它配备了机器人手臂，终端配置手指式装置，能够操作扫描设备进行矿石取样及分析。这项工作原本通常由人力来完成，但在矿井里辛苦一天之后的工人，往往无力再承担这项工作，此时"Julius"便是一个很好的替代方案。图 7-3 所示为"Julius"辅助机器人照片。

图 7-3   "Julius"辅助机器人

五、矿山建设的未来发展趋势

从技术层面上讲，随着采矿业的发展，围绕这一行业所诞生的许多先进技术和设备体系都需要工人具有新的技能和参加新的培训，因为未来矿山建设将要求工人拥有一套全新的技能，用以操作新的机器，使用新的技术，或需要在自动化系统旁边进行协同工作，并为其他岗位提供技术支持。技术非常发达的社会往往会造就大量新型劳动力。对目前正在从事和希望继续留在采矿业的人而言，这一点既是他们需面对的重大挑战，也是难得的机遇。对于那些愿意学习新知识，掌握新技术的有前瞻思想的人，或那些有意愿要利用机会实现产业转型的企业家来说，采矿业未来发展进步可能是一个很好的机会。

采矿技术的不断进步有可能将矿山的开采周期缩短近一半。一座寿命为 30 a 的矿井，随着对新采矿技术的引进，可能会使其服务年限缩短到 15～20 a。这使得在矿山建设中动辄投资数百万美元在永久性基础设施上的做法在经济上不可行。在此背景下，像阿拉斯加建筑公司（Alaska Structures）这样的公司便应运而生，推出了装配式房屋建设业务，自 20 世纪 70 年代中期以来，一直活跃在世界各地的矿山基础设施建设服务领域。

那么，到底是什么使阿拉斯加建筑公司的装配式房屋能如此适用于矿场和服务年限较短的采矿作业呢？最主要的原因在于，所有阿拉斯加建筑公司推出的产品都是模块化的，可以很容易实现重新安置，或者安装，并在需要时将矿山基础设施从一个项目搬迁至下一个项目，使得这些设备设施在用了几十年后还能继续使用。正因为如此，当人们有需要建造临时建筑、半永久性建筑或永久性建筑时，阿拉斯加建筑公司都能提供合适的解决方案。

随着矿业公司的技术越来越先进，作业的速度和效率也越来越高，一些耗时费力的矿山基础设施建设工作完全可以外包给那些专门从事装配式房屋建设服务的房建公司。

复习思考题

（1）对于我国矿产资源的供需关系，谈谈自己的看法。

（2）关于矿山可持续发展，我们应该怎么做。

（3）处于信息化时代的我们应该怎样加强安全化、现代化、智能化矿山建设。

参 考 文 献

[1] 蔡钰灿.中国海洋化学的发展现状及可持续发展研究[J].化工管理,2017(18):76.

[2] 曹晓松.浅析我国地下矿山采矿技术的进展及发展趋势[J].工程技术:全文版,2016(9):264.

[3] 常天明,王冲,刘金华.露天采煤倾斜开采方法研究[J].露天采矿技术,1993(1):1-6.

[4] 陈嘉富,米艾,李学文.金属矿床露天开采中的排岩工程[J].现代商贸工业,2013(13):192-192.

[5] 范敬伟.煤矿综合机械化的采煤工艺探究[J].机械管理开发,2017,32(5):165-166.

[6] 方鸿辉.人类为何要探索火星、月球?[J].金属世界,2000(2):6.

[7] 高亚峰.海洋矿产资源及其分布[J].海洋信息,2009(1):13-14.

[8] 郭进平,刘晓飞,王小林,等.金属矿床开采地表破坏机理及防控方法[J].金属矿山,2014,43(2):6-11.

[9] 国家海洋局极地专项办公室.南极大陆矿产资源考察与评估[M].青岛:海洋出版社,2016.

[10] 侯朝炯,郭励生.煤巷锚杆支护[M].徐州:中国矿业大学出版社,1999.

[11] 黄裕安.浅论国际海底矿产资源开发的环境保护问题[J].商情,2014(33):175.

[12] 江兵,马建军,蔡路军,等.露天矿山智能化开采信息系统研究[J].现代矿业,2006,25(8):6-9.

[13] 金翔龙.深海矿产资源与海洋环境[J].世界科技研究与发展,1998(4):29-31.

[14] 荆永滨,王李管,魏建伟,等.地下矿山开采的智能化及其实施技术[J].矿业研究与开发,2007,27(3):49-52.

[15] 李宝祥.金属矿床露天开采[M].北京:冶金工业出版社,1992.

[16] 李长富,张瑞萍.金属矿山安全开采深度研究与思考[J].世界有色金属,2018(3):58-59.

[17] 李超.新形势下采煤技术在煤矿开采中的运用研究[J].企业技术开发,2014(29):42-43.

[18] 李刚.关于完善矿产资源权益金制度的政策建议[J].中国矿业,2018(1):46-49.

[19] 李海阳,张亚坤.基于月痕资源的月球开发新体系构想[J].载人航天,2017,23(5):577-581.

[20] 李红勋.宇宙探索与极地科考[J].新高考(高三政史地),2011(4):52-55.

[21] 李剑,孙玉建,刘勇强,等.我国固体矿产资源/储量分类与 UNFC-2009 的对比研究[J].中国矿业,2018(1):36-39.

[22] 李键灵.我国非金属矿产业发展现状[J].建材发展导向,2017(8):101.

[23] 李胜.浅谈在有色金属矿山中采矿的技术分析[J].华东科技:学术版,2017(1):263.

[24] 李志杰,果琳丽.月球原位资源利用技术研究[J].国际太空,2017(3):44-50.

[25] 刘畅,李艳,张亮,等.海底矿产资源开发技术经济评价模型研究[J].中国矿业,2016,25 (8):69-73.

[26] 刘程城,付春杰.关于金属矿床地下采矿方法分类的探讨[J].山东工业技术,2016 (11):263.

[27] 刘继花,李旭.砂矿床开采的环境效应和整治[J].太原师范学院学报(社会科学版), 1993(2):33-36.

[28] 刘家军,柳振江,杨艳,等.盐类在金属、非金属成矿过程中的作用[J].地质找矿论丛, 2007,22(3):161-171.

[29] 刘少军,杨保华,刘畅,等.从市场、技术和制度看国际海底矿产资源的商业开采时机 [J].矿冶工程,2015,35(4):126-129.

[30] 刘爽,赵天野.全面采矿法在矿山生产实践中的应用与探究[J].世界有色金属,2017 (11):70-71.

[31] 马同生.煤炭开采技术发展方向探讨[J].煤炭技术,2007,26(3):118-120.

[32] 普洛特尼科夫 Н П,罗吉涅茨 П П,陆国荣.矿床开采时环境的技术成因过程与环境保 护[J].矿业工程,1993(12):61-66.

[33] 齐俊德.采煤方法的合理选择及实践[J].矿冶,2007,16(3):14-17.

[34] 曲延庆.露天煤矿开采的方法与工艺[J].企业技术开发,2017,36(8):105-106,137.

[35] 申敏航.金属非金属地下开采矿山存在的主要安全技术问题及对策分析[J].世界有色 金属,2018(11):139-140.

[36] 士元.未来的月球基地[J].天文爱好者,2006(12):50-51.

[37] 孙立广.中国的极地科技:现状与发展刍议[J].人民论坛·学术前沿,2017(11):16-23.

[38] 汪明启,徐锡华,严光生.金属矿床(山)地质环境评价方法[J].地质通报,2005,24(Z1): 985-987.

[39] 王超.国际海底区域资源开发与海洋环境保护制度的新发展——《"区域"内矿产资源 开采规章草案》评析[J].外交评论(外交学院学报),2018(4):81-105.

[40] 王国雄.金属矿山开采中现代化采矿工艺与技术解析[J].世界有色金属,2018(4): 52-53.

[41] 王恒.智能矿山对开采环境的改进[J].工业,2017(2):67.

[42] 王青,胥孝川,顾晓薇,等.金属矿床露天开采的生态足迹和生态成本[J].资源科学, 2012,34(11):2133-2138.

[43] 王相怀.井下采煤生产技术及采煤方法的选择[J].中国高新技术企业,2011(4): 123-124.

[44] 王银财.浅论急倾斜煤层采煤法单采能力提高途径[J].时代报告:学术版,2015(8): 380-380.

[45] 王英杰,阳宁.海底矿产资源开采技术研究动态与前景分析[J].矿业装备,2012(1): 54-57.

[46] 王颖,郭惟嘉.煤炭开采对环境的影响及对策[J].煤炭技术,2007,26(5):3-4.

[47] 翁里,肖羽沁.国际海洋矿产资源开发中的污染问题及其法律规制[J].浙江海洋学院学 报(人文科学版),2016,33(3):1-5.

[48] 吴思昊.浅析生态矿山建设现状与发展趋势[J].中国高新区,2018(13):6.

[49] 肖业祥,杨凌波,曹蕾,等.海洋矿产资源分布及深海扬矿研究进展[J].排灌机械工程学报,2014,32(4):319-326.

[50] 谢桂荣.钻孔水力法开采非金属矿[J].非金属矿,1987(6):55-58.

[51] 徐永圻.采矿学[M].徐州:中国矿业大学出版社,2003.

[52] 严铁雄.《固体矿产资源/储量分类》的特点和应用[J].中国地质,1999(10):26-29.

[53] 杨彪.固体矿床开采方式影响因素和选择方法探讨[J].矿业工程研究,2017,32(1):1-6.

[54] 杨兵.中国新的矿产资源/储量分类标准与国际主要分类标准的对比研究[J].中国地质,2009,36(4):940-947.

[55] 于淼,邓希光,姚会强,等.世界海底多金属结核调查与研究进展[J].中国地质,2018,45(1):29-38.

[56] 岳发强,朱永楷,胡宪铭.海底采矿技术的研究与进展[J].黄金,2013,34(1):35-37.

[57] 张健.物联网技术在矿山安全中的应用[J].安全,2017,38(6):15-16.

[58] 张钦礼.金属矿床地下开采技术[M].长沙:中南大学出版社,2016.

[59] 张友轩.浅析金属非金属矿山安全现状及管理[J].建材与装饰,2017(24):218-219.

[60] 赵兵兵.井下采煤中房柱式采煤法的应用研究[J].技术与市场,2015(8):124-125.

[61] 赵明亮.充填采矿法应用于六苴矿床深部开采的思考与探讨[J].世界有色金属,2017(3):21-22.

[62] 赵文才.我国矿产资源分类分级之浅见[J].中国国土资源经济,1991(9):18-21.

[63] 钟义方.金属矿床开采[M].北京:冶金工业出版社,1990.

[64] 朱国辉,肖建新.复杂水文地质条件的矿山安全开采技术研究与实践[J].金属矿山,2009(10):21-25.

[65] 邹永廖,欧阳自远.开发月球资源[J].科学,2001(3):12-15.